21 世纪高职高专系列教材

传感器与检测技术

主　编　朱自勤
副主编　林锦实　齐卫红　施大发
参　编　秦　梅　李永冰　胡新华
主　审　高东梅

机 械 工 业 出 版 社

根据教育部有关精神，针对高职高专教育特点，由中国机械工业教育协会和机械工业出版社组织全国80多所院校编写的21世纪高职高专系列教材之一，该书系统地介绍了检测技术及现代检测系统的组成，传感器的基本原理、基本特性、信号转换电路及其在非电量检测系统中的应用。

全书共分9章。分别介绍了检测技术的基本概念及作用、测量误差和数据处理；传感器的基本概念、基本特性及常用敏感元件；能量控制型传感器（包括电位器式、应变片式、电容式和电感式传感器）；物性型传感器（包括压电式、超声波式、磁电式、光电式和核辐射传感器）；环境量检测传感器（包括温度、气敏、湿敏和离子敏传感器等）；智能传感器；传感器的标定；现代测量系统；检测仪器。本书每章后附有大量练习题。

本书内容丰富，取材新颖，重点突出，重视知识的应用及实践技能的培养，可作为高等职业技术教育及职大、开放性教育的教材，也可供从事检测技术、自动控制和仪器仪表等工作的工程技术人员参考。

为方便教学，本书配备电子课件等教学资源。凡选用本书作为教材的教师均可登录机械工业出版社教材服务网www.cmpedu.com注册后免费下载。如有问题请致信copgaozhi@sina.com，或致电010-88379375联系营销人员。

图书在版编目（CIP）数据

传感器与检测技术/朱自勤主编．—北京：机械工业出版社，2005.1
（2021.7重印）
21世纪高职高专系列教材
ISBN 978-7-111-15884-4

Ⅰ.传… Ⅱ.朱… Ⅲ.传感器－高等学校：技术学校－教材
Ⅳ.TP212

中国版本图书馆CIP数据核字（2004）第137798号

机械工业出版社（北京市百万庄大街22号 邮政编码100037）
策划编辑：余茂祚
责任编辑：赵志鹏 版式设计：冉晓华 责任校对：李秋荣
封面设计：饶薇 责任印制：张博
保定市中画美凯印刷有限公司印刷
2021年7月第1版·第23次印刷
184mm×260mm·11.5印张·279千字
标准书号：ISBN 978-7-111-15884-4
定价：35.00元

电话服务	网络服务
客服电话：010-88361066	机 工 官 网：www.cmpbook.com
010-88379833	机 工 官 博：weibo.com/cmp1952
010-68326294	金 书 网：www.golden-book.com
封底无防伪标均为盗版	机工教育服务网：www.cmpedu.com

21世纪高职高专系列教材
编 委 会 名 单

前　言

　　本书是根据教育部有关精神，针对高职高专教育特点，由中国机械工业教育协会和机械工业出版社组织全国80多所院校编写的21世纪高职高专系列教材之一。在编写中，为适应现代职业教育的特点和规律，本书将传感器与检测技术有机地结合在一起，使学生能够更全面地学习和掌握信号传感、信号采集、信号转换、信号处理和信号传输的整个过程；本书还增加了传感器一章，使学生对制作传感器的全过程有一个全面的认识；本书紧密联系传感器与检测技术的最新发展，全面介绍这些领域的最新知识，以拓宽学生的思路。

　　全书共分9章。第1章介绍了检测技术的基本概念及作用、测量误差和数据处理；第2章介绍了传感器的基本概念、基本特性及常用敏感元件；第3章介绍了能量控制型传感器，包括电位器式、应变片式、电容式和电感式传感器；第4章介绍了物性型传感器，包括压电式、超声波式、磁电式、光电式和核辐射传感器；第5章介绍了环境量检测传感器，包括温度、气敏、湿敏和离子敏传感器等；第6章介绍的是智能型传感器；第7章为传感器的标定；第8章为现代测量系统；第9章为检测仪器。本书每章后附有大量练习题。

　　本书由河南工业职业技术学院朱自勤主编，副主编有辽宁机电职业技术学院林锦实、西安理工大学高等技术学院齐卫红和湖南机电职业技术学院施大发，参编的有太原理工大学长治学院秦梅、日照职业技术学院李永冰及金华职业技术学院胡新华。其中第1、2章由胡新华编写，第3章由朱自勤编写，第4章由秦梅编写，第5、6章由李永冰编写，第8章由齐卫红编写，第7、9章由林锦实编写。

　　本书由高东梅主审，她认真审阅了全部书稿，提出了大量宝贵意见。本书在编写过程中得到了河南工业职业技术学院韩全力、黄宗建和王宏颖的大力支持，在此一并表示感谢。

　　本书内容丰富，取材新颖，重点突出，重视知识的应用及实践技能的培养。本书可作为2年制和3年制高等职业技术教育及职大、开放性教育的教材，也可供从事检测技术、自动控制和仪器仪表等工作的工程技术人员参考。

　　由于作者水平有限，书中难免有缺点和不妥之处，恳请读者批评指正。

编　者

目　　录

前言
第1章　检测技术的基本概念 ……… 1
1.1　检测技术的基本概念及作用 …… 1
1.2　测量的基本概念 ………… 3
1.3　测量误差的分析 ………… 4
1.4　有效数字的处理 ………… 8
复习思考题 ………………… 9
第2章　传感器的基本知识 ……… 10
2.1　传感器的组成与分类 ……… 10
2.2　传感器的基本特性 ………… 11
2.3　弹性敏感元件 …………… 14
复习思考题 ………………… 18
第3章　能量控制型传感器 ……… 19
3.1　电位器式传感器 ………… 19
3.2　应变片式电阻传感器 ……… 21
3.3　电感式传感器 …………… 29
3.4　电容式传感器 …………… 42
复习思考题 ………………… 47
第4章　物性型传感器 …………… 49
4.1　压电式传感器 …………… 49
4.2　超声波传感器 …………… 54
4.3　磁电式传感器 …………… 57
4.4　光电式传感器 …………… 65
4.5　核辐射传感器 …………… 78
复习思考题 ………………… 83
第5章　环境量检测传感器 ……… 84
5.1　温度传感器 ……………… 84
5.2　气敏传感器 ……………… 96
5.3　湿敏传感器 ……………… 103
5.4　离子敏传感器 …………… 106
复习思考题 ………………… 108
第6章　智能传感器 ……………… 109

6.1　智能传感器的概念 ………… 109
6.2　智能传感器实现途径 ……… 109
6.3　智能传感器的发展前景和研
　　究热点 ………………… 110
6.4　智能传感器应用举例 ……… 113
复习思考题 ………………… 115
第7章　传感器的标定 …………… 116
7.1　传感器的静态特性标定 …… 116
7.2　传感器的动态特性标定 …… 117
7.3　测振传感器的标定 ………… 119
7.4　压力传感器的标定 ………… 119
复习思考题 ………………… 124
第8章　现代测量系统 …………… 125
8.1　微机化检测系统的基本结构
　　及特点 ………………… 125
8.2　传感器信号的预处理方法 … 126
8.3　传感器信号的放大电路 …… 132
8.4　数据采集 ………………… 134
8.5　传感器信号的线性化与标度
　　变换 …………………… 137
8.6　数字滤波 ………………… 143
8.7　微机化检测系统设计与应用
　　实例 …………………… 148
复习思考题 ………………… 159
第9章　检测仪器 ………………… 160
9.1　模拟仪器 ………………… 160
9.2　数字仪器 ………………… 162
9.3　智能仪器 ………………… 164
9.4　虚拟仪器 ………………… 166
9.5　网络化检测仪器 ………… 170
复习思考题 ………………… 174
参考文献 ………………………… 175

第1章 检测技术的基本概念

1.1 检测技术的基本概念及作用

1.1.1 检测技术的基本概念

随着科学技术的发展，检测技术已广泛应用于人类科研、生产和生活等活动领域，检测技术既是服务于其他学科的工具，又是综合运用其他多门学科最新成果的尖端性技术。因此，检测技术的发展是科学技术和生产发展的重要基础，也是衡量一个国家生产力发展程度和现代化程度的重要标志。

当我们涉足于检测领域时，常常见到检测、测量、测试和计量等术语，尽管文字和含义有所不同，但它们都包含了测量的过程。为避免混淆，有必要加以说明。

(1) 测量：以确定客观事物的量值为目的，借助于一定的工具和设备，用比较的方法取得被测量数据的过程，包括数据处理、显示或记录等步骤。

(2) 计量：以获得标准为目的的测量，包括基准器的研制、量值的传递、量值单位的定义和管理以及精密测量等，其规程具有一定的法律性和权威性。

(3) 检测：利用传感器把被测信息检取出来，并转换成测量仪表或仪器所能接收的信号，再进行测量以确定量值的过程；或转换成执行器所能接收的信号，实现对被测物理量的控制。

(4) 测试：带有试验性质的检测，在特定情况下，检测信号可由模拟被测物理量的信号发生装置产生。

传感技术与电子测量技术相结合，形成了非电量电测技术。由于微型计算机的问世并应用于检测领域，检测技术进入了智能化的时代。目前，在国外仪器仪表行业产品中，非电量电测仪表约占 92% ~95%，其中智能化仪表占 80% ~90%，成为仪器仪表的主要产品。国内也已转向生产智能化仪器仪表，其他工业企业部门也在进行技术改造，应用微型计算机实现生产过程的自动检测和自动控制。

1.1.2 检测技术的发展与展望

检测技术有力地促进了科学技术和生产的发展，而科学技术和生产的现代化，不仅对检测技术提出了更高的要求，也为检测技术提供了丰富的物质手段和技术条件，从而促进其不断发展。目前，检测技术的发展趋势可从以下四个方面进行综述。

1. 不断扩大测量范围 科学技术的发展要求检测量的范围不断扩大。为了满足超低温技术开发的需要，利用超导体的约瑟夫逊效应已开发出能检测 $-200℃$ 超低温传感器，利用热电偶测温最高可达 3 000℃，辐射温度传感器原理上最高可测 $10^5℃$，而可控聚核反应理想温度要求达到 $10^8℃$，仍是高温检测的新课题。

2. 提高测量精度及可靠性 科学技术的发展对检测精度的要求也越来越高。仍以温度检测为例，一般实用温度计的测温精度为 ± (0.4~4)℃，标准铂电阻温度计的精度可达 $±0.01℃$。人体各部位的温度分布构成温度场，病变时其变化量很小，需要用精度为

$\pm (10^{-3} \sim 10^{-2})$℃的温度计才能检测出来。在用于测量微生物的传感器中，则需要能分辨出小于10^{-3}℃温差的热敏元件。

随着人类探求自然奥秘的范围不断扩大，检测环境变得越来越复杂，对检测可靠性的要求也越来越高。例如，科学探测卫星里装有探测太空的各种参量的检测装置，不仅要求体积小、省电，而且要求具有极高的可靠性和工作寿命，需在极低温和强辐射下保持正常工作。

3. 开发检测的新领域与新技术　随着人类活动领域的扩大，检测对象也在扩大。目前，检测技术向宏观世界和微观世界发展。

开发无接触式检测技术取代接触式检测有着重要的意义。现已开发的无接触式检测技术有光、磁、超声波、同位素和微波等，但目前无接触式传感器尚存在检测精度不高和品类不多等问题，人们正在研究利用新的原理和方法开发新型的无接触式传感器。

在大规模集成电路技术和微型计算机技术的支持下，传感器的发展出现了"多样、新型、集成、智能"的趋势。

（1）新型：其含意有三个方面。

1）采用新型敏感材料、新原理、新效应或新工艺。

2）利用原有的物理和化学效应，根据被测物理量的要求，巧妙地运用于传感技术。如谐振传感器近年来已广泛用于温度、湿度、气体和力等参数的测量。

3）利用集成技术和计算机技术开发的新型传感器。

（2）集成化：其含义也有三个方面。

1）将众多单体敏感元件集成在同一衬底上构成二维图像的敏感元件，主要用于光和图像传感器领域。例如作为工业视觉，电荷耦合器件（CCED）和 MOS 摄像元件就是典型的例子。

2）把传感器与放大、运算及温度补偿等环节集成在一个基片上，如集成压力传感器就是将硅膜片、压阻电桥、放大器和温度补偿电阻集成为一个器件，称为"热敏晶闸管器件"。

3）将两种或两种以上敏感元件集成在一起，称为多功能传感器。如用 $MgCr_2O_4 - TiO_2$ 陶瓷做成的湿-气敏元器件。

（3）智能化：由检测系统固体化和智能化的构成及发展过程可知，固体化和智能化的结果，逐渐模糊了检测系统和传感器的界限，智能化传感器本身就是智能化检测系统，从而开创了"材料、器件、电路、仪表"一体化的新途径。

仿生学的研究、微电子技术的发展及微处理器的应用为检测技术固体化和智能化发展开辟了广阔道路，但是真正的智能，今天还称不上，关键仍在于开发传感技术。例如，相当于人的视觉、听觉、触觉和嗅觉的敏感元件已达到一定水平，而相当于味觉的敏感元件至今尚属空白。随着科学技术的发展，检测技术必将攀登一个个新的高峰。

1.1.3　课程的任务、特点和学习方法

1. 课程的任务　本课程的主要任务是传授工业生产过程中信息检测技术及常用技术。对本课程的学习，提出以下几点要求：

1）熟悉传感器的原理、结构、特性和应用，能根据需要合理选用传感器。

2）掌握检测中信号的特点，熟悉传感器接口电路和信号处理电路技术，了解新型仪表电路技术，从而明确如何获得可测量的信号，并生成控制信号。

3）了解常用显示和记录技术，建立一般的检测系统，掌握误差分析和数据处理技术，

从而明确如何获取正确的测量结果。

4）了解电动仪表概况，掌握其使用技术，以适应工业生产现状，并作为引入微型计算机应用的依据。

5）能综合运用微型计算机和检测等方面的技术，组成微机化检测系统，为企业技术改造、安装及使用新设备及提高工业生产过程自动化程度奠定基础。

2. 课程的特点和学习方法

1）本课程是一门知识和技术都很密集的新型学科，直接与本课程有关的基础课程有数学、物理学、工程力学、电工学、自动控制理论、数字技术和微机原理等。因此，在学习时，必须对相关课程有一定的了解。

2）本课程各章内容相互独立，自成体系，联系松散，学习时可能会感到找不到重点，摸不着规律。在学习时应以检测对象为基点，以传感器及其接口与处理电路为基础，以检测系统为目标，沿着检测对象、传感器、测量电路和测量指示的路线，把各部分内容联系起来。

3）本课程是一门实践性很强的应用技术，学习时务必联系实际，着眼于应用，要富于设想，善于借鉴，乐于实践，勇于开拓，学而用之。

1.2 测量的基本概念

1.2.1 测量的定义

测量就是借助于专用的技术工具或手段，通过实验的方法，把被测量与同性质的标准量进行比较，求取二者比值，从而得到被测量数值大小的过程。其数学表达式为

$$x = A_e A_x \tag{1-1}$$

式中　　x——被测量；

　　　　A_e——测量的单位；

　　　　A_x——被测量的数值。

式（1-1）称为测量的基本方程式。它说明被测量的大小与所选用的测量单位有关，单位越小，数值越大。因此，一个完整的测量结果应包含测量值和所选测量单位两部分内容。

测量的目的是为了准确获取表征被测对象特征的某些参数的定量信息，然而测量过程中难免存在各种误差，因此测量结果不仅要能确定被测量的大小，或其与另一变量的关系，而且要说明误差的大小，给出可信度。这就要对测量结果进行数据处理与误差分析，只有如此，才能掌握被测对象的特性和规律，以控制某一过程，或对某事作出决策。

由式（1-1）可知，测量过程有三个要素：测量单位、测量方法和测量仪器与设备。综上所述，测量技术的含义可包括下述全过程：按照被测对象的特点，选择合适的测量仪器与测量方法；通过测量、数据处理和误差分析，准确得到被测量的数值；为提高测量精度而改造测量方法及测量仪器，从而为生产过程的自动化等提供可靠的依据。

1.2.2 测量方法的分类

测量方法是指被测量与其单位进行比较的实验方法。按不同的分类方法进行分类，可得到不同的分类结果。

1. 按测量过程的特点分类　　可分为直接测量和间接测量。

（1）直接测量：直接测量是针对被测量选用专用仪表进行测量，直接获取被测量值的

过程，如用温度表测温度和用电位差计测电动势等。按所用仪表和比较过程的特点分类，直接测量法可分为偏差法、零位法和微差法。

1）偏差法。用事先分度（标定）好的测量仪表进行测量，根据被测量引起显示器的偏移值直接读取被测量的值。它是工程上应用最广泛的测量方法。

2）零位法。将被测量 x 与某一已知标准量 s 完全抵消，使作用到检测仪表上的效应等于零，如天平和电位差计等。测量精度主要取决于标准量的精度，与测量仪表精度无关，因而测量精度较高，在计量工作中应用很广。

3）微差法。将零位法和偏差法结合起来，把被测量的大部分抵消，选用灵敏度较高的仪表测量剩余部分的数值，被测量便等于标准量和仪表偏差值之和。如天平上的游标和电位差计上的毫伏表等。与偏差法相比，微差法可得到较高的精度；与零位法相比，微差法可省去微进程的标准量。

（2）间接测量：用直接测量法测得与被测量有确切函数关系的一些物理量，然后通过计算求得被测量值的过程称为间接测量。如由测量电压 U 和电流 I 而求功率 $P = UI$ 的过程。

2. 按测量仪表是否与被测物体相接触分类　可分为接触测量法和非接触测量法。

（1）接触测量法：检测仪表的传感器与被测对象直接接触，承受被测参数的作用，感受其变化，从而获得信号，并测量其信号大小的方法，称接触测量法。例如用体温计测体温等。

（2）非接触测量法：检测仪表的传感器不与被测对象直接接触，而是间接承受被测参数的作用，感受其变化，从而获得信号，以达到测量目的的方法，称非接触测量法。例如，用辐射式温度计测温度和用光电转速表测转速等。非接触测量法不干扰被测对象，既可对局部点检测，又可对整体扫描，特别对于运动对象、腐蚀性介质及危险场合的参数检测，它更方便、安全和准确。

3. 按测量对象的特点分类　可分为静态测量法和动态测量法。

（1）静态测量法：静态测量方法是指被测对象处于稳定情况下的测量。此时被测参数不随时间而变化，故又称稳态测量。

（2）动态测量法：动态测量是指在被测对象处于不稳定的情况下进行的测量。此时被测参数随时间而变化。因此，这种测量必须是在瞬时完成，才能得到动态参数的测量结果。

此外，从被测参数分布来看，还有点参数测量法和场参数测量法。前者是指对被测对象某个局部点的参数进行测量；后者是指测量被测对象某个参数的平面分布或空间分布。由于动态测量和场参数测量属于专门研究课题，本书仅考虑稳态的点参数的检测。

1.3　测量误差的分析

测量的目的是希望得到被测事物的真实量值——真值。但是，在实际测量中无论如何也不能绝对精确地测得被测量真值，总会出现误差。因此，测量的目的仅在于根据实际的需要求得被测量真值的逼近值。测量值与真值的差异程度称为误差，实际计算中用约定真值代替真值，用精度高一级的仪表测得的测量值可视为低一级仪表的约定真值。掌握测量误差的概念和明确产生误差的原因及消除方法是实现测量目的的重要步骤。

1.3.1　误差的分类

1. 按误差的表示方法分类　可分为绝对误差和相对误差。

（1）绝对误差：某被测量的仪表示值 A_x 与其约定真值 A_0 的差值，称为绝对误差 Δ，即

$$\Delta = A_x - A_0 \tag{1-2}$$

当 $A_x > A_0$ 时，测量有正误差；反之有负误差。在计量工作和实验室测量中，常用修正值 C 表示真值 A_0 与示值 A_x 之差，它等于绝对误差的相反数，即

$$C = A_0 - A_x = -\Delta \tag{1-3}$$

一般，绝对误差和修正值的量纲必须与仪表示值量纲相同。绝对误差可表示测量值偏离实际值的程度，但不能表示测量的准确程度。

（2）相对误差：即百分比误差，分为实际相对误差、示值（标称）相对误差和满度（引用）相对误差。

1）实际相对误差等于绝对误差与约定真值的百分比，用 γ_A 表示，即

$$\gamma_A = \frac{\Delta}{A_0} \times 100\% \tag{1-4}$$

2）示值相对误差等于绝对误差与示值的百分比，用 γ_x 表示，即

$$\gamma_x = \frac{\Delta}{A_x} \times 100\% \tag{1-5}$$

3）满度相对误差等于绝对误差与仪表满量程值 A_{FS} 的百分比，用 γ_n 表示，即

$$\gamma_n = \frac{\Delta}{A_{FS}} \times 100\% \tag{1-6}$$

A_{FS} 为仪表刻度上限值 A_{max} 和下限值 A_{min} 之差，当 Δ 为最大值 Δ_{max} 时，称为最大满度误差，常用来定义仪表的准确度 S，即

$$S = \frac{|\Delta_{max}|}{A_{FS}} \times 100 \tag{1-7}$$

压力传感器的准确度等级分别为 0.05、0.1、0.2、0.3、0.5、1.0、1.5 和 2.0 等。

2. 按误差的性质分类　可分为系统误差、随机误差和粗大误差。

（1）系统误差：在相同测量条件下多次测量同一物理量，其误差大小和符号保持恒定或按某一确定规律变化，此类误差称作系统误差。系统误差表征测量的准确度。

（2）随机误差：在相同测量条件下多次测量同一物理量，其误差没有固定的大小和符号，呈无规律的随机性，此类误差称为随机误差。通常用精密度表征随机误差的大小。准确度和精密度统称为精确度，简称精度。

（3）粗大误差：明显偏离约定真值的误差称为粗大误差。它主要是由于测量人员粗心大意所致，如测错、读错或记错等。含有粗大误差的数值称为坏值，应予以剔除。

3. 按被测量与时间关系分类　可分为静态误差和动态误差。

（1）静态误差：被测量不随时间变化时测得的测量误差称为静态误差。

（2）动态误差：被测量在随时间变化过程中所测得的测量误差称为动态误差。动态误差值由动态测量和静态测量所得误差的差值求得。

1.3.2　随机误差的处理

1. 随机误差的特性　实践中常见的随机误差分布是正态分布，如图 1-1 所示，它有以下几个特性：

（1）对称性：绝对值出现正误差和负误差的概率相等。

（2）单峰性：只有一个峰值，峰值就是概率密度函数 $P(\delta)$ 的极大值。峰值在随机误差 $\delta = 0$ 的纵轴上。该特性说明绝对值小的误差出现的概率大，而绝对值大的误差出现的概率小。

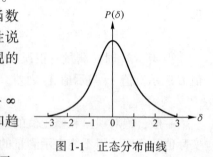

（3）互抵性：对一系列等精度的 n 次测量，当 $n \to +\infty$ 时，各次测量的随机误差 δ_i （$i = 1$，2，$\cdots$，n）的代数和趋于零。这是曲线对称、正负误差可以抵消的必然结果。

图 1-1   正态分布曲线

（4）有界性：绝对值很大的误差出现的概率趋近于零，即误差的绝对值实际上不会超过某个限值。根据正态分布的概率积分可得，当一组测得的标准误差取随机误差 δ 的 C （置信系数）倍时，其置信概率 P 的对应值见表 1-1。

表 1-1   置信系数与置信概率的对应关系

C	1	1.96	2	2.58	3
P	0.6287	0.95	0.9545	0.99	0.9973

可见，对一组既无系统误差又无粗大误差的等精度测量，当置信区间取 $\pm 2\delta$ 或 $\pm 3\delta$ 时，误差值落在该区间之外的可能仅有 0.5% 或 0.3%。因此，常把 2δ 或 3δ 值称为极限误差，又称随机不确定度，记为 $\Delta = 2\delta$ 或 $\Delta = 3\delta$，它随置信概率的不同而不同。

2. 随机误差的计算方法　国内外广泛采用标准误差（方均根误差）σ 来评定测量随机误差的大小。其计算方法有以下几种：

（1）标准法——贝塞尔公式：设 n 次等精度测量的测得值为 x_1，x_2，$\cdots$，x_n。

1）测得值的算术平均值 $\bar{x}$ 为

$$\bar{x} = \frac{1}{n} \sum_{i=1}^{n} x_i \tag{1-8}$$

式中　$\bar{x}$——算术平均值；

　　　n——测量次数；

　　　x_i——第 i 次等精度测量值。

2）各测得值 x_i 的剩余误差（残差）v_i 为

$$v_i = x_i - \bar{x} \tag{1-9}$$

式中　v_i——剩余误差；

　　　x_i——第 i 次测量值；

　　　$\bar{x}$——算术平均值。

3）标准误差 σ 为

$$\sigma = \sqrt{\frac{\sum v_i^2}{n-1}} \tag{1-10}$$

式中　σ——标准误差；

　　　v_i——剩余误差；

　　　n——测量次数。

（2）绝对差法——佩特斯公式

$$\sigma = 1.2533 \frac{\sum |v_i|}{\sqrt{n(n-1)}} \approx \frac{5}{4} \frac{\sum |v_i|}{\sqrt{n(n-1)}} \qquad (1\text{-}11)$$

式中　σ——标准误差；

　　　v_i——剩余误差；

　　　n——测量次数。

（3）极差法：所谓极差，就是在 x_1，x_2，…，x_n 中的最大值与最小值之差，用 R_n 表示，即

$$R_n = x_{max} - x_{min} \qquad (1\text{-}12)$$

式中　R_n——极差；

　　　x_{max}——测量的最大值；

　　　x_{min}——测量的最小值。

根据测量次数 n 查阅极差系数表 1-2，得极差系数 d_n，则标准误差 σ 为

$$\sigma = \frac{R_n}{d_n} \qquad (1\text{-}13)$$

式中　σ——标准误差；

　　　R_n——极差；

　　　d_n——极差系数。

表 1-2　n 为 10 以内的极差系数表

n	1	2	3	4	5	6	7	8	9	10
d_n	—	1.13	1.69	2.06	2.33	2.53	2.70	2.85	2.97	3.08

应用贝塞尔公式精度高，但计算麻烦；佩特斯公式计算速度快，但精度低；极差法计算方便、迅速，当测量次数不太多（$n < 10$）时，其计算精度与贝塞尔公式所计算的精度相当。

1.3.3　系统误差的处理

1. 系统误差的分类及产生原因　产生系统误差的原因主要有：检测所用传感器和仪表本身性能有限；检测系统安装、布置及调整不当；测量者视觉原因；测量环境条件（如温度和压力等）变化；测量方法不完善；测量依据的理论不完善等。系统误差（简称系差）按性质分类，可分为已定系差和未定系差两大类。

（1）已定系差：指在测量过程中误差大小和符号都不变的系差。

（2）未定系差：在测量过程中大小和符号变化不定，或按一定规律变化的系差。未定系差按其变化规律不同，又可分为如下几类：

1）线性变化（或累进变化）系差。在测量过程中随着时间或测量次数的增加，按一定比例不断增大或不断减小的误差。

2）周期性变化的系差。系差的数值和符号按周期性规律变化。

3）复杂规律变化的系差。系差的数值和符号不是简单地按线性或周期性变化，而是按较复杂的规律变化。

2. 系统误差的发现

（1）恒定系差的检验：恒定系差不影响剩余误差的计算，因剩余误差不变，即不影响

测量结果的精密度，因恒定系统很集中。在处理随机误差时不可能发现。因此，一般采用对改变测量条件的多次测量结果进行比较的方法来确定其存在与否。

（2）未定系差的发现

1）剩余误差观察法。观察一系列等精度测量剩余误差的数值和符号，若数值有规律地递增或递减，并在开始和末尾的符号相反，则判定有线性系差；若符号有规律地正负交替变化多次，则判定有周期性系差。

2）马利科夫判据用于检查线性系差。按一系列等精度测量剩余误差，对其前后两半部分求和，若两和的差 M 近似为零，则不含线性误差；若 M 大，则存在线性误差。

3. 消除或减弱系统误差的测量方法

（1）已定系差的消除方法

1）替代法。在测量未知量后，记下读数，再测可调的已知量，使仪表指示与上次相同，此时未知量就等于已知量。

2）相消法及交校法。适当安排测量方法，对同一量做两次测量，使恒定系差在两次测量中方向相反，取两次读数的算术平均值。

（2）未定系差的消除方法

1）用对称观测法（又称等距观测法）消除线性系差。

2）采用补偿法消除因某个条件变化或仪器的某个环节的非线性引起的系差。

3）对周期性变化的系差，只要读取相隔半周期的两次测量值，取其算术平均值便可消除。

1.4 有效数字的处理

1. 有效数字与测量误差　因为在测量中不可避免地存在误差，所以测量数据只能是一个近似数。当我们用这个数表示一个量时，通常规定误差不得超过末位单位数字的一半。这种误差不大于末位单位数字一半的数，从它左边第一个非零数字起，直到右边最后一个数字止，都叫做有效数字。例如 0.108 0 V 表示有 4 位有效数字，其测量误差不超过 ±0.000 05 V，实际电压可能是 0.107 95 ~ 0.108 05 V 之间任一值。若知道一个量的误差大小，则可确定该量的有效数字。例如频率 $f = 10\ 000$ Hz，已知相对误差 $\gamma = \pm 0.5\%$，可求出测量误差 $\Delta f = \pm 50$ Hz，则该频率数据应写成 1.00×10^4 Hz 或 10.0kHz，而不能写成 10kHz 或 10 000 Hz。

2. 数字的舍入规则　当需要 n 位有效数字时，对超过 n 位的数字要根据舍入规则进行处理，目前广泛采用舍入规则。若保留 n 位有效数字，则后面的数字舍入规则为：

1）小于第 n 位单位数字的 0.5 就舍掉。

2）大于第 n 位单位数字的 0.5，则第 n 位加 1。

3）恰为第 n 位单位数字的 0.5，则第 n 位为偶数或零时就舍去，为奇数时则进 1。

上述舍入规则可概括为：小于 5 舍，大于 5 入，等于 5 取偶数。

3. 参加中间运算的有效数字的处理

1）加法运算。运算结果的有效数字位数应与参与运算的各数中小数点后的有效位数相同。

2）乘除运算。运算结果的有效数字位数应与参与运算的各数中有效位数最小的相同。

3）乘方及开方运算。运算结果的有效数字位数比原数据多保留一位。

4）对数运算。取对数前后有效数字位数应相同。

在运算前可将各数先行删节，原则上可按结果有效位数多保留 1~2 位安全数字。

复习思考题

1. 填空：

（1）测量就是（　　　　　　　　　　　）。测量过程可用数学表达形式描述为（　　　　　）。对测量结果的要求（　　　　　　）。测量过程的三个要素是（　　　　　　　）。测量技术的含义可以明确为下面的全过程：（　　　　　）。

（2）产生测量误差的原因有（　　　　　　　）。用精度高一级仪表测得的值可视为（　　　　　）。三种误差的分类方法及其划分误差的类型分别是（　　　　　　）。仪表的精确度等级通常是由（　　　）来确定的。我国电工仪表精度分为七级，即（　　　　　　）级。

（3）常见随机误差分布是（　　　　　　），随机不确定度记为（　　　　　）。系统误差的类型有（　　　　），可通过（　　　　　）方法发现，用（　　　　　）方法消除或减弱。

2. 计算题：

（1）欲测 150V 电压，若要求示值误差不大于 ±0.5%，应选用下列哪种仪表合适？

①0.5 级 250V 量程　②0.2 级 300V 量程　③0.2 级 500V 量程

（2）某 250V 量程电压表，测约定真值为 220V 电压，示值为 210V，试确定其精度等级。

（3）有 3 台测温仪表，量程均为 600℃，精度等级分别为 2.5 级、2 级和 1.5 级，现要测量温度为 500℃的物体，允许相对误差不超过 2.5%，问选用哪一台最合适（从精度和经济性综合考虑)？

3. 问答题：

（1）检测及测试的概念分别是什么？

（2）在学习本课程时应沿着什么路线把各部分联系起来？

第 2 章　传感器的基本知识

2.1　传感器的组成与分类

2.1.1　传感器的定义

广义地说，传感器是一种能把物理量或化学量转变成便于利用的电信号的器件。国际电工委员会（International Electrotechnical Committee）的定义为："传感器是测量系统中的一种前置部件，它将输入变量转换成可供测量的信号。"Gopel 等的说法是："传感器是包括承载体和电路连接的敏感元件"，而"传感器系统则是组合有某种信息处理能力的传感器"。总之，传感器是能感受规定的被测量并按照一定规律转换成可用输出信号的器件或装置。有些国家和有些学科领域将传感器称为变换器、检测器或探测器等。

传感器输出信号有很多形式，如电压、电流、频率和脉冲等，输出信号的形式由传感器的原理确定。

2.1.2　传感器的组成

通常，传感器由敏感元件、转换元件及测量电路组成。其中，敏感元件是指传感器中直接感受被测量的部分；转换元件是指传感器能将敏感元件的输出转换为适于传输和测量的电信号部分；测量电路是将传感器输出的电参量转换成电能量。应该说明，并不是所有的传感器都能明显区分敏感元件与转换元件两个部分，而是二者合为一体。例如，半导体、气体和湿度传感器等都是将其感受的被测量直接转换为电信号，没有中间转换环节。但是由于传感器输出信号一般都很微弱，需要有信号调节与转换电路将其放大或变换为容易传输、处理、记录和显示的形式。随着半导体器件与集成技术在传感器中的应用，传感器的信号调节与转换可以安装在传感器的壳体里或与敏感元件一起集成在同一芯片上。因此，信号调节与转换电路及其所需电源都应作为传感器的组成部分，如图 2-1 所示。

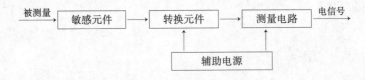

图 2-1　传感器的组成

常见的信号调节与转换电路有放大器、电桥、振荡器和电荷放大器等，它们分别与相应的传感器相配合。

2.1.3　传感器的分类

传感器的种类繁多，不胜枚举。传感器分类方法很多，常见的分类方法见表 2-1。

2.1.4　传感器的作用与地位

人类社会已进入信息时代，人们的社会活动主要依靠对信息资源的开发及获取、传输与处理。传感器处于研究对象与检测系统的接口位置，即检测与控制系统之首。因此，传感器便成为感知、获取与检测信息的窗口，一切科学研究与自动化生产过程要获取的信息，都要通过传感器获取并通过它转换为容易传输与处理的电信号，所以传感器的作用与地位就特别重要了。若将计算机比喻为人的大脑，那么传感器则可以比喻为人的感觉器官。就可以设想，没有功能正常而完美的感觉器官，就不能迅速而准确地采集与转换欲获得的外界信息，纵有再好的大脑也无法发挥其应有的作用。科学技术越发达，自动化程度越高，对传感器的依赖性就越大。所以，20 世纪 80 年代以来，世界各国都将传感器技术列为重点发展的高技术，备受重视。

表 2-1　传感器的分类

分类方法	传感器的种类	说　明
按输入量分类	位移传感器、速度传感器、温度传感器、压力传感器等	传感器以被测物理量命名
按工作原理分类	应变片式、电容式、电感式、压电式、热电式等	传感器以工作原理命名
按物理现象分类	结构型	传感器依赖其结构参数变化实现信息转换
	物性型	传感器依赖其敏感元件物理特性的变化实现信息转换
	复合型	兼有结构型和物性型两者的性质
按能量关系分类	能量转换型（有源型）	传感器直接将被测量的能量转换为输出量的能量
	能量控制型（无源型）	由外部供给传感器能量，而由被测量来控制输出的能量
按输出信号分类	模拟式传感器 数字式传感器 开关量传感器	输出为模拟量 输出为数字量 输出为开关量

2.2　传感器的基本特性

　　传感器的特性是指传感器所特有性质的总称。而传感器的输入/输出（I/O）特性是其基本特性，一般把传感器作为二端网络研究时，I/O 特性是二端网络的外部特性，即输入量和输出量的对应关系。由于输入作用量的状态（静态和动态）不同，同一个传感器所表现的 I/O 特性也不一样，因此有静态特性和动态特性之分。由于不同传感器的内部参数各不相同，它们的静态特性和动态特性也表现出不同的特点，对测量结果的影响也各不相同。因此，从分析传感器的外特性入手，分析它们的工作原理，I/O 特性与内部参数的关系，误差产生的原因、规律和量程关系等是一项重要内容。本章主要从静态角度研究传感器的 I/O 特性。

　　静态特性是指当输入量为常量或变化极慢时传感器的 I/O 特性。衡量传感器静态特性的主要指标有线性度、迟滞、重复性、分辨率、稳定性、温度稳定性和各种抗干扰稳定性等。

　　1. 线性度　传感器的 I/O 关系或多或少地都存在非线性问题，在不考虑迟滞和蠕变等

因素的情况下，其静态特性可用下列多项式代数方程来表示，即

$$y = a_0 + a_1 x + a_2 x^2 + \cdots + a_n x^n \tag{2-1}$$

式中　　　　　　　　y——输出量；

　　　　　　　　　　x——输入量；

　　　　　　　　　　a_0——零点输出；

　　　　　　　　　　a_1——理论灵敏度；

　　　a_2，a_3，$\cdots$，a_n——非线性项系数。

式（2-1）中的各项系数决定特性曲线的具体形式。

静态特性曲线可由实际测试获得，在获得特性曲线之后，可以说问题已经解决。但是为了标定和数据处理的方便，希望得到线性关系。

在采用直线拟合线性化时，将 I/O 校正曲线与其拟合直线之间的最大偏差称为线性度，通常用相对误差 γ_L 表示，即

$$\gamma_L = \pm \frac{\Delta L_{max}}{y_{FS}} \times 100\% \tag{2-2}$$

式中　ΔL_{max}——非线性最大偏差；

　　　y_{FS}——满量程输出。

由此可见，线性度的大小是以一定的拟合直线为基准而得出来的。拟合直线不同，非线性误差也不同，所以选择拟合直线的主要出发点应是获得最小的非线性误差。另外，还应考虑使用和计算方便等。

目前常用的拟合方法有理论拟合、过零旋转拟合、端点拟合、端点平移拟合和最小二乘法拟合等。前 4 种方法如图 2-2 所示。图中实线为实际输出的校正曲线，虚线为拟合直线。

在图 2-2a 中，拟合直线为传感器的理论特性，与实际测试值无关。这种方法十分简便，但非线性最大偏差 ΔL_{max} 很大；图 2-2b 为过零旋转拟合，常用于校正曲线过零的传感器。拟合时，使 $\Delta L_1 = \Delta L_2 = \Delta L_{max}$。这种方法也比较简单，非线性误差比前一种小很多；图 2-2c 中，把校正曲线两端点的连线作为拟合直线。这种方法比较简便，但 ΔL_{max} 较大；图 2-2d 是在图 2-2c 的基础上使直线平移，移动距离为图 2-2c 的 ΔL_{max} 的一半。这条校正曲线分布于拟合直线的两侧，$\Delta L_1 = \Delta L_2 = \Delta L_3 = \Delta L_{max}$。与图 2-2c 相比，图 2-2d 的非线性误差减小一半，提高了精度。

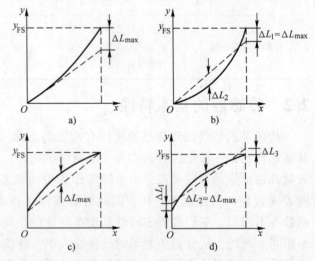

图 2-2　各种直线拟合方法

a) 理论拟合　b) 过零旋转拟合　c) 端点拟合　d) 端点平移拟合

2. 迟滞　传感器在正（输入量增大）反（输入量减小）行程中输出与输入曲线不重合时称为迟滞。迟滞特性如图 2-3 所示。迟滞大小一般由实验方法测得，迟滞误差 γ_H 一般以

满量程输出的百分数表示，即

$$\gamma_{\mathrm{H}} = \pm\frac{1}{2}\frac{\Delta H_{\max}}{y_{\mathrm{FS}}}\times100\% \tag{2-3}$$

式中　$\Delta H_{\max}$——正反行程中输出的最大差值；

　　　y_{FS}——满量程输出。

3. 重复性　重复性是指传感器在输入按同一方向作全量程连续多次变动时所得特性曲线不一致的程度。图 2-4 所示为校正曲线的重复特性，正行程的最大重复性偏差为 $\Delta R_{\max1}$，反行程的最大重复性偏差为 $\Delta R_{\max2}$。重复性误差 γ_{R} 取这两个最大偏差中之较大者 $\Delta R_{\max}$，再除以满量程输出 y_{FS} 的百分数表示，即

$$\gamma_{\mathrm{R}} = \pm\frac{\Delta R_{\max}}{y_{\mathrm{FS}}}\times100\% \tag{2-4}$$

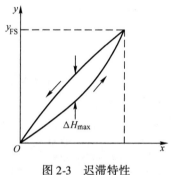

图 2-3　迟滞特性

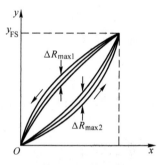

图 2-4　重复特性

重复性误差也常用绝对误差来表示。检测时也可选取几个测试点，对应每一点多次从同一方向接近，获得输出值系列 y_{i1}，y_i，$\cdots$，y_{in} 算出最大值与最小值之差作为重复性偏差 ΔR，在几个 ΔR 中取出最大值 $\Delta R_{\max}$ 作为重复性误差。

4. 灵敏度与灵敏度误差　传感器输出的变化量 Δ_y 与引起该变化量的输入变化量 Δ_x 之比即为其静态灵敏度 k，其表达式为

$$k = \frac{\Delta_y}{\Delta_x} \tag{2-5}$$

由此可见，传感器校准曲线的斜率就是其灵敏度，线性传感器其特性是斜率处处相同，灵敏度是一常数。以拟合直线作为其特性的传感器，也可以认为其灵敏度为一常数，与输入量的大小无关。由于种种原因，灵敏度 k 会发生变化，产生灵敏度误差。灵敏度误差用相对误差 γ_{s} 来表示，即

$$\gamma_{\mathrm{s}} = \frac{\Delta k}{k}\times100\% \tag{2-6}$$

式中　Δk——灵敏度变化量。

5. 分辨率与阈值　分辨率是指传感器能检测到的最小的输入增量。有些传感器，如电位器式传感器，当输入量连续变化时，输出量只做阶梯变化，则分辨率就是输出量的每一个“阶梯”所代表的输入量的大小。分辨率可用绝对值表示，也可用最小输入增量与满量程的百分比表示。在传感器输入零点附近的分辨率称为阈值。

6. 稳定性　稳定性是指传感器在长时间工作情况下输出量发生的变化，有时称为长时间工作稳定性或零点漂移。前后两次输出之差即为稳定性误差。稳定性误差可用相对误差表示，也可用绝对误差表示。

7. 静态误差　静态误差是指传感器在其全量程内任一点的输出值与其理论输出值的偏离程度。静态误差的求取方法是把全部校准数据与拟合直线上对应值的剩余误差看成随机分布，求出其标准偏差 σ，即

$$\sigma = \sqrt{\frac{1}{n-1}\sum_{i=1}^{n}(\Delta y_i)^2} \tag{2-7}$$

式中　Δy_i——各测试点的剩余误差；

　　　　n——测试点数。

取 2σ 或 3σ 值即为传感器的静态误差。静态误差 γ 也可用相对误差表示，即

$$\gamma = \pm \frac{3\sigma}{y_{FS}} \times 100\% \tag{2-8}$$

式中　σ——标准偏差；

　　　　y_{FS}——满量程输出。

静态误差是一项综合性指标，基本上包含了前面叙述的非线性误差、迟滞误差、重复性误差和灵敏度误差等。所以也可以把这几个单项误差综合而得，即

$$\delta = \pm \sqrt{\gamma_L^2 + \gamma_H^2 + \gamma_R^2 + \gamma_S^2} \tag{2-9}$$

式中　δ——静态误差；

　　　　γ_L——非线性误差；

　　　　γ_H——迟滞误差；

　　　　γ_R——重复性误差；

　　　　γ_S——灵敏度误差。

2.3　弹性敏感元件

能将力、力矩、压力和温度等物理量变换成位移、转角或应变的弹性元件称为弹性敏感元件。结构型传感器的组成都有弹性敏感元件。

2.3.1　应力与应变

1. 应力　截面积为 S 的物体受到外力 F 的作用并处于平衡状态时，物体在单位面积上引起的内力称为应力，记作 σ，其值为

$$\sigma = \frac{F}{S} \tag{2-10}$$

如图 2-5a 所示，物体两端受拉力或压力 F 作用时，物体处于拉伸或压缩状态，其应力称为正（向）应力。处于拉伸状态的应力为正值，压缩状态的应力为负值。如图 2-5b 所示，物体一端固定，另一端受平行于端面的力作用 F 时，内部任意截面上产生大小相等、方向相反的应力，称为切（向）应力，图示方向的应力为正值，反之

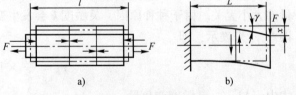

图 2-5　应变种类示意图

a) 拉压应力　b) 剪切应力

为负值。

2. 应变　应变是物体受外力作用时产生的相对变形，是一个无量纲的物理量。设物体原长度为 l，受力后产生的变形量为 Δl。若 $\Delta l > 0$，则表示物体被拉伸；$\Delta l < 0$，则表示物体被压缩。其纵向应变 ε 应变的定义为

$$\varepsilon = \frac{\Delta l}{l} \tag{2-11}$$

当物体纵向发生变形时，其横向发生相反变形，称为横向应变。为了区别，将纵向应变记作 ε_1，横向应变记作 ε_r，则

$$\varepsilon_r = \frac{\Delta r}{r} = -\mu \varepsilon_1 \tag{2-12}$$

式中　μ——泊松比；

　　　r——物体半径；

　　　Δr——物体半径的变化量。

由切应力所产生的变形称为切应变。如图 2-5b 所示，力 F 使自由端产生位移 x，切应变 γ 可通过近似直角三角形求出，即

$$\gamma \approx \mathrm{tg}\alpha = \frac{x}{L} \tag{2-13}$$

式中　α——切向应变角；

　　　L——固定端至力作用点之间的距离。

3. 胡克定律　当应力未超过某一限值时，应力与应变成正比，其数学表达式为

$$\sigma = E\varepsilon \tag{2-14}$$
$$\tau = G\gamma \tag{2-15}$$

各式中　σ——应力；

　　　E——弹性模量；

　　　ε——应变；

　　　τ——切向应力；

　　　G——切向弹性模量；

　　　γ——切向应变。

2.3.2　弹性元件的特性

弹性元件的基本特性是说明弹性元件受力（或力矩、压力）与其相应的位移（线位移、角位移）之间的关系，其主要性能有灵敏度、稳定度和响应速度。

1. 刚度　刚度是弹性元件在外力作用下变形大小的量度，一般用 K 来表示，设 F 为作用在弹性元件上的外力，x 为弹性元件产生的变形，则有

$$K = \frac{\Delta F}{\Delta x} \tag{2-16}$$

如图 2-6 所示，弹性特性曲线上某点 A 的刚度为该点切线与水平线夹角 θ 的正切值，即

$$K = \mathrm{tg}\theta = \frac{\Delta F}{\Delta x}$$

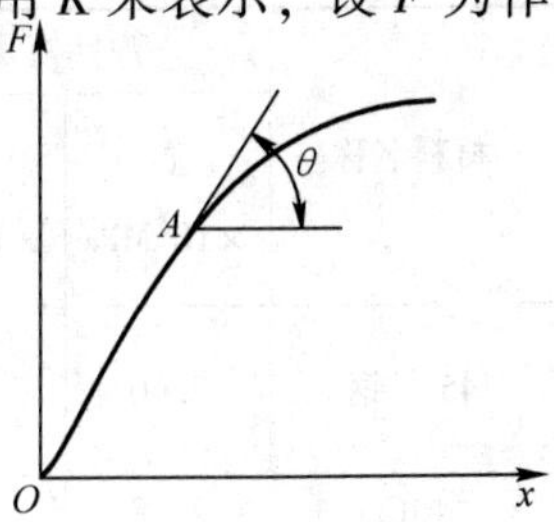

2. 灵敏度　它是刚度的倒数，一般用 k 表示，即

图 2-6　弹性特性曲线

$$k = \frac{\Delta x}{\Delta F} \qquad (2\text{-}17)$$

从式 (2-17) 可以看出，灵敏度就是弹性敏感元件在单位力作用下产生变形的大小。

3. 弹性滞后　实际的弹性元件在加、卸载的正、反行程中的变形曲线是不重合的，这种现象称为弹性滞后，如图 2-7 所示。曲线 1 和 2 所包围的范围称为滞环。产生弹性滞后的原因主要是弹性敏感元件在工作过程中分子间存在摩擦。弹性滞后现象会给测量带来误差。

4. 弹性后效　当载荷从某一数值变化到另一数值时，弹性元件不是立即完成相应的变形，而是在一定的时间间隔中逐渐完成变形，这一现象称为弹性后效。如图 2-8 所示，当作用在弹性敏感元件上的力由零增加至 F_0 时，弹性敏感元件先变形至 x_1，然后在载荷未改变的情况下继续变形到 x_0 为止。反之，如果力由 F_0 减至零，弹性敏感元件变形至 x_2，然后继续减小变形，直到恢复原状为止。由于存在弹性后效，弹性敏感元件的变形始终不能迅速地跟上力的变化，这在动态测量时将引起测量误差。弹性后效的原因是弹性敏感元件中的分子间存在摩擦。

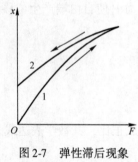

图 2-7　弹性滞后现象

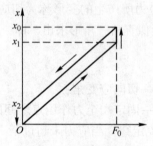

图 2-8　弹性后效现象

5. 固有振动频率　弹性敏感元件的动态特性与它的固有频率 f_0 有很大的关系。弹性敏感元件的固有振动角频率 ω_0 为

$$\omega_0 = \sqrt{K/m} \qquad (2\text{-}18)$$

式中　K——物体弹性刚度；

　　　m——物体质量。

在实际选用或设计弹性敏感元件时，常常遇到线性度、灵敏度和固有振动频率之间相互矛盾和相互制约的问题，因此必须根据测量的对象和要求加以综合考虑。

2.3.3　弹性敏感元件的材料

常用弹性敏感元件的材料性能见表 2-2。

表 2-2　常用弹性材料性能表

材料名称	弹性模量		线膨胀系数 $\beta/$ $\times 10^{-6}℃^{-1}$	屈服强度 σ_s/MPa	抗拉强度 σ_b/MPa	密度 $\rho/$ $kg \cdot m^{-3}$	说明
	$E/$ $\times 10^5 MPa$	$G/$ $\times 10^3 MPa$					
45 号钢	2.00	—	—	3.6	6.1	7.8	830 ~ 850℃淬火，500℃回火，$\sigma_b = 9.5 ~ 10.5MPa$
40Cr	2.18	—	11.0	8.0	10.0	—	用于一般传感器
35CrMnSiA	2.00	—	11.0	13.0	16.5	—	用于高精度传感播

材料名称	弹性模量		线膨胀系数 $\beta/$ $\times 10^{-6}℃^{-1}$	屈服强度 σ_s/MPa	抗拉强度 σ_b/MPa	密度 $\rho/$ $kg \cdot m^{-3}$	说明
	$E/$ $\times 10^5 MPa$	$G/$ $\times 10^3 MPa$					
65Si2MnA	2.00	8.7	11.5	14.0	16.0	—	用于小厚度平面弹性元件，疲劳极限很高
50GrVA	2.10	8.3	11.3	11.0	13.0	—	用于重要弹性元件，温度小于或等于400℃
40CrNiMoA	2.10	—	11.7	10.0	11.2	—	
30CrMnSiA	2.10	—	11.0	9.0	11.0	—	
65Si2MnA	2.00	—	11.0	17.0	19.0	—	
1Cr18Ni9	2.00	8.0	16.6	2.0	5.5	7.85	弹性稳定性好，适于380～480℃
铍青铜	1.31	5.0	16.6	—	12.5	8.23	
硬铝	0.72	2.7	23.0	3.4	5.2	2.80	

2.3.4 弹性元件的类型

传感器与仪表中用的弹性元件很多，下面仅介绍几种变换力和变换压力的弹性敏感元件。

1. 变换力的弹性敏感元件 集中作用于物体的内力称为力，变换力的弹性敏感元件形式如图 2-9 所示。

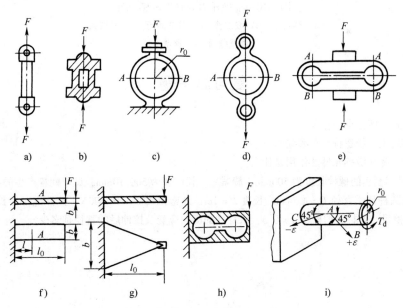

图 2-9 变换力的弹性敏感元件

a）实心轴 b）空心轴 c）、d）等截面圆环 e）变形的圆环 f）等截面悬臂梁

g）等强度悬臂梁 h）变形的悬臂梁 i）扭转轴

2. 变换压力的弹性元件　均匀分布作用于物体的力称为压力，如气体或液体的压力等。变换压力的弹性元件形式如图 2-10 所示，弹簧管又称波登管，是弯成 C 形的各种空心管，能把压力变成自由端的位移；波纹管直径一般为 12～60mm，测量范围为 10^2～10^7Pa，能把压力变成轴向位移；等截面薄板又称平膜片，是周边固定的圆薄板，能把压力变为薄板的位移或应变；膜盒由两片波纹膜片压合而成，比平膜片灵敏度高，用于小压力的测量；薄壁圆筒和薄壁半球灵敏度较低，但坚固，常用于特殊环境。

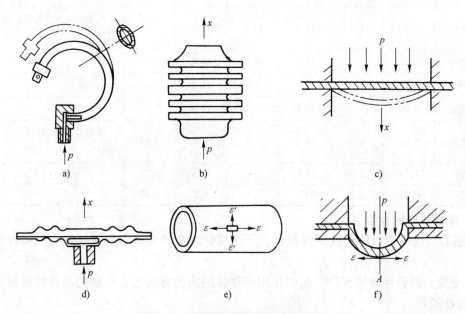

图 2-10　变换压力的弹性敏感元件

a）弹簧管　b）波纹管　c）等截面薄板　d）膜盒

e）薄壁圆筒　f）薄壁半球

复习思考题

1. 传感器是如何分类的？

2. 传感器的主要静态特性有哪些？

3. 传感器中弹性敏感元件的作用是什么？

4. 用 45 号钢制作的螺栓长度为 500mm，旋紧后，长度变为 500.10mm，试求螺栓产生的应变和应力？

5. 有 1 个圆杆件，直径 $D=1.6$cm，长度 $L=2$m，外施拉力 $F=19\,600$N，杆件绝对伸长 $\Delta L=0.1$cm，求材料的弹性模量。若材料泊松比 $\mu=0.3$，求杆件的横向应变及拉伸后的直径是多少？

第3章 能量控制型传感器

3.1 电位器式传感器

电位器是一种常用的机电元件，广泛应用于各种电器和电子设备中。它是一种把机械的线位移或角位移输入量转换为与它成一定函数关系的电阻或电压输出的传感元件，主要用于测量压力、高度和加速度等各种参数。

电位器式传感器具有一系列优点，如结构简单、尺寸小、重量轻、精度高、输出信号大、性能稳定和容易实现等。其缺点是要求输入能量大，电刷与电阻元件之间容易磨损。

电位器的种类很多，按结构可分为线绕式、薄膜式和光电式等；按特性可分为线性电位器和非线性电位器。目前常用的以单圈线绕电位器居多。

图 3-1 所示为电位器式位移传感器原理图。如果把它作为带滑动触点的电位器使用，且假定全长为 x_{max}，其总电阻为 R_{max}，电阻沿长度的分布是均匀的，则当滑臂由 A 向 B 移动 x 后，A 与滑臂间的阻值 R_x 为

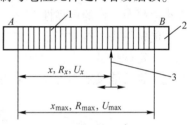

图 3-1 电位器式位移传感器原理图
1—电阻丝 2—骨架 3—滑臂

$$R_x = \frac{x}{x_{max}} R_{max} \qquad (3-1)$$

若把它作为分压器使用，且假定加在电位器 A、B 点之间的电压为 U_{max}，则输出电压 U_x 为

$$U_x = \frac{x}{x_{max}} U_{max} \qquad (3-2)$$

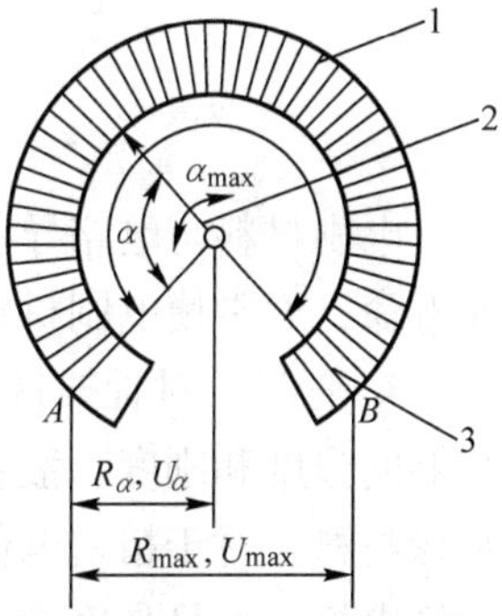

图 3-2 所示为电位器式角度传感器。若把它作为带滑动触点的电位器使用，则输出阻 R_α 与旋转角度 α 的关系为

$$R_\alpha = \frac{\alpha}{\alpha_{max}} R_{max} \qquad (3-3)$$

式中 α_{max}——电位器的最大旋转角度。

若把电位器式角度传感器作为分压器使用，则有

$$U_x = \frac{\alpha}{\alpha_{max}} U_{max} \qquad (3-4)$$

图 3-2 电位器式角度传感器原理图
1—电阻丝 2—滑臂 3—骨架

线性线绕式电位器的特性稳定，制造精度容易保证。线性线绕式电位器的骨架截面应处处相等，并由材料均匀的导线按相等的节距绕成，如图 3-3 所示。

3.1.1 电位器的结构与材料

由于测量领域不同，电位器的结构及材料选择也有所不同，但其基本结构是相近的。电位器由骨架、电阻元件及活动电刷组成，常用的线绕式电位器的电阻元件由金属电阻丝绕成。

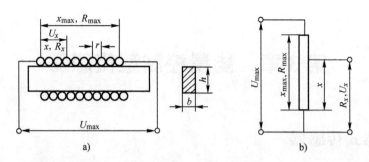

图 3-3　线性线绕式电位器

a）绕线式电位器　b）等效电路

1. 电阻丝　要求电阻率高、电阻温度系数小、强度高和延展性好，对铜的热电动势小、耐磨、耐腐蚀和焊接性好等。常用的材料有康铜丝、铂铱合金和卡玛丝等。

2. 电刷　活动电刷由电刷触头、电刷臂、导向和轴承装置等构成。其质量好坏将影响噪声电平及工作的可靠性。

电刷触头材料常用银、铂铱和铂铑等金属，电刷臂用磷青铜等弹性较好的材料。电刷要保持一定的接触压力，约 50～100mN。过大的接触压力会使仪器产生误差，并加速磨损；压力过小则可能接触不可靠。某些电刷的结构如图 3-4 所示。

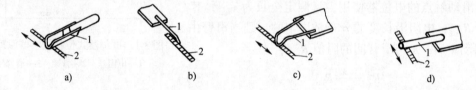

图 3-4　某些电刷结构

a）矩形电刷　b）环形电刷　c）柱形电刷　d）棒形电刷

1—电刷　2—电阻元件

电刷材料与电路导线材料要配合选择，以提高电位器工作的可靠性、减少噪声并延长工作寿命，通常使电刷材料的硬度与电阻丝材料的硬度相近或稍高些。

3. 骨架　对骨架材料的要求是其与电阻丝材料具有相同的膨胀系数、电气绝缘好、有足够的强度和刚度、散热性好、耐潮湿和易加工。常用材料有陶瓷、酚醛树脂及工程塑料等绝缘材料。对于精密电位器，广泛采用经绝缘处理的金属骨架，其导热性好，可提高电位器允许电流，而且强度大、加工尺寸精度高。

骨架的形式很多，有矩形、环形、柱形、棒形及其他形状。常用的骨架截面多为矩形，其厚度应大于导线直径 d 的 4 倍，圆角半径 R 应不小于 $2d$。

电位器绕制完成后，要用电木漆或其他绝缘漆浸渍，以提高其机械强度。与电刷接触的工作面的绝缘漆要刮掉，并进行机械抛光。

3.1.2　电位器式传感器应用举例

电位器式压力传感器是利用弹性元件（如弹簧管、膜片或膜盒）把被测的压力变换为弹性元件的位移，并使此位移变为电刷触头的移动，从而引起输出电压或电流相应的变化。

1. YCD—150 型压力传感器　如图 3-5 所示，它由一个弹簧管和电位器组成，电位器固定在壳体上，电刷与弹簧管的传动机构相连接。当被测压力变化时，弹簧管的自由端移动，并通过传动机构一面带动压力表指针转动,一面带动电刷在线绕式电位器上滑动,从而将被测压力值转换为电阻变化,输出一个与被测压力成正比的电压信号。

2. 膜盒电位器式压力传感器 如图 3-6 所示,弹性敏感元件膜盒的内腔通入被测流体,在流体压力的作用下,膜盒中心产生位移,推动连杆上移,使曲柄轴带动电刷在电位器电阻丝上滑动,从而输出一个与被测压力成正比的电压信号。

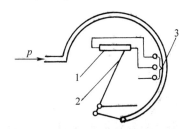
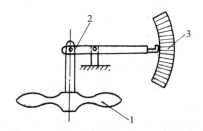

图 3-5 YCO—150 型压力传感器原理 　　图 3-6　膜盒电位器式压力传感器原理
　　1—电位器 2—电刷 3—输出端子 　　　　1—膜盒 2—连杆 3—电位器

3. 电位器式位移传感器 如图 3-7 所示,电阻丝 l 以均匀的间隔绕在用绝缘材料制成的骨架上,触头 2 沿着电阻丝的裸露部分滑动,并由导电电片 4 输出。在测量比较小的位移时,往往用齿轮和齿条机构把线位移变换成角位移,如图 3-8 所示。

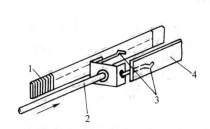
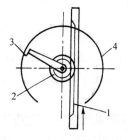

图 3-7 电位器式位移传感器示意图 　　图 3-8　测小位移传感器示意图
1—电阻丝 2—输入轴 3—触头 4—导电片 　　1—齿条 2—齿轮 3—电刷 4—电位器

3.2 应变片式电阻传感器

在几何量和机械量中,最常用的传感器是用某些金属和半导体材料制成的电阻应变片式传感器。应变片式电阻传感器是以应变片为传感元件的传感器,它具有以下优点:

1)精度高,测量范围广。

2)使用寿命长,性能稳定、可靠。

3)结构简单、尺寸小、重量轻,因此在测试时,对工件工作状态及应力分析影响小。

4)频率响应特性好,应变片响应时间约为 10^{-7} s。

5)可在高温、低温、高速、高压、强烈振动、强磁场、核辐射和化学腐蚀等恶劣环境条件下工作。

3.2.1 电阻应变片的工作原理

电阻应变片的工作原理是基于电阻应变效应,即在导体产生机械变形时,它的电阻发生相应变化。

电阻丝在未受力时的原始电阻 R 为

$$R = \rho \frac{l}{S} \tag{3-5}$$

式中　ρ——电阻丝的电阻率；

　　　l——电阻丝的长度；

　　　S——电阻丝的截面积。

电阻丝在外力 F 作用下将引起电阻变化 ΔR，且有

$$\frac{\Delta R}{R} = \frac{\Delta l}{l} - \frac{\Delta S}{S} + \frac{\Delta \rho}{\rho} \tag{3-6}$$

式中　Δl——电阻丝的长度变化；

　　　ΔS——电阻丝的截面积变化；

　　　$\Delta \rho$——电阻丝的电阻率变化；

电阻丝的轴向应变 $\varepsilon = \Delta l / l$，径向应变 $\mu = \Delta r / r$（r 为电阻丝的截面半径），由材料力学可知

$$\frac{\Delta R}{R} = (1 + 2\mu)\varepsilon - \frac{\Delta \rho}{\rho} \tag{3-7}$$

通常把单位应变所引起的电阻相对变化称作电阻的灵敏系数 k_0，其表达式为

$$k_0 = \frac{\Delta R / R}{\varepsilon} = (1 + 2\mu) - \frac{\Delta \rho / \rho}{\varepsilon} \tag{3-8}$$

从式（3-8）可以看出，电阻丝灵敏系数 k_0 由两部分组成：$(1 + 2\mu)$ 表示受力后由材料的几何尺寸变化引起的；$(\Delta \rho / \rho) / \varepsilon$ 表示由材料电阻率变化所引起的。对于金属材料，$(\Delta \rho / \rho) / \varepsilon$ 项的值要比 $(1 + 2\mu)$ 小很多，可以忽略，故 $k_0 = 1 + 2\mu$，则式（3-8）可写成

$$\Delta R / R = k_0 \varepsilon$$

3.2.2　金属电阻应变片主要特性

1. 金属电阻应变片结构及材料　金属电阻应变片分为金属丝式和金属箔式两种。

（1）金属丝式电阻应变片：金属丝式电阻应变片的基本结构图 3-9 所示。它由敏感栅、基底和盖层、粘结剂和引线 4 个基本部分组成。其中，敏感栅是应变片最重要的部分，栅丝直径一般为 0.015 ~ 0.05mm。敏感栅的纵向轴线称为应变片轴线，根据不同用途，栅长可为 0.2 ~ 200mm。基底和盖层用以保持敏感栅及引线的几何形状和相对位置，并将被测件上的应变迅速、准确地传递到敏感栅上，因此基底做得很薄，一般为 0.02 ~ 0.4mm。盖层

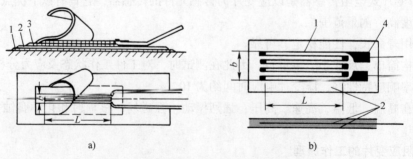

图 3-9　金属丝式电阻应变片的基本结构

a）应变片的基本结构　b）箔式应变片敏感栅的基本结构

1—敏感栅　2—基底　3—盖层　4—引线　L—栅长　b—基宽

起保护敏感栅用。基底和盖层用专门的薄纸制成的称为纸基，用各种粘结剂和有机树脂膜制成的称为胶基，现多采用后者。

（2）金属箔式应变片：如图3-10所示，它与金属丝式电阻应变片相比，有如下优点：

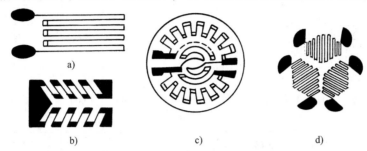

图 3-10　各种箔式应变片

a）箔式单向应变片　b）箔式转矩应变片　c）箔式压力应变片　d）箔式花状应变片

1）用光刻技术能制成各种复杂形状的敏感栅(应变花)。

2）横向效应小。

3）散热性好，允许通过较大电流，可提高相匹配的电桥电压，从而提高输出灵敏度。

4）疲劳寿命长、蠕变小。

5）生产效率高。

但是，制造箔式应变片的电阻值的分散性要比丝式的大，有的能相差几十欧姆，需要调整阻值。金属箔式应变片因其一系列优点而将逐渐取代丝式应变片，并占主要地位。

对金属电阻应变片敏感栅材料的基本要求：

1）灵敏系数 k_0 值大，并且在较大应变范围内保持常数。

2）电阻温度系数小。

3）电阻率大。

4）机械强度高，且易于拉丝或辗薄。

5）与铜丝的焊接性好，与其他金属的接触热电动势小。其常用的材料有康铜、镍铬合金、镍铬铝合金、铁铬铝合金、铂和铂钨合金等。

金属箔式应变片敏感栅材料常采用康铜和镍铬。敏感栅常用材料及其性能见表3-1。

表 3-1　常用电阻丝材料及性能

材料名称	成分		灵敏系数 k_0	电阻率① /$\Omega \cdot m$	电阻温度系数②	最高使用温度/°C		对铜的热电动势/ V	线膨胀系数
	元素	W（%）				静态	动态		
康铜	Ni	45	1.9~2.1	0.45~0.52	±20	300	400	43	15
	Cu	55							
镍铬合金	Ni	80	2.1~2.3	0.9~1.1	110~130	450	800	3.3	14
	Cr	20							
镍铬合金（6J22）卡玛合金	Ni	4	2.4~2.6	1.24~1.42	±20	450	800	3	13.3
	Cr	20							
	Al	3							
	Cr	3							

（续）

材料名称	成分		灵敏系数 k_0	电阻率[①]/ $\Omega \cdot m$	电阻温度系数[②]	最高使用温度/°C		对铜的热电动势/ V	线膨胀系数
	元素	W（%）				静态	动态		
镍铬合金（6J23）	Ni	75	2.8	1.24 ~ 1.42	±20	450	800	3	13.3
	Cr	22							
	Al	3							
铁铬铝合金	Fe	70	1.3 ~ 1.5	1.3 ~ 1.5	30 ~ 40	700	1 000	2 ~ 4	14
	Cr	25							
	Al	5							
铂	Pt	100	4 ~ 6	0.09 ~ 0.11	3 900			7.6	8.1
铂钨合金	Pt	92	2.5	0.58	227	800	1 000	6.1	8.3 ~ 9.2
	W	8							

① 测试温度为 20°C。

② 测试温度为 0 ~ 100°C。

2. 电阻应变片主要特性　在使用电阻应变片的过程中，只有正确了解它的特性和参数，才不会出现错误，否则会产生较大的测量误差，甚至得不到所需的测量结果。

（1）灵敏系数：应变片一般制成丝栅状，测量应变时，将应变片粘贴在试件表面上，金属丝栅和试件表面只隔一层很薄的胶，试件的变形很容易传到金属丝栅上。金属丝的直径很小，其表面积比横截面积大很多倍，丝栅的周围全被胶包住，在承受拉伸时不会脱落，承受压缩时也不会压弯。但电阻应变片与电阻丝应变效应是不同的，即电阻应变片灵敏系数 k 与电阻丝灵敏系数 k_0 是不相同的。

应变片的灵敏系数一般由实验方法求得。因为应变片粘贴到试件上就不能取下再用，所以不能对每一个应变片的灵敏系数进行标定，只能在每批产品中提取一定百分比（例如 5%）的产品进行标定，然后取其平均值作为这一批产品的灵敏系数。实验证明，灵敏系数在被测应变片的很大范围内能保持常数。

（2）横向效应：沿应变片轴向的应变 ε 必然引起应变片电阻的相对变化，而沿垂直于应变片轴向的横向应变，也会引起其电阻的相对变化，这种现象的产生和影响与应变片结构有关。敏感栅的丝绕应变片内横向效应较为严重。

（3）机械滞后、零漂及蠕变

1）机械滞后。应变片安装在试件上以后，在一定温度下，在零和某一指定应变之间作出应变片电阻相对变化 ε_i（$\Delta R/R$，即指示应变）与试件机械应变 ε_R 之间加载和卸载的特性曲线，如图 3-11 所示。实验发现：这两条曲线并不重合，在同一机械应变下，卸载时应变片电阻对变化 ε_i 高于加载时 ε_i，这种现象称为应变片的机械滞后，加载和卸载特性曲线之间的最大差值 $\Delta\varepsilon_m$ 称为应变片的滞后值。

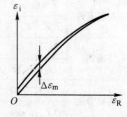

图 3-11　机械滞后

2）零漂。已粘贴的应变片，在温度保持恒定、试件上没有应变的情况下，应变片的指示应变会随时间的增长而逐渐变化，此变化就是应变片的零点漂移，简称零漂。

3）蠕变。已粘贴的应变片，在温度保持恒定时，承受某一恒定的机械应变长时间的作用，应变片的指示应变会随时间而变化，这种现象称为蠕变。

在应变片工作时，零漂和蠕变是同时存在的，在蠕变值中包含着同一时间内的零漂值。这两项指标都是用来衡量应变片特性对时间的稳定性，在长时间测量时其意义更为突出。

（4）温度效应：粘贴在试件上的电阻应变片，除感受机械应变而产生电阻相对变化外，环境温度变化也会引起电阻的相对变化，产生虚假应变，这种现象称为温度效应。温度变化对电阻应变片的影响是多方面的，这里仅考虑以下两种主要影响：

1）当环境温度变化 Δt 时，由敏感栅材料的电阻温度系数 α_t 引起电阻相对变化。

2）当环境温度变化 Δt 时，由敏感材料和试件材料的膨胀系数不同引起电阻的相对变化。

（5）绝缘电阻和最大工作电流：应变片绝缘电阻 R_m 是指已粘贴的应变片的引线与被测试件之间的电阻值；应变片最大工作电流 I_{max} 是指对已安装的应变片，允许通过敏感栅而不影响其工作特性的最大电流。

3.2.3 温度误差及其补偿

在外界温度变化的条件下，由于敏感栅温度系数（α_t）及栅丝与试件膨胀系数（β_g/β_s）差异性而产生虚假应变输出，有时会产生与真实应变同数量级的误差，这时必须采取补偿温度误差的措施，这里主要讲线路补偿法。

如图 3-12 所示，工作应变片 R_1 安装在被测试件上，另选一个特性与 R_1 相同的补偿片 R_B，将其安装在材料与试件相同的某补偿块上，温度与试件相同，但不承受应变。R_1 和 R_B 接入电桥相邻臂上，造成 ΔR_1 与 ΔR_B 相同，根据电桥理论所知，其输出电压 U_0 与温度变化无关，当工作应变片感受应变时电桥将产生相应输出电压。

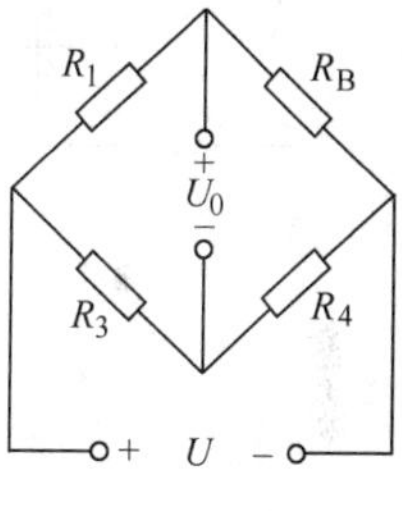

最后应当指出，若要达到完全的补偿，需满足下列三个条件：

1）R_1 和 R_B 应属于同一批号制造，即它们的电阻温度系数 α、线膨胀系数 β 和应变灵敏系数 k 都相同，两片的初始电阻值也要求一样。

2）粘贴补偿片的构件材料和粘贴工作片的材料必须一样，即要求两者的线膨胀系数一样。

3）两应变片 R_1 和 R_B 处于同一温度场。

图 3-12 电桥补偿法

此方法简单易行，而且使用普通应变片即可对各种试件材料在较大温度范围内进行补偿，因而最为常用。但缺点是上面三个条件不易满足，尤其是第三个条件，温度梯度变化大，R_1 和 R_B 很难处于同一温度场。在应变测试的某些条件下，可以比较巧妙地安装应变片而不需补偿，并兼有灵敏度的提高。如图 3-13a 所示，在测量梁的弯曲应变时，将 2 个应变片分别贴于梁的上下两面对称位置，R_1 和 R_B 特性相同，所示两电阻变化值相同，符号相反。将 R_1 和 R_B 按图 3-12 接入电桥，因而电桥输出电压比单片时增加 1 倍。当梁的上下面温度一致时，R_B 与 R_1 可起温度补偿作用。图 3-13b 为应变片不对称粘贴，其中 R_1 仅起温度补偿作用，但应变片对称粘贴时可提高灵敏度。

3.2.4 应变片式电阻传感器的测量电路

应变片可将试件应变 ε 转换成电阻相对变化 $\Delta R/R$，为了能用电测仪器进行测量，还必须将 $\Delta R/R$ 进一步转换成电压或电流信号，这种转换通常采用各种电桥线路。

1. 电桥线路

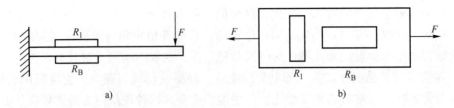

图 3-13　差动电桥补偿法

a) 应变片对称粘贴示意图　b) 应变片不对称粘贴示意图

（1）直流电桥平衡条件：电桥线路如图 3-14a 所示，U 为直流电源电压，R_1、R_2、R_3、R_4 为电桥的桥臂，R_L 为负载电阻，可以求出负载电流 I_L 与电源电压 U 的关系为

$$I_L = \frac{(R_1 R_4 - R_2 R_3) U}{R_L (R_1 + R_2)(R_3 + R_4) + R_1 R_2 (R_3 + R_4) + R_3 R_4 (R_1 + R_2)} \tag{3-9}$$

当 $I_L = 0$ 时，称为电桥平衡，平衡条件为

$$R_1 / R_2 = R_3 / R_4$$

或

$$R_1 R_4 = R_2 R_3 \tag{3-10}$$

上述平衡条件可表述为电桥相邻两臂电阻的比值相等，或相对两臂电阻的乘积相等。

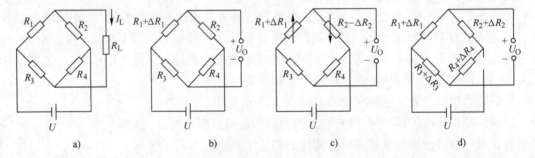

图 3-14　直流电桥

a) 电桥电路　b) 单臂工作电桥电路　c) 双臂工作电桥电路　d) 四臂工作电桥电路

（2）直流电桥电压灵敏度：电阻应变片工作时，通常其电阻变化是很小的，电桥相应输出电压也很小。要推动记录仪器工作，还必须将电桥输出电压放大，为此必须了解 $\Delta R / R$ 与电桥输出电压间的关系。在四臂电桥中，R_1 为工作应变片，由于应变而产生相应的电阻变化为 ΔR_1。电桥线路如图 3-14b 所示，R_2、R_3、R_4 为固定电阻，U_0 为电桥输出电压，并设负载电阻 $R_L = \infty$。初始状态下，电桥平衡，$U_0 = 0$，当 $\Delta R_1 \neq 0$ 时，电桥输出电压 U_0 为

$$U_0 = \frac{\dfrac{R_4}{R_3} \dfrac{\Delta R_1}{R_1}}{\left(1 + \dfrac{R_2}{R_1} + \dfrac{\Delta R_1}{R_1}\right)\left(1 + \dfrac{R_4}{R_3}\right)} U \tag{3-11}$$

设桥臂比 $n = R_2 / R_1$，由于电桥初始平衡时有 $R_2 / R_1 = R_4 / R_3$，略去式（3-11）分母中的 $\Delta R_1 / R_1$，可得

$$U_0 = \frac{n}{(1 + n)^2} \frac{\Delta R_1}{R_1} U \tag{3-12}$$

电桥电压灵敏度 k_μ 定义为

$$k_\mu = \frac{U_0}{\Delta R_1 / R_1}$$

可得单臂工作应变片的电桥电压灵敏度 k_μ 为

$$k_\mu = \frac{n}{(1+n)^2} U \tag{3-13}$$

可以看出，k_μ 与电桥电源电压成正比，同时与桥臂比 n 有关。U 值的选择受应变片功耗的限制。当 $n=1$ 时，即 $R_1 = R_2$，$R_3 = R_4$，此时 k_μ 为最大值。由式（3-12）可得

$$U_0 = \frac{U}{4} \frac{\Delta R_1}{R_1} \tag{3-14}$$

由式（3-13）可得

$$k_\mu = \frac{U}{4}$$

3.2.5 应变片式电阻传感器的应用举例

电阻应变片和应变丝除直接用于测量机械、仪器及工程结构等的应变外，还可以与某种形式的弹性敏感元件相配合，组成其他物理量的测试传感器，如力、压力、转矩、位移和加速度传感器等。

1. 应变式测力传感器 荷重和拉压力传感器的弹性元件可以做成柱形、筒形、环形和梁形等。

（1）圆柱式力传感器：如图 3-15a、b 所示，应变片粘贴在外壁应力分布均匀的中间部分，对称地粘贴多片，电桥连接时考虑尽量减小载荷偏心和弯矩影响。贴片在圆柱面上的展开位置如图 3-15c 所示，电桥连接如图 3-17d 所示。R_1 和 R_3 串接，R_2 和 R_4 串接，并置于相对臂，以减小弯矩影响。横向贴片也用于温度补偿。

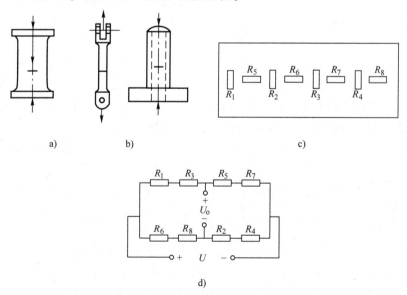

图 3-15 荷重传感器弹性元件的形式

a) 柱形 b) 筒形 c) 圆柱面展开图 d) 桥路连接图

（2）梁式力传感器：梁有多种形式，如图 3-16 所示。图 3-16a 是等截面梁，适合于 5 000N 以下的载荷测量，也可用于小压力测量。传感器结构简单，灵敏度高；图 3-16b 是等强度梁，集中力作用于梁端三角形顶点上，梁内各断面产生的应力是相等的，表面上的应变也是相等的，与贴片的方向和位置无关；图 3-16c 为双孔梁，多用于小量程工业电子秤和商业电子称；图 3-16d 为"S"形弹性梁，适于较小载荷。

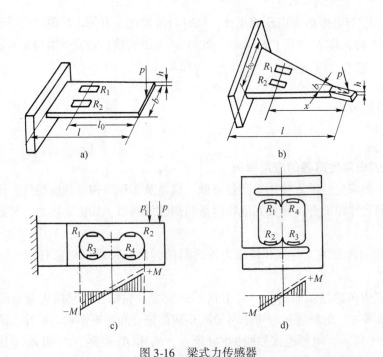

图 3-16 梁式力传感器

a）等截面梁 b）等强度梁 c）双孔梁 d）"S" 形弹性梁

l—悬臂梁的长度 l_0—应变片中心到工作段的距离 b—悬臂梁顶端宽度 h—悬臂梁的厚度 b_0—悬臂梁根部宽度 p—压力 $+M$—正向转矩 $-M$—反向转距

2. 应变式转矩传感器 测量转矩可以直接将应变片粘贴在被测轴上，或采用专门设计的转矩传感器，其原理如图 3-17a 所示。当被测轴受到纯扭力作用时，其最大切应力 τ_{max} 不便于直接测量，但轴表面主应力方向与母线成 45°，而且在数值上等于最大切应力，因而应变片沿与母线成 45°方向粘贴，并接成桥路，如图 3-17b 所示。

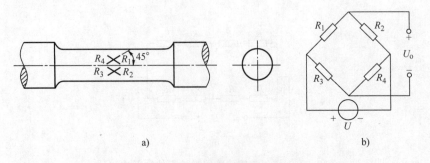

图 3-17 测量转矩

a）应变片粘贴图 b）桥路连接图

3. 应变式加速度传感器 基本原理如图 3-18 所示。当物体和加速度计一起以加速度 a 沿图示方向运动时，质量块 1（质量为 m）受到惯性力 F 的作用而引起悬臂梁弯曲，悬臂梁上粘贴的应变片则可测出质量块受力的大小和方向，从而确定物体运动的加速度大小和方向。

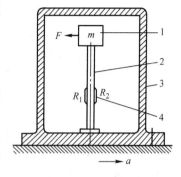

图 3-18 应变式加速度传感器
1—质量块 2—弹性元件 3—壳体及基座 4—应变片

3.3 电感式传感器

1. 工作原理 电感式传感器是利用线圈自感或互感的变化来实现测量的一种装置，可以用来测量位移、振动、压力、流量、重量、力矩和应变等多种物理量。电感式传感器的核心部分是可变自感或可变互感，在被测量转换成线圈自感或互感的变化时，一般要利用磁场作为媒介或利用铁磁体的某些现象。这类传感器的主要特征是具有绕组。

2. 优点和缺点

（1）优点：结构简单可靠，输出功率大，抗干扰能力强，对工作环境要求不高，分辨力较高（如在测量长度时一般可达 $0.1\mu m$），示值误差一般为示值范围的 $0.1\% \sim 0.5\%$，稳定性好。

（2）缺点：频率响应低，不宜用于快速动态测量。一般来说，电感式传感器的分辨力和示值误差与示值范围有关。示值范围大时，分辨力和示值精度将相应降低。

3. 种类 电感式传感器种类很多，有利用自感原理的自感式传感器（通常称电感式传感器），有利用互感原理的差动变压器式传感器。此外，还有利用涡流原理的涡流式传感器、利用压磁原理的压磁式传感器和利用互感原理的感应同步器等。

3.3.1 自感式传感器

1. 工作原理 原理结构如图 3-19 所示，动铁心 B 和固定铁心 A 一般为硅钢片。动铁心 B 用拉簧定位，使动铁心 B 和固定铁心 A 间保持一个初始距离 l_0，在固定铁心 A 上绕有 N 匝线圈。可由电感的定义写出电感 L 的表达式为

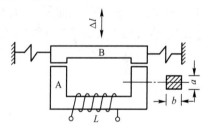

图 3-19 自感式传感器原理
A—固定铁心 B—动铁心
a—动铁心截面的长度 b—动铁心截面的宽度 Δl—动铁心的移动距离 L—自感线圈

$$L = \frac{\Psi}{I} = \frac{N\Phi}{I} \qquad (3-15)$$

式中 Ψ——链过线圈的总磁链；

Φ——穿过线圈的磁通；

I——线圈中流过的电流。

又知

$$\Phi = \frac{IN}{R_m} \qquad (3-16)$$

式中 R_m——磁阻，其可按式（3-17）计算。

$$R_m = \sum_{i=1}^{n} \frac{l_i}{\mu_i S_i} + 2\frac{l_0}{\mu_0 S_0} \qquad (3-17)$$

式中 l_i——铁心中磁路上第 i 段的长度；

S_i——铁心中磁路上第 i 段的截面积；

μ_i——铁心中磁路上第 i 段的磁导率；

l_0——空气隙的长度；

S_0——空气隙的等效截面积；

μ_0——空气隙的磁导率。

当铁心工作在非饱和状态时，式（3-17）以第二项为主，第一项可略去不计。将式（3-16）和式（3-17）代入式（3-15）中，则有

$$L = \frac{N^2 \mu_0 S_0}{2l_0} \qquad (3\text{-}18)$$

可见，电感值与线圈匝数 N 的平方成正比，与空气隙有效截面积 S_0 成正比，与空气隙长度 l_0 成反比。

可以利用空气隙有效截面积 S_0 及长度 l_0 作为传感器的输入量，分别称为截面型（见图 3-20a）和气隙型（见图 3-20b）。传感器也可以做成差动形式，如图 3-21 所示。在这里固定铁心 A 上有两组线圈 L_1 和 L_2，调整可动铁心 B，使在没有被测量输入时两组线圈 L_1 和 L_2 的电感值相等；当有被测量输入时，一组线圈的自感增大，而另一组线圈的自感将减小。

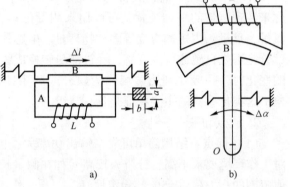

图 3-20　自感式传感器原理

a）气隙型　b）截面型

A—静铁心　B—动铁心　L—电感线圈　$\Delta\alpha$—摇动角度

Δl—移动距离　a—静铁心截面的长度

b—静铁心截面的宽度　O—动铁心转轴

2. 灵敏度及非线性　由式（3-18）可知，改变空气隙等效截面积 S_0 类型的传感器的转换关系为线性关系，改变空气隙长度 l_0 类型的传感器的转换关系为非线性关系，则

$$L_0 = \frac{N^2 \mu_0 S_0}{2l_0}$$

$$\Delta L = L - L_0 = \frac{N^2 \mu_0 S_0}{2(l_0 + \Delta l)} - \frac{N^2 \mu_0 S_0}{2l_0} = \frac{N^2 \mu_0 S_0}{2l_0}\left(\frac{l_0}{l_0 + \Delta l} - 1\right)$$

气隙型传感器的灵敏度 S 为

$$S = \frac{\Delta L}{\Delta l} = -\frac{L_0}{l_0}\left[1 - \frac{\Delta l}{l_0} + \left(\frac{\Delta l}{l_0}\right)^2 + \cdots\right] \qquad (3\text{-}19)$$

以上结论在 $\Delta l/l_0 \ll 1$ 时成立。从提高灵敏度的角度看，初始空气隙距离 l_0 应尽量小，其结果是被测量的范围也变小。同时，灵敏度的非线性也将增加。如采用增大空气隙等效截面积和增加线圈匝数的方法来提高灵敏度，则必将增大传感器的几何尺寸和重量。这些矛盾在设计传感器时应适当考虑。与截面型自感式传感器相比，气隙型自感式传感器的灵敏度较高，但其非线性严重，自由行程小，制造装配困难，故近年来这种类型的传感器使用逐渐减少。

对差动式传感器，其灵敏度 S 为

$$S = -\frac{2L_0}{l_0}\left[1 + \left(\frac{\Delta l}{l_0}\right)^2 + \cdots\right] \qquad (3\text{-}20)$$

与单极式传感器比较，差动势传感器灵敏度提高1倍，非线性明显减小。

3. 零点残余电压　它表现在电桥预调平衡时，无法实现平衡，最后总要存在着某个输出值 ΔU_0（零点残余电压），如图3-22所示。

由于 ΔU_0 的存在，将造成测量系统存在不灵敏区 Δl_0，这一方面限制了系统的最小灵敏度，同时也影响 ΔU 与 l 之间转换的线性度。造成零点残余电压的主要原因是：

1）一组两个传感器不完全对称，例如几何尺寸不对称、电气参数不对称及磁路参数不对称。

2）存在寄生参数。

3）供电电源中有谐波，而电桥只能对基波进行较好地预调平衡。

4）供电电源很好，但磁路本身存在非线性。

5）工频干扰。

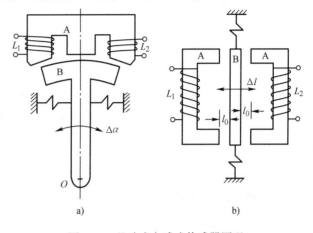

图 3-21　差动式自感式传感器原理

a）截面差动型　b）气隙差动型

A—静铁心　B—动铁心　L_1、L_2—自感线圈　l_0—初始空气隙
距离　Δl—动铁心位移　$\Delta \alpha$—摆动角度　O—动铁心转轴

4. 自感式传感器的特点及应用

（1）自感式传感器的特点

1）灵敏度比较好，目前可测 $0.1\mu m$ 的直线位移，输出信号比较大、信噪比较好。

2）测量范围比较小，适用于测量较小位移。

3）存在非线性。

4）消耗功率较大，尤其是单极式电感传感器，这是由于它有较大的电磁吸力的缘故。

5）工艺要求不高，加工容易。

（2）自感式传感器的应用：自感式传感器是被广泛采用的一种电磁机械式传感器，它除可直接用于测量直线位移和角位移的静态和动态量外，还可以它为基础，做成多种用途的传感器，用以测量力、压力和转矩等。

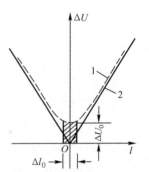

图 3-22　ΔU_0-l 特性

1—ΔU_0 不等于零时的输出曲线

2—ΔU_0 等于零时的输出曲线

ΔU_0—零点残余电压

Δl_0—不敏感区长度

图3-23为测气体压力的传感器，它是用改变空气隙长度的自感式传感器为基础组成的传感器，其中感受气体压力 p 的元件为膜盒，因此传感器测量压力的范围将由膜盒的刚度来决定。这种传感器适用于测量精度要求不高的场合或报警系统中。

图3-24所示为压差传感器的原理结构。若压力 $p_1 = p_2$，则衔铁处于对称位置，即处于零位，此时上、下线圈自感相等；若 $p_2 > p_1$ 时，则下面线圈的电感增大。传感器的灵敏度与固定衔铁的刚度有关，其全程测量范围除与上述刚度有关外，还与衔铁与铁心间的空气隙长短有关。这种结构常采用电桥电路系统，其机械零位调整不易实现。

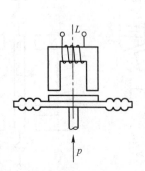

图 3-23 测气体压力的传感器

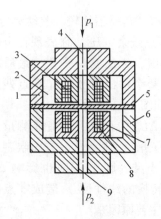

图 3-24 压差传感器
1、6—外壳 2、7—差接电感传感器的铁心
3、8—线圈 4、9—导气孔道 5—可动衔铁

3.3.2 变压器式传感器

1. 工作原理 变压器式传感器是将非电量转换为线圈间互感的一种磁电机构，很像变压器的工作原理，因此常称其为变压器式传感器。这种传感器多采用差动形式。

图 3-25 所示为气隙型差动变压器式传感器的典型结构。其中：A、B 为两个山字形固定铁心，在其窗中各绕有 2 个绕组，W_{1a} 和 W_{1b} 为一次绕组，W_{2a} 和 W_{2b} 为二次绕组，C 为衔铁，S 为绕组截面积。当没有非电量输入时，衔铁 C 与铁心 A、B 的间隔相同，即 $\delta_{a0} = \delta_{b0}$，则绕组 W_{1a} 和 W_{2a} 间的互感 M_a 与绕组 W_{1b} 和 W_{2b} 间的互感 M_b 相等。

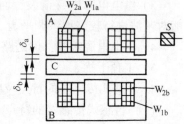

图 3-25 气隙型差动
变压器式传感器

当衔铁的位置改变（$\delta_a \neq \delta_b$）时，则 $M_a \neq M_b$，M_a 和 M_b 的差值即可反映被测量的大小。

为反映差值互感，将两个一次绕组的同名端顺向串联，并施加交流电压 U，而两个二次绕组的同名端反向串联，同时测量串联后的合成电动势 E_2 为

$$E_2 = E_{2a} - E_{2b} \qquad (3\text{-}21)$$

式中 E_{2a}——二次绕组 W_{2a} 的互感电动势；

E_{2b}——二次绕组 W_{2b} 的互感电动势。

E_2 值的大小决定于被测位移的大小，E_2 的方向决定于位移的方向。

图 3-26 所示为改变气隙有效截面积型差动变压器式传感器，输入非电量为角位移 $\Delta\alpha$。它是一个山字形铁心 A 上绕有 3 个绕组，W_1 为一次绕组，W_{2a} 及 W_{2b} 为 2 个二次绕组；衔铁 B 以 O 点为轴转动，衔铁 B 转动时由于改变了铁心与衔铁间磁路上的垂直有效截面积 S，也就改变了绕组间的互感，使其中一个互感增大，另一个互感减小，因此 2 个二次绕组中的感应电动势也随之

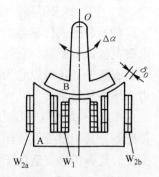

图 3-26 截面积型
差动变压器式传感器

改变。图中 δ_0 为气隙距离。将绕组 W_{2a} 和 W_{2b} 反相串联并测量合成电动势 E_2，就可以判断

出非电量的大小及方向。

2. 差动变压器式传感器的测量电路　差动变压器随衔铁的位移输出一个调幅波，因而可用电压表来测量，但存在下述问题：

1）总有零位电压输出，因而对零位附近的小位移量测量困难。

2）交流电压表无法判别衔铁移动方向。

为此，常采用必要的测量电路来解决，这里主要介绍差动整流电路。差动整流是常用的电路形式，它对二次绕组线圈的感应电动势分别整流，然后再把两个整流后的电流或电压串成通路合成输出，几种典型的电路如图 3-27 所示。图 a、b 用在连接低阻抗负载的场合，是电流输出型，图 c、d 用在连接高阻抗负载的场合，是电压输出型。图中电位器 RP 是用于调整零点输出电压的。下面结合图 3-27c 分析差动整流电路工作原理。

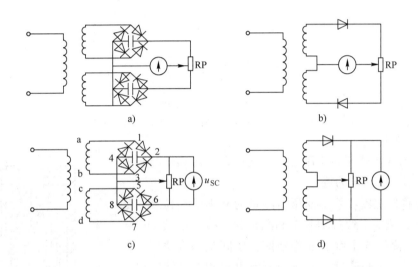

图 3-27　差动整流电路

a) 全波电流输出　b) 半波电流输出　c) 全波电压输出　d) 半波电压输出

假定某瞬间载波为上半周，上线圈 a 端为正，b 端为负；下线圈 c 端为正，d 端为负。在上线圈中，电流自 a 点出发，路径为 $a \to 1 \to 2 \to 4 \to 3 \to b$，流过电容的电流是由 2 到 4，电容上的电压为 u_{24}；在下线圈中，电流自 c 点出发，路径为 $c \to 5 \to 6 \to 8 \to 7 \to d$，流过电容的电流是由 6 到 8，电容上的电压为 u_{68}。总输出电压 u_{sc} 为上述两电压的代数和，即

$$u_{sc} = u_{24} - u_{68}$$

当载波为下半周时，上线圈 a 端为负，b 端为正；下线圈 c 为负，d 端为正。

在上线圈中，电流自 b 点出发，路径为 $b \to 3 \to 2 \to 4 \to 1 \to a$，流过电容的电流也是由 2 到 4，电容上的电压为 u_{24}；在下线圈中，电流自 d 点发出，路径为 $d \to 7 \to 6 \to 8 \to 5 \to c$，流过电容的电流仍是由 6 到 8。电容上电压为 u_{68}。

可见，不论载波为上半周还是下半周，通过上下线圈所在回路中电容上的电流始终不变，因而总的输出电压 u_{sc} 始终为

$$u_{sc} = u_{24} - u_{68}$$

当衔铁在零位时，$u_{24} = u_{68}$，所以 $u_{sc} = 0$；当衔铁在零位以上时，$u_{24} > u_{68}$，所以 $u_{sc} >$

0；当衔铁在零位以下时，$u_{24} < u_{68}$，所以 $u_{sc} < 0$。波形图如图 3-28 所示。

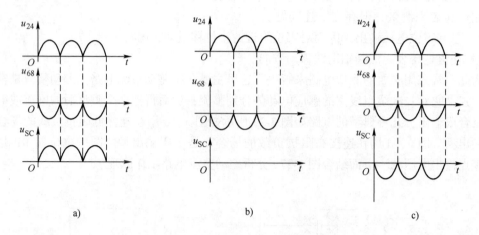

图 3-28　全波电压输出波形

a）零位以上　b）零位　c）零位以下

差动整流电路结构简单，一般不需调整相位，不需考虑零位输出的影响。在远距离传输时，将此电路的整流部分接入差动变压器的一端，整流后的输出线延长，就可避免感应和引出线分布电容的影响。

3. 变压器式传感器的应用举例　变压器式传感器与自感式传感器类似，有共同的特点。

（1）位移传感器：差动变压器测量的基本量是位移，如图 3-29 所示，测头 1 通过轴套 2 和测杆 3 连接，衔铁 4 固定在测杆上，线圈架 5 上绕有 3 组线圈，中间是一次绕组，两端是二次绕组，它们通过导线 7 与测量电路相接。线圈的外面有屏蔽筒 8，用以增加灵敏度和防止外磁场的干扰。测杆 3 用圆片弹簧 9 作为导轨，从弹簧 6 获得恢复力。为了防止灰尘侵入测杆，装有防尘罩 10。

（2）压力传感器：变压器式传感器还可以进行力、压力和压力差等力学参数的测量，如图 3-30 所示，当力作用于传感器时，具有缸体状空心截面弹性元件发生变形，因而衔铁 2 相对线圈 1 移动，产生输出电压，其大小反映了压力的大小。这种传感器的优点是承受轴向力时应力分布均匀，且当传感器的径向长度比较小时，受横向偏心分力的影响较小。

（3）微压传感器：如图 3-31 所示，在无压力时，固定在膜盒 2 中心的衔铁 6 位于差动变压器中部，因而输出为零，当被测压力由接头 1 输出到膜盒 2 中时，膜盒的自由端产生一个正比于被测压力的位移，并且带动衔铁 6 在差动变压器中移动，其产生的输出电压能反映被测压力的大小，这种传感器经分档可测量 $-4 \times 10^4 \sim 6 \times 10^4$ Pa 的压力，精度为 1.5%。

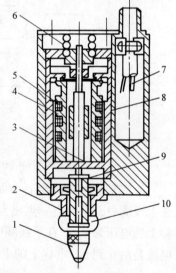

图 3-29　差动变压器式位移传感器

1—测头　2—轴套　3—测杆
4—衔铁　5—线圈　6—弹簧
7—导线　8—屏蔽筒　9—圆
片弹簧　10—防尘罩

（4）加速度传感器：如图 3-32 所示，质量块 2 由两片弹簧片 3 支承，测量时，质量块 2 的位移与被测加速度成正比，因此可将加速度的测量转变为位移的测量。质量块的材料是导磁的，所以它既是加速度计中的惯性元件，又是磁路中的磁性元件。

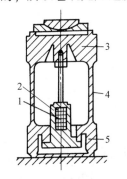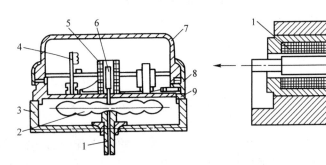

图 3-30 差动变压器
式力传感器

1—线圈 2—衔铁 3—上部
4—变形部 5—下部

图 3-31 微压传感器

1—接头 2—膜盒 3—底座
4—线路板 5—线圈 6—衔铁
7—导线 8—插头 9—通孔

图 3-32 加速度传感器

1—线圈 2—质量块
3—弹簧片 4—壳体

3.3.3 涡流式传感器

1. 工作原理 将金属导体置于变化的磁场中，导体内就会产生感应电流，称之为电涡流或涡流，这种现象称为涡流效应。涡流式传感器就是在这种涡流效应的基础上建立起来的。如图 3-33a 所示，一个通有交变电流 $\dot{I}_1$ 的传感器线圈由于电流的变化，在线圈周围就产生一个交变磁场 H_1，当被测金属置于该磁场范围内时，金属导体内便产生涡流 $\dot{I}_2$，涡流 $\dot{I}_2$ 也将产生一个新磁场 H_2，H_2 与 H_1 方向相反，因而抵消部分原磁场，从而导致线圈的电感、阻抗和品质因数发生变化。

可以看出，线圈与金属导体之间存在磁性联系。若把导体形象地看作一个短路线圈，那么其间的关系可用图 3-33b 所示的电路来表示。根据基尔霍夫定律，可列出电路方程组为

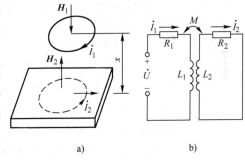

图 3-33 涡流式传感器基本原理图
a）原理图 b）等效电路

$$\begin{cases} R_1 \dot{I}_1 + j\omega L_1 \dot{I}_1 - j\omega M \dot{I}_2 = \dot{U} \\ R_2 \dot{I}_2 + j\omega L_2 \dot{I}_2 - j\omega M \dot{I}_1 = 0 \end{cases} \quad (3\text{-}22)$$

式中 R_1、L_1——线圈的电阻和电感；

$\quad\quad R_2$、L_2——金属导体的电阻和电感；

$\quad\quad \dot{U}$——线圈激励电压；

$\quad\quad \dot{I}_1$——线圈激励电流；

$\quad\quad \dot{I}_2$——金属导体的感应电流；

$\quad\quad M$——互感；

$\quad\quad \omega$——线圈激励电流的角频率。

解式（3-22）方程组，可知传感器工作时的等效阻抗 Z 为

$$Z = \frac{\dot{U}}{\dot{I}_1} = R_1 + R_2 \frac{\omega^2 M^2}{R_2^2 + \omega^2 L_2^2} + \mathrm{j}\omega\left(L_1 - L_2 \frac{\omega^2 M^2}{R_2^2 + \omega^2 L_2^2}\right) \tag{3-23}$$

等效电阻 R 和等效电感 L 分别为

$$R = R_1 + R_2 \omega^2 M^2 / (R_2^2 + \omega^2 L_2^2)$$
$$L = L_1 - L_2 \omega^2 M^2 / (R_2^2 + \omega^2 L_2^2) \tag{3-24}$$

线圈的品质因数 Q 为

$$Q = \frac{\omega L}{R} = \frac{\omega L_1}{R_1} \frac{1 - \dfrac{L_2}{L_1} \dfrac{\omega^2 M^2}{R_2^2 + \omega^2 L_2^2}}{1 + \dfrac{R_2}{R_1} \dfrac{\omega^2 M^2}{R_2^2 + \omega^2 L_2^2}} \tag{3-25}$$

由式（3-23）~（3-25）可知，被测参数的变化既能引起线圈阻抗 Z 的变化，也能引起线圈电感 L 和线圈品质因数 Q 值的变化。所以，涡流传感器所用的转换电路可以选用 Z、L、Q 中的任一个参数，并将其转换成电量，即可达到测量的目的。

这样，金属导体的电阻率 ρ、磁导率 μ 和线圈与金属导体的距离 x 以及线圈激励电流的角频率 ω 等参数都将通过涡流效应和磁效应与线圈阻抗 Z 发生联系。或者说，线圈阻抗是这些参数的函数，即

$$Z = f(\rho, \mu, x, \omega) \tag{3-26}$$

若能控制式（3-26）中大部分参数恒定不变，只改变其中一个参数，这样阻抗就能成为这个参数的单值函数。例如，被测材料的电阻率和磁导率及激励电流的角频率不变，则阻抗 Z 就成为距离 x 的单值函数，便可制成涡流位移传感器。

2. 特点及应用　涡流式传感器的特点是结构简单、易于进行非接触式的连续测量、灵敏度较高、适用性强，因此得到了广泛应用。其应用大致有 4 个方面：

1）利用位移作为变换量，可以做成测量位移、厚度、振幅、振摆和转速等传感器，也可做成接近开关和计算器等。

2）利用材料电阻率 ρ 作为变换量，可以做成测量温度和材料判别等传感器。

3）利用磁导率 μ 作为变换量，可以做成测量应力和硬度等传感器。

4）利用变换量 x、ρ 和 μ 等的综合影响，可以做成探伤装置等。

3.3.4　压磁式传感器

1. 工作原理　某些铁磁物质在外界机械力的作用下，其内部产生机械应力，从而引起磁导率的改变，这种现象称为"压磁效应"。相反，某些铁磁物质在外界磁场的作用下会产生变形，有些伸长，有些则压缩，这种现象称为"磁致伸缩"。

当某些材料受拉时，在受力方向上磁导率增高，而在与作用力相垂直的方向上磁导率降低，这种现象称为正磁致伸缩；与此相反的情况称为负磁致伸缩。

实验证明，只有在一定条件下（如磁场强度恒定）压磁效应才有相应特性，但不是线性关系。就同一种铁磁材料而言，在外界机械力的作用下，磁导率的改变与磁场强度有着密切的关系，如当磁场较强时，磁导率随外界力的增加而减小，而当磁场较弱时则相反。

铁磁材料的压磁应变灵敏度 S 表示方法与应变灵敏度系数表示方法相似，即

$$S = \frac{\varepsilon_\mu}{\varepsilon_l} = \frac{\Delta\mu/\mu}{\Delta l/l} \tag{3-27}$$

式中　ε_μ——磁导率的相对变化 $\varepsilon_\mu = \Delta\mu/\mu$；

　　　ε_l——在机械力的作用下铁磁物质的相对变形，$\varepsilon_l = \Delta l/l$。

压磁应力灵敏度 S_σ 同样定义为：单位机械应变 σ 所引起的磁导率相对变化 ε_μ，即

$$S_\sigma = \frac{\Delta\mu/\mu}{\sigma} \tag{3-28}$$

利用式（3-27）和式（3-28）可以做成压磁传感器，常用来测量压力、拉力、弯矩和扭转力（或力矩），这种传感器的输出电参量为电阻抗或二次绕组的感应电动势，即

$$p \rightarrow \sigma \rightarrow \mu \rightarrow R_m \rightarrow Z \text{ 或 } e$$

式中　　p——机械力；

　　　　σ——应力；

　　　　μ——磁导率；

　　　　R_m——磁路的磁阻；

　　　　Z——电阻抗；

　　　　e——二次绕组的感应电动势。

2. 结构

（1）利用一个方向磁导率的变化：压磁式传感器结构如图 3-34 所示，图 a、b 为测量压力 p 的传感器，这里有如下关系

$$L = K_1\mu \approx K_2 p \tag{3-29}$$

式中　　L——传感器的电感；

　　　　μ——磁导率；

K_1、K_2——与激励电流大小有关的系数，在一定条件下可以认为是常数。

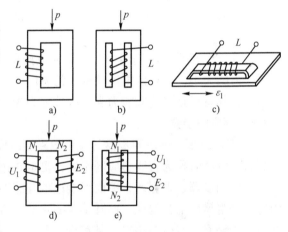

图 3-34　压磁式传感器结构

a)、b) 自感型测压力、压磁传感器　c) 压磁应变片

d)、e) 互感型测压力、压磁传感器　ε_1—应变量

压磁式传感器与电感式传感器相似，它通过改变磁导率来达到电感值的改变。而图 d、e 的结构与互感式变压器相似，有如下关系

$$E_2 = \frac{N_2}{N_1}K(p)U_1 p \tag{3-30}$$

式中　　E_2——输出感应电动势；

　　　　U_1——一次励磁电压；

N_1、N_2——一次和二次绕组匝数；

　　$K(p)$——系数，与励磁电流频率及幅值有关，同时也与被测力 p 有关，但当 p 范围不大时，$K(p)$ 也可认为是常数。

图 3-35c 为压磁应变片，它是在日字形铁心凸起在外的中间铁舌上绕上绕组，使用时将它粘在被测应变的工件表面，使其整体与被测工件同时发生变形，从而引起铁心中磁导率变化，导致电感值 L 改变。这种结构也可在铁舌上绕 2 个绕组做成变压器式传感器，常称互感式压磁应变片。

（2）利用两个方向上磁导率的改变：在外力作用下，多数导磁体特性表现为各向异性，利用此特性可以制成传感器，图3-35a所示即为典型例子。它是用硅钢片叠成的，经粘接或点焊成一体。如图所示，在传感器的对称位置上开4个通孔，沿对角线的方向各绕两个绕组：W_1为一次绕组，用交流电供电；W_2为二次绕组，作为敏感绕组。这两个绕组在空间相互垂直。

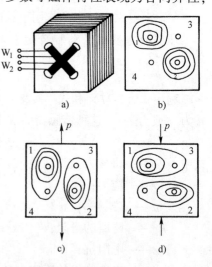

传感器未受外力作用时，磁导在各方向上一致，一次绕组W_1所建立的磁通不通过二次绕组，则二次绕组W_2端头上的感应电动势为零，即$E_2=0$，如图3-35b所示；传感器受拉力p作用，则在受力方向上磁导增大，而垂直于拉力方向上磁导减小，这时一次绕组W_1所建立的磁通必然通过二次绕组W_2，则$E_2\neq0$，如图3-35c所示。同样，当传感器受外界压力p作用时，$E_2\neq0$，但相位与所受拉力相差180°，如图3-35d所示。

图3-35　压磁式传感器结构形式

a）结构　b）不受力时磁导情况　c）受拉力时磁导情况　d）受压力时磁导情况

1、2、3、4—磁导方向

可见，传感器二次绕组W_2端头上电感的大小正比于受力的大小，而相位则反映受力的方向。这类传感器在机械工程上常用来测量几万牛顿的压力，其特点是耐过载能力强，线性度为3%～5%。

3.3.5　感应同步器

1. 工作原理　感应同步器是应用电磁感应原理来测量直线位移或转角位移的一种器件。测量直线位移时称为直线感应同步器，测量转角位移时称为圆感应同步器。

感应同步器是根据两个平面形绕组的互感随位置而变化的原理制造的。直线感应同步器由定尺和滑尺两部分组成，而圆感应同步器由转子和定子两部分组成。在定尺和滑尺、转子和定子上制有印制电路绕组，其截面结构如图3-36所示。工作时利用绕组间相对位置变化而产生的电磁耦合作用发出相应于位移或转角的信号，从而达到测量目的。

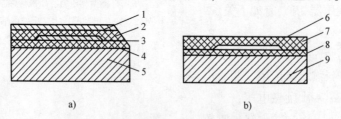

图3-36　定尺和滑尺印制电路绕组结构图

a）滑尺截面结构　b）定尺截面结构

1—铝箔　2—绝缘粘结剂　3—铜箔　4、8—绝缘层

5、9—基板　6—耐切削箔绝缘层　7—铜箔

直线感应同步器工作原理如图3-37所示，定尺安装在不动的机械设备上，滑尺安装在可动的机械设备上，滑尺相对定尺移动。图中T为感应信号周期，τ_1为定尺绕线宽度，τ_2为滑尺绕线宽度。

滑尺上有 2 个分段绕组，即正弦绕组（s 绕组）和余弦绕组（c 绕组）。当在正弦绕组上通以交流励磁电压（如正弦电压）时，则在定尺绕组上有感应电动势输出，其输出大小既与励磁电压有关，又与滑尺相对于定尺的位移有关。若正弦绕组通以频率为 f 的励磁电压，则

$$u_s = U_s \sin\omega t \qquad (3\text{-}31)$$

式中 ω——角频率，$\omega = 2\pi f$；

        u_s——定尺绕组输出的感应电动势；

        U_s——励磁电压的幅值。

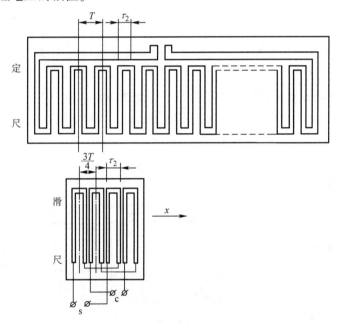

图 3-37   定尺和滑尺绕组分布示意图

以图 3-37 中所示的位置（即滑尺上正弦绕组的线圈单元的中心线与定尺绕组某一单匝的中心线重合）为起点，当滑尺移动了位移 x 时，定尺绕组上的感应电动势 e_s 为

$$e_s = k\omega U_s \cos\frac{2\pi x}{T}\cos\omega t \qquad (3\text{-}32)$$

式中 k——比例系数，与绕组间的最大互感系数有关，$k\omega$ 为电磁耦合系数；

        ω——角频率，$\omega = 2\pi f$；

        U_s——励磁电压的幅值；

        T——绕组节矩，又称感应同步器的周期；

        x——励磁绕组与感应绕组的相对位移。

式（3-32）说明，定尺绕组输出电动势的幅值 e_s 与励磁电压的幅值 U_s 成正比，与位移 x 成余弦函数关系，而相位与励磁电压相差 $\pi/2$，若只给余弦绕组通以频率为 f 的励磁电压，则

$$u_0 = U_0 \sin\omega t \qquad (3\text{-}33)$$

式中 u_0——余弦绕组励磁电压；

U_0——余弦绕组励磁电压振幅。

则定尺绕组上的感应电动势 e_0 为

$$e_0 = k\omega U_0\cos\frac{2\pi x}{T}\cos\omega t \tag{3-34}$$

可见，定尺绕组上输出电动势的幅值与励磁电压的幅值成正比，与位移 x 成正弦函数关系，而相位与励磁电压相差 $\pi/2$。

由此不难看出，感应同步器可以看作一个耦合系数随位移变化的变压器，其输出电动势与位移 x 有正弦函数和余弦函数的关系。利用电路对感应电动势进行适当处理，就可以把被测位移 x 显示出来。

2. 类型与结构

（1）长形感应同步器：长形感应同步器又称为直线感应同步器，可分为标准型及窄型两种。

1）标准型感应同步器是直线感应同步器中精度最高的一种，应用很广，其尺寸如图3-38 所示。这种感应同步器定尺的连续绕组周期为2mm，当测量长度超过175mm 时，可将几跟定尺接起来使用。

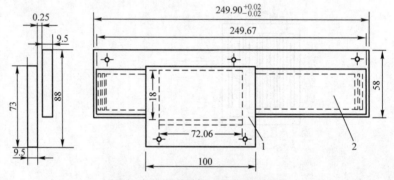

图 3-38　标准型直线感应同步器
1—滑尺　2—定尺

2）窄型直线感应同步器用在设备安装位置受限制的场合，其定尺和滑尺的长度、绕组周期尺寸及连接方法与标准型相同，但其宽度较窄，外形尺寸如图3-39 所示。窄型直线感应同步器的电磁感应强度较低，因而精度也较差。

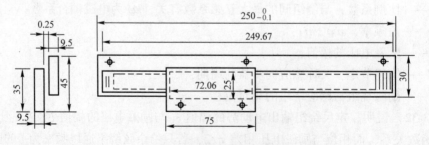

图 3-39　窄型直线感应同步器

（2）圆形感应同步器：圆形感应同步器又称为旋转型感应同步器，如图3-40 所示。其转子相当于直线感应同步器的定尺，定子相当于滑尺。目前，按圆形感应同步器直径大致可分为 302mm、178mm、76mm 及 50mm 等 4 种，其径向导体数也称为极数，有 360 极、512 极、720 极和 1080 极等。一般来说，在极数相同的情况下，圆形感应同步器的直径越大，精度越高。

由于相邻两导线的电流方向相反，转子相对于定子要转过两条线距才出现一个感应电动势的电周期。因此，节距为 2° 的圆形感应同步器转子的连续绕组由夹角为 1° 的 360 条导线组成。

（3）绕组结构：在定尺、滑尺、定子和转子上均做成印制电路绕组，在滑尺和定子上则是分段绕组。由于信号处理（细分和辨向）的需要，将分段绕组分成正弦绕组和余弦绕组两类，它们的相位差为 90°。

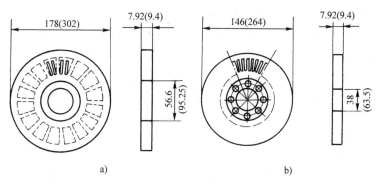

a)   b)

图 3-40　圆形感应同步器
a) 定子　b) 转子

图 3-41 为定尺和滑尺绕组示意图。定尺为连续绕组，节距 $W_2 = 2 (a_2 + b_2)$。滑尺上配置断续绕组，且分为正弦和余弦两部分，即在空间错开 90°。为此，两绕组中心线间距 $l_1 = n/2 + W_2/4$（n 为正整数）。两相绕组节距相同，都为 $W_1 = 2 (a_1 + b_1)$，滑尺绕组呈 W 形（如图 3-41b 所示）或呈 U 形（如图 3-41c 所示）。

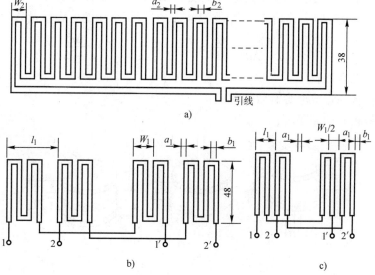

a)

b)   c)

图 3-41　定尺、滑尺绕组示意图
a) 定尺　b) 滑尺正弦　c) 滑尺余弦

a_1、a_2—导电片片宽　b_1、b_2—片间间隔　l_1—两绕组中心线间距　W_1、W_2—节距

3.4 电容式传感器

电容器是电子技术的三大类无源元件（电阻、电感和电容）之一，利用电容器的原理，将非电量转化为电容量，进而实现非电量到电量的转化的器件称为电容式传感器。电容式传感器已在位移、压力、厚度、物位、湿度、振动、转速和流量及成分分析的测量等方面得到了广泛的应用。电容式传感器的精度和稳定性也日益提高，高达 0.01% 精度的电容式传感器国外已有商品供应。一种 250mm 量程的电容式位移传感器精度可达 5μm。电容式传感器作为频响宽、应用广和非接触测量的一种传感器，很有发展前途。

3.4.1 电容式传感器的工作原理及类型

1. 工作原理　由物理学可知，两个平行金属极板组成的电容器，如果不考虑其边缘效应，其电容 C 为

$$C = \frac{S\varepsilon}{d} \tag{3-35}$$

式中　ε——两个极板介质的介电常数；

　　　S——两个极板相对有效面积；

　　　d——两个极板间的距离。

由式（3-35）可知，改变电容 C 的方法有三种：其一为改变介质的介电常数 ε；其二为改变形成电容的有效面积 S；其三为改变两个极板间的距离 d。通过改变电容 C，可得到电参数的输出为电容值的增量 ΔC，这就组成了电容式传感器。

2. 类型　根据上述原理，在应用中电容式传感器可以有三种基本类型，即变极距（或称变间隙）型、变面积型和变介电常数型。而它们的电极形状又有平板形、圆柱形和球平面形三种。

（1）变极距型电容传感器：结构原理如图 3-42 所示。可动极板的位移是由被测量变化而引起的，当可动极板向上移动 Δd 时，图 3-42a、b 所示结构的电容增量 ΔC 为

$$\Delta C = \frac{\varepsilon S}{d - \Delta d} - \frac{\varepsilon S}{d} = \frac{\varepsilon S}{d}\frac{\Delta d}{d - \Delta d} = C_0 \frac{\Delta d}{d - \Delta d} \tag{3-36}$$

式中　ε——介电常数；

　　　S——极板间形成电容有效面积；

　　　d——极板间初始距离；

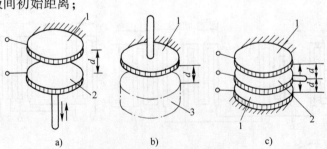

图 3-42　变极距型电容传感器

a）、b）变极式　c）差动变极式

1—固定极板　2—可动极板　3—被测物体

Δd——极距变化量；

C_0——极距为 d 时的初始电容值。

式（3-36）说明 ΔC 与 Δd 不是线性关系。但当 $\Delta d \ll d$ 时，可以认为 ΔC 与 Δd 是线性关系。因此，这种类型传感器一般用来测量微小变化的量，如 $0.01\mu m$ 至零点几毫米的线位移等。

在实际应用中，为了改善非线性、提高灵敏度和减少外界因素（如电源电压和环境温度等）的影响，电容传感器也和电感传感器一样常做成差动形式，如图 3-42c 所示。当可动极板 2 向上移动 Δd 时，上极板电容量增加，下极板电容量减小。

（2）变面积型电容传感器：结构如图 3-43 所示，其中图 d 为差动式。与变极距型电容传感器相比，变面积型电容传感器的测量范围大，可测较大的线位移或角位移。当被测量变化的使可动极 2 移动时，电极间的遮盖面积就改变了，电容量 C 也就随之变化。当电极间遮盖面积由 S 变为 S' 时，电容变化量 ΔC 为

$$\Delta C = \frac{\varepsilon S}{d} - \frac{\varepsilon S'}{d} = \frac{\varepsilon (S - S')}{d} = \frac{\varepsilon \cdot \Delta S}{d} \tag{3-37}$$

式中 ΔS——电容间遮盖面积的变化量，$\Delta S = S - S'$。

由式（3-37）可见，电容的变化量与面积的变化量成线性关系。

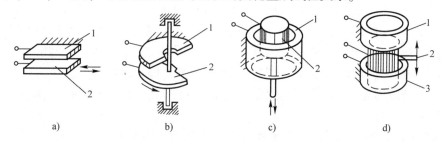

图 3-43 变面积型电容传感器

a）平板平移式 b）半可调式 c）筒式 d）差动筒式

1、3—固定极 2—可动极

（3）变介电常数型电容传感器：结构原理如图 3-44 所示。这种传感器大多用来测量电介质的厚度、位移、液位和液量，还可根据极间介质的介电常数随温度、湿度、容量改变而改变的特性来测量温度、湿度和容量等。以图 c 测液面高度为例，其电容量 C 与被测量的关系为

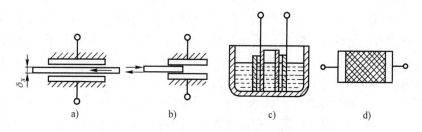

图 3-44 变介电常数型电容传感器

a）测厚度 b）测位移 c）测液量 d）测容量

δ_x—被测物体厚度

$$C = \frac{2\pi\varepsilon_0 h}{\ln(r_2/r_1)} + \frac{2\pi(\varepsilon - \varepsilon_0)h_r}{\ln(r_2/r_1)} \qquad (3\text{-}38)$$

式中　h——极筒高度；

　　　r_1——内极筒外半径；

　　　r_2——外极筒内半径；

　　　h_r——被测液面高度；

　　　ε——被测液体的介电常数；

　　　ε_0——间隙内空气的介电常数。

3.4.2　电容式传感器的特点及等效电路

1. 特点　电容式传感器与电阻式和电感式等传感器相比，特点如下：

（1）主要优点

1）温度稳定性好。电容传感器的电容值一般与电极材料无关，仅取决于电极的几何尺寸，且空气等介质损耗很小，因此只需考虑强度和温度系数等机械特性，合理选择材料和结构尺寸即可，其他因素影响甚微。电容式传感器本身发热极小，而电阻式传感器有电阻，供电后产生热量；电感式传感器存在铜损、磁损和涡流损耗等，引起本身发热产生零漂。

2）结构简单、适应性强。电容式传感器结构简单，易于制造，易于保证高的精度。能在高温、低温、强辐射及强磁场等各种恶劣的环境条件下工作，适应能力强。尤其可以承受很大的温度变化，在高压、高冲击和过载情况下都能正常工作，能测量高压和低压差，也能对带磁工件进行测量。此外，电容式传感器可以做得体积很小，以便实现特殊要求的测量。

3）动态响应好。电容式传感器除其固有频率很高，即动态响应时间很短外，又由于其介质损耗小，可以用较高频率供电，因此系统工作频率高。可用于测量高速度变化的参数，如振动和瞬时压力等。

4）可以实现非接触测量，具有平均效应。在被测件不能允许采用接触测量的情况下，电容传感器可以完成测量任务。当采用非接触测量时，电容式传感器具有平均效应，可以减小工件表面粗糙度等对测量的影响。

电容式传感器除具有上述优点外，还因其电极板间的静电引力很小，所需输入力和输入能量极小，因而可测量极低的压力、力及很小的加速度和位移等，可以做得很灵敏，分辨率高，能分辨 $0.01\mu m$ 甚至更小的位移；由于其空气等介质损耗小，采用差分结构并接成桥式时产生的零点残余电压极小，因此允许电路进行高倍率放大，使仪器具有很高的灵敏度。

（2）主要缺点

1）输出阻抗高，负载能力差。电容式传感器的容量受其电极的几何尺寸等限制，不易做得很大，一般为几十到几百微法，甚至只有几微法。因此，电容式传感器的输出阻抗高，导致负载能力差，易受外界干扰影响，产生不稳定现象，严重时甚至无法工作。必须采取妥善的屏蔽措施，从而给设计和使用带来不便。容抗大还要求传感器绝缘部分的电阻值极高（几十兆欧以上），否则绝缘部分将作为旁路电阻而影响仪器的性能，为此还要特别注意周围的环境，如温度和清洁度等。若采用高频供电，可降低传感器输出阻抗，但高频放大、传输远比低频复杂，且寄生电容影响大，不易保证工作的稳定性。

2）寄生电容影响大。电容式传感器的初始电容量小，而连接传感器和电子线路的引线电容（电缆电容，$1\sim 2m$ 导线可达 $800pF$）、电子线路的杂散电容以及传感器内极板与其周围导体构成的电容等所谓寄生电容却较大，不仅降低了传感器的灵敏度，而且这些电容（如电缆电容）常常是随机变化的，将使仪器工作很不稳定，影响测量精度。因此，对电线的选择、安装和接法都有严格的要求。例如，采用屏蔽性好、自身分布电容小的高频电线作为引线，引线粗而短，要保证仪器的杂散电容小而稳定等，否则不能保证高的测量精度。

3）输出特性非线性。变极距型电容传感器的输出特性是非线性的，虽可采用差分型来改善，但不可能完全消除。其他类型的电容传感器只有忽略了电场的边缘效应时，输出特性才为线性，否则边缘效应所产生的附加电容量将与传感器电容量直接叠加，使输出特性非线性。

应该指出，随着材料、工艺、电子技术，特别是集成技术的高速发展，电容传感器的优点得到发扬，而缺点不断地被克服。电容传感器正逐渐成为一种高灵敏度、高精度，在动态、低压及一些特殊测量方面大有发展前途的传感器。

2. 等效电路　在进行测量系统分析计算时，需要知道电容传感器的等效电路。以图 3-45a 平板电容器的接线为例，研究从输出端 A、B 两点看进去的等效电路，可用图 3-45b 表示。图中 L 为传输线的电感；R 为传输线的有功电阻，在集肤效应较小的情况下，即当传感器的激励电压频率较低时，其值甚小；C 为传感器的电容；C_p 为归结 A、B 两端的寄生电容，它与传感器的电容是并联的；R_p 为极板间等效漏电阻，它包括两个极板支架上的有功损耗及极间介质的有功损耗，其值在制造工艺和材料选取上应保证足够大。

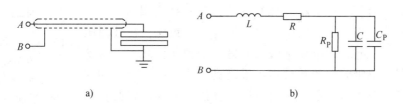

图 3-45　电容式传感器等效电路

a）平板电容器接线图　b）等效电路

从上述电容传感器的特点可知，克服寄生电容 C_p 的影响是电容传感器能否实际应用的首要问题。从上述等效电路可知，在较低频率下使用时（激励电路频率较低），传输线的电感 L 及有功电阻 R 可忽略不计，而只考虑 R_p 对传感器的分路作用。当使用频率增高时，就应考虑 L 及 R 的影响，而且主要是 L 的存在使得 AB 两端的等效电容 C_e 随频率的增加而增加，可求得 C_e 为

$$C_e = \frac{C}{1 - \omega^2 LC} \tag{3-39}$$

式中　ω——激励源角频率。

同时，电容传感器的等效灵敏度 k_e 也将随激励源角频率 ω 改变，即

$$k_e = \frac{\Delta C_e}{\Delta d}$$

式中　Δd——电容传感器输入被测量的变化；

ΔC_e——电容传感器等效电容由于输入被测量 Δd 的改变而产生的增量。

由式（3-39）可求得 ΔC_e 为

$$\Delta C_e = \frac{\Delta C}{(1 - \omega^2 LC)^2}$$

式中 ΔC——传感器的电容变化。

即

$$k_e = \frac{k}{(1 - \omega^2 LC)^2}$$ (3-40)

式中 k——传感器电容灵敏度，$k = \Delta C / \Delta d$。

由此可见，等效灵敏度将随激励频率而改变。因此，在较高激励频率下使用这种传感器时，当改变激励频率或更换传输电线时都必须对测量系统重新标定。

3.4.3 电容式传感器的应用举例

随着新工艺、新材料问世，特别是电子技术的发展，使得电容式传感器越来越广泛地得到应用。电容式传感器可用来测量直线位移、角位移、振动振幅（可测至 $0.05\,\mu m$ 的微小振幅），尤其适合测量高频振动振幅、精密轴系回转精度和加速度等机械量，还可用来测量压力、差压力、液位、料面、粮食中的水分含量、非金属材料的涂层、油膜厚度及电介质的湿度、密度和厚度等。在自动检测和控制系统中也常被用作位置信号发生器。当测量金属表面状况、距离尺寸和振动振幅时，往往采用单电极式变极距型电容传感器，这时被测物是电容器的一个电极，另一个电极则在传感器内。下面简单介绍几种电容传感器的应用。

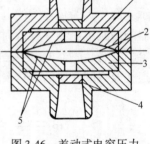

图 3-46 差动式电容压力
传感器结构
1—垫圈 2—金属动膜片
3—玻璃 4—过滤器
5—电镀金属表面层

1. 差动式电容压力传感器 图 3-46 所示为一种典型的差动式电容压力传感器结构，其由两个相同的可变电容组成，在被测压力的作用下，一个电容的电容量增大而另一个则相应减小。差动式电容传感器比单极式电容传感器灵敏度高、线性好，但差动式压力传感器加工较困难，不易实现对被测气体或液体的密封，因此这种结构的传感器不宜于工作在含腐蚀或其他杂质的流体中。

由图 3-46 可见，差动式电容压力传感器的金属动膜片 2 与电镀金属表面层 5 的固定极板形成电容。在压差作用下，膜片凹向压力小的一面，从而使电容量发生变化，当过载时，膜片受到凹曲的玻璃 3 表面的保护而不致发生破裂。

2. 电容式加速度传感器 电容式加速度传感器的结构示意图如图 3-47 所示。质量块 4 由 2 根簧片 3 支撑于充满空气的壳体 2 内，弹簧较硬，使得系统的固有频率较高，从而构成惯性式加速度计的工作状态。当测量垂直方向的直线加速度时，传感器壳体固定在被测振动体上，振动体的振动使壳体 2 相对质量块 4 运动，因而与壳体 2 固定在一起的 2 个固定极板 1、5 相对质量块 4 运动，致使固定极板 5 与质量块 4 的 A 面（磨平抛光）组成的电容 C_{x1} 值以及下面的固定极板 1 与质量块 4 的 B 面组成的电容 C_{x2} 值随之改变，一个增大，一个减小，它们的差值正比于被测加速度。由于采用空气阻尼，气体粘度的温度系数比液体小得多，因此这种加速传感器的精度较高，频率响应范围宽，量程大。

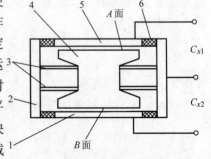

图 3-47 电容式加速度传感器
1、5—固定极板 2—壳体 3—簧片
4—质量块 6—绝缘体

3. 电容式料位传感器　图3-48所示为用电容传感器测量固体块状、颗粒体及粉状料位的情况。由于固体摩擦力较大，容易"滞留"，所以一般采用单电极式电容传感器，可用电极棒及容器壁组成的两极来测量非导电固体的料位，或在电极外套以绝缘套管，测量导电固体的料位，此时电容的两极由物料及绝缘套中电极组成。图3-48a所示为用金属电极棒插入容器来测量料位的情况，它的电容变化 C 与料位 H 的升降关系为

$$C = \frac{2\pi(\varepsilon - \varepsilon_0)H}{\ln \dfrac{D}{d}} \tag{3-41}$$

式中　D——容器的内径；

　　　d——电极的外径；

　　　ε——物料的介电常数；

　　　ε_0——空气的介电常数。

4. 电容式位移传感器　图3-49所示是一种单电极电容振动位移传感器，它的平面测端电极1是电容器的一极，通过电极座4连接引线接入电路，另一极是被测物表面。金属壳体3与平面测端电极1间有绝缘衬塞2使彼此绝缘。使用时金属壳体3为夹持部分，被夹持在标准台架或其他支承上。金属壳体3接大地可起屏蔽作用。

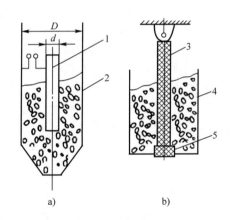
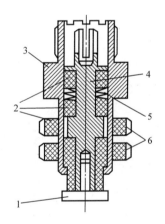

图 3-48　电容式料位传感器

a）电极棒测料位　b）绝缘棒套测料位

1—电极棒　2、4—容器壁　3—钢丝绳　5—绝缘材料

D—容器内径　d—电极棒直径

图 3-49　单电极的电容

振动位移传感器

1—平面测端电极　2—绝缘衬塞　3—金属壳体

4—电极座　5—盘形弹簧　6—螺母

复习思考题

1. 电位器传感器有哪些种类？能测量哪些物理量？
2. 电阻应变片有哪几种类型？如何选用和使用？
3. 应变式传感器由哪几部分组成？能测量哪些物理量？
4. 直流电桥和交流电桥各用于哪些传感器的信号转换？
5. 电容式传感器的原理可分为哪几种？各有什么特点？能测量哪些物理量？

6. 电感式传感器的原理是什么？它能够测量哪些物理量？

7. 变气隙式电感传感器主要有哪几部分组成？有什么特点？

8. 相敏检波电路有哪些特点？

9. 电涡流式传感器的原理是什么？有什么作用？使用时应注意哪些事项？

10. 电位器式传感器线圈电阻为 $10k\Omega$，电刷最大行程为 4mm。若允许最大消耗功率为 40mW，传感器所用的激励电压为允许的最大激励电压，试求当输入位移量为 1.2mm 时，输出电压是多少？

11. 有 1 个 45 号钢空心圆柱，外径 $D_2 = 3cm$，内径 $D_1 = 2.8cm$，钢管表面沿轴向贴 2 个变片 R_1、R_2，沿圆周贴 2 个应变片 R_3、R_4，其型号都是 PZ—120 型。请将 4 片应变片接成全桥差动电桥（画出电路图），并计算当供桥电压为 5V、泊松比 $\mu = 0.3$、拉力为 980.6N 时，电桥的输出电压。

第4章　物性型传感器

4.1　压电式传感器

压电式传感器的工作原理是基于某些电介质材料的压电效应，是一种典型的有源传感器。当材料受力作用而变形时，其表面会有电荷产生，从而实现非电量测量目的。

压电式传感器具有体积小、重量轻、工作频带宽、信噪比高和结构简单等特点，因此在各种动态力、机械冲击与振动的测量，以及声学、医学、力学和宇航等方面都得到了非常广泛的应用，但其不能用于静态参数的测量。

4.1.1　压电效应

某些电介质在沿一定方向上受到外力的作用变形时，内部会产生极化现象，同时在某些表面上产生电荷，当外力去掉后，电介质表面又重新回到不带电的状态，这种现象称为压电效应。反之，在电介质极化方向上施加电场，它会产生机械变形，当去掉外加电场后，电介质变形随之消失，这种现象称为逆压电效应。在自然界中大多数晶体具有压电效应，但压电效应十分微弱。随着对材料的深入研究，发现石英晶体、钛酸钡和锆钛酸铅等材料是性能优良的压电材料。现以石英晶体为例，简要说明压电效应的机理。

石英晶体化学式为 SiO_2，是单晶体结构。图 4-1 a 表示了天然结构的石英晶体外形，它是一个正六面体。石英晶体各个方向的特性是不同的，其中纵向 z 轴称为光轴，经过六面体棱线并垂直于光轴 z 的 x 轴称为电轴，与电轴 x 和光轴 z 同时垂直的 y 轴称为机械轴。通常把沿电轴 x 方向的力作用下产生电荷的压电效应称为"纵向压电效应"，而把沿机械轴 y 方向的作用下产生电荷的压电效应称为"横向压电效应"，而沿光轴 z 方向受力时不产生压电效应。

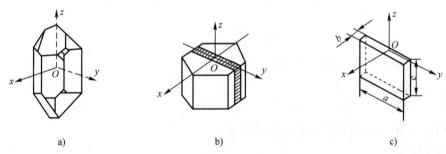

图 4-1　石英晶体

a）天然结构的石英晶体外形　b）晶体切片　c）晶片结构

a—晶体切片长度　b—晶体切片厚度　c—晶体切片高度　x—电轴　y—机械轴　z—光轴

石英晶体的上述特性与其内部分子结构有关。图 4-2 是一个单元组体中构成石英晶体的硅离子和氧离子，在垂直于 z 轴的 xOy 平面上的投影为一个正六边形排列。

当石英晶体未受外力作用时，正、负离子正好分布在正六边形的顶角上，形成 3 个互成 120°夹角的电偶极矩 P_1、P_2、P_3。如图 4-2a 所示，因为 $P = qL$（q 为电荷量，L 为正负电荷之间距离），此时正负电荷重心重合，电偶极矩的矢量和等于零，即 $P_1 + P_2 + P_3 = 0$，所以晶体表面不产生电荷，即呈中性；当石英晶体受到沿 x 轴方向的压力 F_x 作用时，晶体沿 x 方向将产生压缩变形，正负离子的相对位置也随之变动，如图 4-2b 所示，此时正负电荷重心不再重合，电偶极矩在 x 方向上的分量由于 P_1 的减小和 P_2、P_3 的增加而矢量和不等于零，即 $P_1 + P_2 + P_3 > 0$。在 x 轴的负方向的表面上出现正电荷，电偶极矩在 y 方向上的分量仍为零，不出现电荷；当晶体受到沿 y 轴方向的压力 F_y 作用时，晶体的变形如图 4-2c 所示，与图 4-2b 情况相似，P_1 增大，P_2 和 P_3 减小，在 x 轴表面上出现电荷，它的极性为 x 轴正向为正电荷，在 y 轴方向上不出现电荷；如果沿 z 轴方向施加作用力，因为晶体在 x 轴方向和 y 轴方向所产生的形变完全相同，所以正负电荷重心保持重合，电偶极矩矢量和等于零，这表明沿 z 轴方向施加作用力，晶体不会产生压电效应。当作用力 F_x 和 F_y 的方向相反时，电荷的极性也随之改变，若从晶体上沿 y 方向切下一块如图 4-1c 所示晶片，当在电轴 x 方向施加作用力时，则在与 x 轴垂直的 yOz 平面上产生电荷 Q_{xx} 为

$$Q_{xx} = d_{11} F_x \tag{4-1}$$

式中　d_{11}——x 轴方向受力的压电系数；

　　　F_x——沿 x 轴方向施加的作用力。

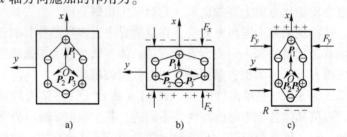

图 4-2　石英晶体压电模型

a) 不受力　b) x 轴方向受力　c) y 轴方向受力

若在同一切片上，沿机械轴 y 方向施加作用力 F_y，则仍在与 x 轴垂直的平面上产生的电荷 Q_{xy} 为

$$Q_{xy} = d_{12} F_y (a/b) \tag{4-2}$$

式中　d_{12}——y 轴方向受力的压电系数，$d_{12} = -d_{11}$；

　　　a——晶体切片长度；

　　　b——晶体切片厚度。

电荷 Q_{xx} 和 Q_{xy} 的符号由所受力的性质决定。

4.1.2　压电材料

目前，在传感器中常用的压电材料有压电晶体、压电陶瓷和压电半导体等。

1. 压电晶体

(1) 石英晶体：石英晶体即二氧化硅（SiO_2），有天然石英晶体和人工石英晶体两种。它的压电系数 $d_{11} = 2.31 \times 10^{-12} C/N$，在几百度温度范围内，压电系数几乎不随温度而变，当温度达到 575 ℃时，石英晶体完全失去了压电性质，这就是它的居里点。石英的熔点为 1 750 ℃，密度为 $2.65 \times 10^3 kg/m^3$，有很大的机械强度和稳定的机械性质，可承受高达 68 ~

98MPa 的压力。鉴于石英晶体有上述性质及灵敏度低、没有热释电效应（由于温度变化导致电荷释放的效应）等特性，石英晶体主要用来测量大量值的力或用于准确度、稳定性要求高的场合和用来制作标准传感器。

（2）水溶性压电晶体：最早发现的是酒石酸钾钠（$NaKC_4H_4O_6 \cdot 4H_2O$），它有很大的压电灵敏度和高的介电常数，压电系数 $d_{11} = 3 \times 10^{-9} C/N$，但是酒石酸钾钠易于受潮，它的机械强度低，电阻率也低，因此只限于在室温和湿度低的环境下使用。

（3）铌酸锂晶体：1965 年通过人工掉拉法制成铌酸锂大晶块，铌酸锂（$LiNbO_2$）压电晶体和石英相同，也是一种单晶体，为无色或浅黄色。由于它是单晶体，所以时间稳定性远比多晶体的压电陶瓷高，在耐高温的传感器上有广泛的应用前景。但是，铌酸锂具有明显的各向异性力学性能，与石英晶体相比它很脆弱，而且热冲击性很差，所以在加工装配和使用中必须小心谨慎，避免用力过猛、急冷和急热。

2. 压电陶瓷　压电陶瓷是人工制造的多晶体压电材料。材料内部的晶粒有许多自发极化的电畴，它有一定的极化方向，从而存在电场。在无外电场作用下，电畴在晶体中杂乱分布，极化效应相互抵消，压电陶瓷内极化强度为零，因此原始的压电陶瓷呈中性，不具有压电性质。

在陶瓷上施加外电场时，电畴的极化方向发生转动，趋向于外电场方向排列，从而使材料得到极化。外电场越强，就有更多的电畴更完全地转向外电场方向。当外电场强度大到使材料的极化达到饱和的程度，即所有电畴极化方向都整齐地与外电场方向一致时，去掉外电场后，电畴的极化方向基本不变，即剩余极化强度很大，这时的材料才具有压电特性。

压电陶瓷的压电系数比石英晶体的大得多，所以采用压电陶瓷制作的压电式传感器的灵敏度较高。极化处理后的压电陶瓷材料的剩余极化强度和特性与温度有关，它的参数也随时间变化，从而使其压电特性减弱。

（1）钛酸钡压电陶瓷：最早使用的压电陶瓷材料是钛酸钡（$BaTiO_3$），由碳酸钡和二氧化钛按一定比例混合后烧结而成。它的压电系数约为石英的 50 倍，但使用温度较低，最高只有 70 ℃，温度稳定性和机械强度都不如石英。

（2）锆钛酸铅系压电陶瓷（PZT 系列）：目前使用较多的压电陶瓷材料是锆钛酸铅（PZT 系列），它是钛酸钡（$BaTiO_3$）和锆酸铅（$PbZrO_3$）组成的 Pb（ZrTi）O_3，有较高的压电系数和较高的工作温度。

（3）铌酸盐系列压电陶瓷：铌镁酸铅是 20 世纪 60 年代发展起来的压电陶瓷。它由铌镁酸铅（Pb（Mg·Nb）O_3）、锆酸铅（$PbZrO_3$）和钛酸铅（$PbTiO_3$）按不同比例配成的不同性能的压电陶瓷，具有极高的压电系数和较高的工作温度，而且能承受较高的压力。

3. 压电半导体：近年来出现了多种压电半导体，如硫化锌（ZnS）、碲化镉（CdTe）、氧化锌（ZnO）和硫化镉（CdS）等，这些压电材料的显著特点是既具有压电效应，又具有半导体特性，有利于将元件和线路集成于一体，从而研制出新型的集成压电传感器测试系统。

4.1.3　压电式传感器的等效电路

由压电元件的工作原理可知，压电式传感器可以看作一个电荷发生器。同时，它也是一个电容器，晶体上聚集正负电荷的两表面相当于电容的两个极板，极板间物质等效于一种介质，则其电容 C_a 为

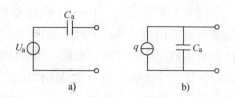

$$C_a = \frac{\varepsilon_r \varepsilon_0 A}{d} \qquad (4\text{-}3)$$

式中　　A——压电片的面积;

d——压电片的厚度;

ε_0——真空的介电常数;

ε_r——压电材料的相对介电常数。

因此,压电传感器可以等效为一个与电容相串联的电压源,如图 4-3a 所示。电容器上的电压 U_a、电荷量 q 和电容量 C_a 的关系为

$$U_a = \frac{q}{C_a} \qquad (4\text{-}3)$$

压电传感器也可以等效为一个电荷源,如图 4-3b 所示。

图 4-3　压电传感器的等效电路

a) 电压源　　b) 电荷源

4.1.4　压电式传感器的测量电路

压电式传感器本身的内阻抗很高,而输出能量较小,因此其测量电路通常需要接入一个高输入阻抗的前置放大器。其作用为:一是把它的高输出阻抗变换为低输出阻抗;二是放大传感器输出的微弱信号。压电式传感器的输出可以是电压信号,也可以是电荷信号,因此前置放大器也有电压放大器和电荷放大器两种形式,这里只讲电荷放大器。

电荷放大器常作为压电式传感器的输入电路,由一个反馈电容 C_f 和高增益运算放大器构成,当略去压电晶片、漏电阻和放大器的输入电阻的并联电阻后,电荷放大器可用图 4-4 所示等效电路表示。

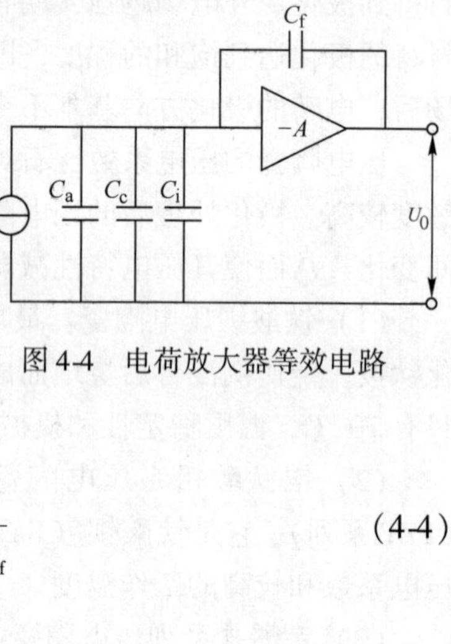

图中 A 为运算放大器增益。由于运算放大器输入阻抗极高,输入端几乎没有分流,故其输出电压 U_0 为

图 4-4　电荷放大器等效电路

$$U_0 = \frac{-AQ}{C_a + C_c + C_i + (1+A)C_f} \qquad (4\text{-}4)$$

式中　　Q——输入电荷;

C_a——压电元件等效电容;

C_c——传输电缆电容;

C_i——运算放大器输入电容;

C_f——运算放大器反馈电容。

当 A 足够大时,$(1+A)C_f \gg (C_a + C_c + C_i)$,因此有

$$U_0 \approx -\frac{Q}{C_f} \qquad (4\text{-}5)$$

由式 (4-5) 可见,电荷放大器的输出电压 U_0 正比于输入电荷 Q,输出与输入反相,这是电荷放大器的最大特点。

4.1.5　压电式测力传感器

1. 压电式单向测力传感器 结构如图 4-5 所示，它主要由石英晶片、绝缘套、电极、上盖及基座等组成。

传感器上盖 3 为传力元件，它的外缘壁厚为 0.1 ~0.5mm，当受外力 F 作用时，它将产生弹性变形，将力传递到石英晶片上。石英晶片采用 xy 切型，利用其纵向压电效应。石英晶片的尺寸为 $\phi 8mm \times 1\ mm$。该传感器的测力范围为 $0 \sim 50\ N$，最小分辨率为 0.01，固有频率为 $50 \sim 60\ kHz$，整个传感器重 10g。

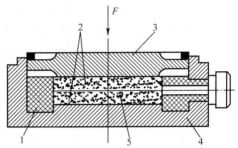

图 4-5 压力单向测力传感器结构图
1—绝缘套 2—石英晶片
3—上盖 4—基座 5—电极

2. 压电式加速度传感器 结构如图 4-6 所示，主要由压电元件、质量块、预压弹簧、基座及外壳等组成，整个部件装在外壳内，并用螺栓加以固定。当压电式加速度传感器和被测物体一起受到冲击振动时，压电元件 2 受质量块 5 惯性力的作用，根据牛顿第二定律，此惯性力 F 是加速度 a 的函数，即

$$F = ma \tag{4-6}$$

式中 F——质量块产生的惯性力；

m——质量块的质量；

a——加速度。

惯性力 F 作用于压电元件上而产生电荷 q，当传感器选定后，质量块的质量 m 为常数，则传感器输出电荷 q 为

$$q = d_{11}F = d_{11}ma \tag{4-7}$$

式中 d_{11}——压电系数。

由式（4-7）可见，压电式测力传感器输出电荷 q 与加速度 a 成正比。因此，测得加速度传感器输出的电荷便可知加速度的大小。

3. 压电式金属加工切削力测量 图 4-7 是利用压电陶瓷传感器测量刀具切削力的示意图。压电陶瓷元件的自振频率高，特别适合测量变化剧烈的载荷。图中压电传感器位于车刀前部的下方，当进行切削加工时，切削力通过刀具传给压电传感器，压电传感器将切削力转换为电信号输出，记录下电信号的变化便可测得切削力的变化。

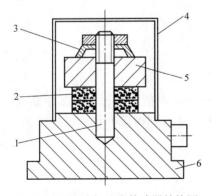

图 4-6 压电式加速度传感器结构图
1—螺栓 2—压电元件 3—预压弹簧
4—外壳 5—质量块 6—基座

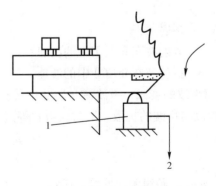

图 4-7 压电式刀具切削力测量示意图
1—压电传感器 2—输出信号

4.2 超声波传感器

振动在弹性介质内的传播称为波动，简称波。频率为 16 ~ 2 × 10⁴ Hz 的能被人耳听到的机械波称为声波，低于 16 Hz 的机械波称为次声波，高于 2 × 10⁴ Hz 的机械波称为超声波，声波的频率界限图如图 4-8 所示。应用超声波探测物体的频率范围为 0.25 ~ 20MHz。

当超声波由一种介质入射到另一种介质时，由于在两种介质中传播速度不同，在介质面上会产生反射、折射和波形转换等现象。

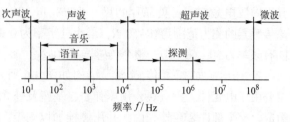

图 4-8 声波的频率界限图

4.2.1 超声波传感器的传输特性

1. 超声波的波形及其转换 由于声源在介质中施力方向与波在介质中传播方向的不同，则声波的波形也不同，通常有纵波、横波和表面波等三种类型。

1）纵波是质点振动方向与波的传播方向一致的波，能在固体、液体和气体中传播。

2）横波是质点振动方向垂直于传播方向的波，只能在固体中传播。

3）表面波是质点的振动介于横波与纵波之间，沿着介质表面传播的波。随着传播距离的增加，表面波的能量衰减很快。

为了测量各种状态下的物理量，应多采用纵波。

2. 超声波的反射和折射 声波从一种介质传播到另一种介质时，在两个介质的分界面上一部分声波被反射，另一部分声波则透射过界面，在另一种介质内部继续传播，这样的两种情况称之为声波的反射和折射，如图 4-9 所示。

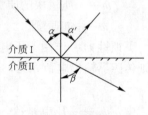

图 4-9 超声波的反射的折射

由物理学可知，当波在界面上产生反射时，入射角 α 等于反射角 α'。当波在界面处产生折射时，入射角 α 的正弦与折射角的正弦之比，等于入射波在介质 I 中的波速 c_1 与折射波在介质 II 中的波速 c_2 之比，即

$$\frac{\sin\alpha}{\sin\beta} = \frac{c_1}{c_2}$$ (4-8)

式中 α——入射角；

β——折射角；

c_1——入射波在介质 I 中的波速；

c_2——折射波在介质 II 中的波速。

3. 超声波的衰减 声波在介质 II 中传播时，随着传播距离的增加，能量逐渐衰减，其衰减的程度与声波的扩散、散射及吸收等因素有关，其声压 p_x 和声强 I_x 的衰减规律为

$$p_x = p_0 e^{-\delta x}$$ (4-9)

$$I_x = I_0 e^{-\delta x}$$ (4-10)

各式中 p_x——距声源 x 处的声压；

p_0——入射波声压；

I_x——距声源 x 处的声强；

I_0——入射波声强；

x——声波与声源间的距离；

δ——阻尼系数。

由物理学可知，当波在界面上产生反射时，入射角 α 的正弦与反射角 α' 的正弦之比等于波速之比。当波在界面处产生折射时，入射角 α 的正弦与折射角的正弦之比，等于入射波在介质 I 中的波速 c_1 与折射波在介质 II 中的波速 c_2 之比。

声波在介质中传播时，能量的衰减决定于声波的扩散、散射和吸收。在理想介质中，声波的衰减仅来自于声波的扩散，即声波传播距离的增加引起声能的减弱；散射衰减是固体介质中的颗粒界面或流体介质中的悬浮粒子使声波散射；吸收衰减是由介质的导热性、粘滞性及弹性滞后造成的，介质吸收声能并将其转换为热能。

4.2.2 超声波传感器

利用超声波在超声场中的物理特性和各种效应而研制的装置可称为超声波换能器、探测器或传感器。

超声波探头按其工作原理可分为压电式、磁致伸缩式和电磁式等，以压电式最为常用。压电式超声波探头常用的材料是压电晶体和压电陶瓷，这种传感器统称为压电式超声波探头，它是利用压电材料的压电效应来工作的。逆压电效应将高频电振动转换成高频机械振动，从而产生超声波，可作为发射探头；正压电效应将超声振动波转换成电信号，可作为接收探头。超声波探头结构如图 4-10 所示，主要由压电晶片、吸收块（阻尼块）和保护膜组成。压电晶片多为圆板形，厚度为 δ。超声波频率 f 与其厚度 δ 成反比。压电晶片的两面镀有银层，作导电的极板。吸收块的作用是降低晶片的机械品质，吸收声能量。如果没有吸收块，当激励的电脉冲信号停止时，晶片将会继续振荡，使超声波的脉冲宽度增加，分辨率变差。

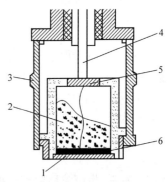

图 4-10 压电式超声波传感器结构
1—保护膜 2—吸收块 3—金属壳 4—导电螺杆 5—接线片 6—压电晶片

1. 超声波物位传感器　超声波物位传感器是利用超声波在两种介质的分界面上的反射特性而制成的。如果从发射超声脉冲开始，到接收换能器接收到反射波为止的这个时间间隔为已知，就可以求出分界面的位置，利用这种方法可以对物位进行测量。根据发射和接收换能器的功能，传感器又可分为单换能器和双换能器。单换能器的传感器发射和接收超声波均使用同一个换能器，而双换能器的传感器发射和接收则各由一个换能器担任。

图 4-11 给出了几种超声物位传感器的结构原理图。超声波发射和接收换能器可设置在液体中（见图 4-11a、b），让超声波在液体中传播。由于超声波在液体中衰减比较小，所以即使发生的超声脉冲幅度较小也可以传播。超声波发射和接收换能器也可以安装在液面的上方（见图 4-11c、d），让超声波在空气中传播，这种方式便于安装和维修，但超声波在空气中的衰减比较大。

对于单换能器（见图 4-11a）来说，超声波从发射到液面，又从液面反射到换能器的时间 t 为

$$t = \frac{2h}{v} \tag{4-11}$$

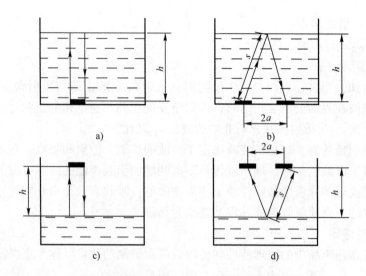

图 4-11 几种超声波物位传感器的结构原理图

a) 单换能器测液体深度 b) 双换能器测液体深度
c) 单换能器测离液面高度 d) 双换能器测离液面高度

式中 h——换能器距液面的距离;

v——超声波在介质中传播的速度。

对于双换能器来说（见图 4-11b、d），超声波从发射到被接收经过的路程为 $2s$，因此液位高度 h 为

$$h = (s^2 - a^2)^{1/2} \tag{4-12}$$

$$s = vt/2 \tag{4-13}$$

各式中 s——超声波反射点到换能器的距离;

a——两个换能器间距之半。

从式（4-11）和式（4-12）可以看出，只要测得超声波脉冲从发射到接收的间隔时间，便可以求得待测的物位。

超声物位传感器具有精度高和使用寿命长的特点，但若液体中有气泡或液面发生波动，则会有较大的误差。在一般使用条件下，它的测量误差为 ±0.01%，检测物位的范围为 $10^{-2} \sim 10^4$ m。

2. 超声波流量传感器 超声波流量传感器的测定原理是多样的，如传播速度变化法、波速移动法、多卜勒效应法和流动听声法等，但目前应用较广的主要是超声波传输时间差法。

超声波在流体中传输时，在静止流体和流动流体中的传输速度是不同的，利用这一特点可以求出流体的速度，再根据管道流体的截面积，便可知道流体的流量。如果在流体中设置两个超声波传感器，它们既可发射超声波又可接收超声波，一个装在上游，一个装在下游，设其距离为 L，如图 4-12 所示。如设顺流方向的传输时间为 t_1，逆流方向的传输时间为 t_2，流体静止时的超声波传输速度为 c，流体流动速度为 v，则

$$t_1 = \frac{L}{c + v} \tag{4-14}$$

$$t_2 = \frac{L}{c - v} \tag{4-15}$$

一般来说，流体的流速 v 远小于超声波在流体中的传播速度 c，那么超声波传播时间差 Δt 为

$$\Delta t = t_2 - t_1 = \frac{2Lv}{c^2 - v^2} \tag{4-16}$$

由于 $c \ll v$，从式（4-16）便可得到流体的流速 v 为

$$v = \frac{c^2}{2L}\Delta t \tag{4-17}$$

在实际应用中，超声波传感器安装在管道的外部，从管道的外面透过管壁发射和接收超声波不会给管路内流动的流体带来影响，如图4-13所示。

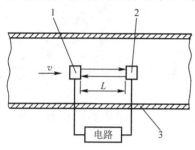

图4-12　超声波测流量原理图
1、2—超声波传感器　3—管道

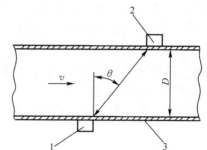

图4-13　超声波传感器安装位置
1、2—超声波传感器　3—管道
D—管道直径　v—流速
θ—两换能器测试线与直径夹角

超声波流量传感器具有不阻碍流体流动的特点，可测流体种类很多，不论是非导电的流体、高粘度的流体还是浆状流体，只要能传输超声波就可以测量。超声波流量计可用来对自来水、工业用水和农业用水等进行测量，还可用于下水道、农业灌溉和河流等流速的测量。

4.3　磁电式传感器

磁电式传感器是通过磁电作用将被测量（振动、位移和转速等）转换成电信号的一种传感器。磁电感应式传感器和霍尔式传感器都是磁电式传感器。磁电感应式传感器是利用导体和磁场发生相对运动产生感应电动势的；霍尔式传感器是利用载流半导体在磁场中有电磁效应（霍尔效应）而输出电动势。它们的原理并不完全相同，因此各有各的特点和应用范围。

4.3.1　磁电感应式传感器

磁电感应式传感器也称电动式传感器，或感应式传感器。它是利用导体和磁场发生相对运动而在导体两端输出感应电动势。因此它是一种机-电能量转换型传感器，不需供电电源，直接从被测物体吸取机械能量并转换成电信号输出。磁电感应式传感器具有电路简单、性能稳定和输出阻抗小等特点，又具有一定的频率响应范围（10～1 000Hz），适用于振动、转速和转矩等的测量。特别是由于这种传感器的"双向"性质，使得它可以作为"逆变器"应用于近年来发展起来的"反馈式"（也称力平衡式）传感器中，但这种传感器的尺寸和重量都比较大。

1. 工作原理和结构类型　磁电感应式传感器是以电磁感应原理为基础的，根据电磁感应定律，线圈两端的感应电动势 e 正比于线圈所包围的磁链对时间的变化率，即

$$e = -N\frac{\mathrm{d}\Phi}{\mathrm{d}t} \tag{4-18}$$

式中　N——线圈匝数；

　　　Φ——线圈所包围的磁通量。

　　若线圈相对磁场运动为速度 v 或角转速 ω 时，则式（4-18）可改写为

$$e = -NBlv \tag{4-19}$$

或　　　　　　　　　　　$e = -NBS\omega$

式中　l——每匝线圈的平均长度；

　　　B——线圈所在磁场的磁感应强度；

　　　S——每匝线圈的平均截面积；

　　　v——线圈相对磁场的运动速度；

　　　ω——线圈相对磁场的运动角转速。

　　可见，传感器的结构参数确定后，即 B、N 和 S 均为定值，感应电动势 e 与线圈相对磁场的运动速度（v 或 ω）成正比。

　　根据上述原理，人们设计了两种结构类型的传感器：一种是变磁通式；另一种是恒定磁通式。

　　（1）变磁通式结构：也称为变磁阻式或变气隙式，常用于旋转角速度的测量，如图 4-14 所示。

　　图 4-14a 所示为开磁路变磁通式传感器结构示意图，线圈 3 和磁铁 5 静止不动，铁心 2（导磁材料制成）安装在被测转轴 1 上，随之一起转动，每转过一个齿，传感器磁路磁阻变化一次，磁通也就随之变化一次。线圈 3 中产生的感应电动势的变化频率等于铁心 2 上齿轮的齿数和转速的乘积。这种传感器结构简单，但输出信号较小。高速轴上加装齿轮较危险，故不宜测高转速。

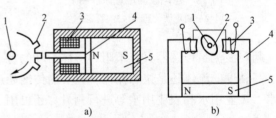

图 4-14　变磁通式传感器

a）开磁路变磁通式　b）两极式闭磁路变磁通式

1—被测转轴　2—铁心　3—线圈　4—软铁　5—磁铁

　　图 4-14b 所示为两极式闭磁路变磁通式传感器结构示意图，被测转轴 1 带动椭圆形铁心 2 在磁场气隙中等速转动，使气隙平均长度周期性变化，磁路磁阻也随之周期性变化，致使磁通同样地周期性变化，在线圈 3 中产生频率与铁心 2 转速成正比的感应电动势。在这种结构中，也可以用齿轮代表椭圆形铁心 2，软铁 4 制成内齿轮形式，两齿轮的齿数相等，当被测物体转动时，两齿轮相对运动，磁路的磁阻发生变化，从而在线圈 3 中产生频率与转速成正比的感应电动势。

　　（2）恒定磁通式结构：恒定磁通式结构有动圈式和动铁式两种，如图 4-15 所示。磁路系统产生恒定的直流磁场，磁路中的工作气隙是固定不变的。在动圈式中，运动部件是线圈，永久磁铁与传感器壳体固定，线圈 3 与金属骨架 1 用弹簧 2 支承；在动铁式中，运动部件是永久磁铁 4，线圈 3、金属骨架 1 和壳体 5 固定，永久磁铁 4 用柔软弹簧 2 支撑。两者的阻尼都是由金属骨架 1 与磁场发生相对运动而产生的电磁阻尼。动圈式和动铁式的工作原

理相同，当壳体 5 随被测振动体一起振动时，由于弹簧 2 较软，运动部件质量相对较大，因此当振动频率足够高（远高于传感器的固有频率）时，运动部件的惯性很大，来不及跟踪振动体一起振动，近于静止不动，振动能量几乎全被弹簧 2 吸收，永久磁铁 4 与线圈 3 之间的相对运动速度接近于振动体的振动速度。永久磁铁 4 与线圈 3 相对运动使线圈 3 切割磁力线，产生与运动速度 v 成正比的感应电动势 e 为

$$e = -B_0 l N_0 v \qquad (4\text{-}20)$$

式中　B_0——工作气隙磁感应强度；

N_0——线圈处于工作气隙磁场中的匝数，称为工作匝数；

l——每匝线圈的平均长度。

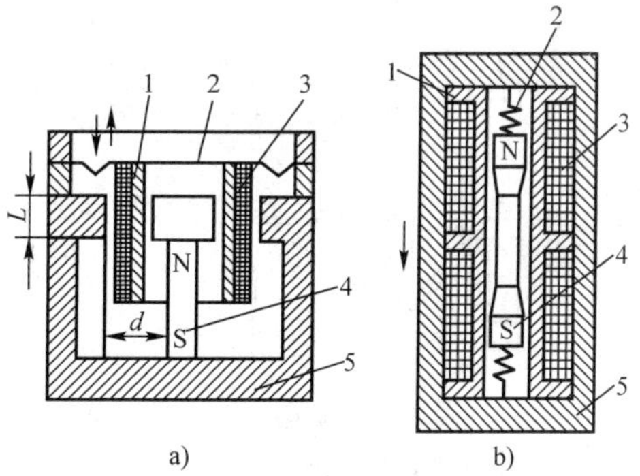

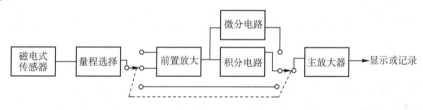

图 4-15　恒定磁通式传感器

a) 动圈式　b) 动铁式

1—金属骨架　2—弹簧　3—线圈　4—永久磁铁　5—壳体
L—静铁心宽度　d—静铁空心空气隙宽度

2. 磁电感应式传感器的测量电路　磁电式传感器直接输出感应电动势，且传感器通常具有较高的灵敏度，所以一般不需要高增益放大器。但磁电式传感器是速度传感器，若要获取被测位移或加速度信号，则需要配用积分或微分电路。磁电感应式传感器的测量电路如图 4-16 所示。

图 4-16　磁电感应式传感器的测量电路

3. 磁电感应式传感器应用举例

（1）磁电感应式振动速度传感器：图 4-17 所示为 CD—1 型磁电感应式振动速度传感器的结构原理图，它属于动圈式恒定磁通型。永久磁铁 3 通过铝架 4 和圆筒形导磁材料制成的壳体 7 固定在一起，形成磁路系统，壳体还起屏蔽作用。磁路中有 2 个环形气隙，右气隙中放有工作线圈 6，左气隙中放有圆环形阻尼器 2。工作线圈 6 和圆环形阻尼器用心轴 5 连在一起组成质量块，用圆形弹簧片 1 和 8 支撑在壳体上。使用时，将传感器固定在被测振动体上，永久磁铁 3、铝架 4 和架体一起随被测体振动。由于质量块有一定质量，产生惯性力，而弹簧片又非常柔软，因此当振动频率远大于传感器固有频率时，线圈在磁路系统的气隙中相对永久磁铁运动，以振动体的振动速度切割磁力线，产生感应电动势，通过引线 9 接到测量电路中。同时，导体阻尼器也在磁路系统气隙中运动，感应产生涡流，形成系统的阻尼力，起衰减固有振动和扩展频率响应范围的作用。

（2）磁电感应式转速传感器：图 4-18 是一种磁电感应式转速传感器的结构原理图。转子 2 与转轴 1 固定，转子 2、定子 5 和永久磁铁 3 组成磁路系统。转子 2 和定子 5 的环形端面上都均匀地铣了一些齿和槽，两者的齿、槽数对应相等。测量转速时，传感器的转轴 1 与被测物转轴连接，因而带动转子 2 转动。当转子 2 的齿与定子 5 的齿相对时，气隙最小，磁

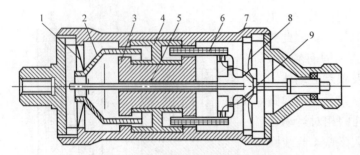

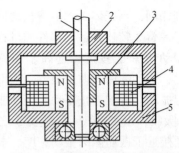

图 4-17　磁电感应式振动速度传感器

1、8—圆形弹簧片　2—圆环形阻尼器　3—永久磁铁　4—铝架

5—圆环形阻尼器用心轴　6—工作线圈　7—壳体　9—引线

图 4-18　磁电感应式转速传感器

1—转轴　2—转子　3—永久磁铁

4—线圈　5—定子

路系统的磁通最大；而齿与槽相对时，气隙最大，磁通最小。因此，当定子 5 不动而转子 2 转动时，磁通就周期性地变化，从而在线圈 4 中感应出近似正弦波的电压信号。转速越高，感应电动势的频率也就越高。其关系为

$$f = z\,n/60 \tag{4-21}$$

式中　f——感应电动势的频率（Hz）；

　　　z——齿数；

　　　n——转速（r/min）。

4.3.2　霍尔式传感器

霍尔式传感器是利用霍尔元件基于霍尔效应原理而将被测量转换成电动势输出的一种传感器。

1. 霍尔效应　一块长为 l、宽为 b、厚为 d 的半导体薄片置于磁感应强度为 B 的磁场（磁场方向垂直于薄片）中，如图 4-19 所示。当有电流 I 流过时，在垂直于电流和磁场的方向上将产生电动势 U_H，这种现象称为霍尔效应。

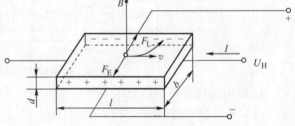

图 4-19　霍尔效应原理图

假设薄片为 N 型半导体，在其左右两端通以电流 I（称为控制电流），那么半导体中的载流子（电子）将沿着与电流 I 相反的方向运动。由于外磁场 B 的作用，使电子受到洛仑兹力 F_L 作用而发生偏转，结果在半导体的后端面上电子有所积累。而前端面缺少电子，因此后端面带负电，前端面带正电，在前后端面间形成电场。该电场产生的电场力 F_E 阻止电子继续偏转。当电场力 F_E 与洛仑兹力 F_L 相等时，电子积累达到动态平衡。这时，在半导体前后两端面之间（即垂直于电流和磁场方向）建立电场，称为霍尔电场 E_H，相应的电动势就称为霍尔电动势 U_H。

若电子以速度 v 按图示方向运动，那么在外磁场 B 作用下所受的力 $F_L = evB$，其中 e 为电子电荷量，$e = 1.602 \times 10^{-19} C$。同时，电场 E_H 作用于电子的力 $F_E = -eE_H$，式中负号表示电场方向与规定方向相反。设薄片长、宽、厚分别为 l、b、d，而 $E_H = U_H/b$，则 $F_E = -eU_H/b$。当电子积累达到动态平衡时 $F_E + F_L = 0$，即

$$vB = U_H/b \tag{4-22}$$

式中　v——电子的运动速度；

　　　B——磁场强度；

　　　U_H——霍尔电动势；

　　　b——薄片的宽度。

而电流密度 $j = -nev$，n 为 N 型半导体中的电子浓度，即单位体积中的电子数，负号表示电子运动速度方向与电流方向相反。所以

$$I = jbd = -nevbd$$

即
$$v = -I/(nebd) \tag{4-23}$$

式中　I——电流；

　　　n——N 型半导体中的电子浓度；

　　　d——薄板厚度。

将式（4-23）代入式（4-22）得

$$U_H = -\frac{IB}{ned} = R_H \frac{IB}{d} = k_H IB \tag{4-24}$$

式中　R_H——霍尔电阻；

　　　k_H——霍尔系数，也称灵敏度系数，它由载流材料的物理性质决定，表示在单位磁感应强度和单位控制电流时的霍尔电动势的大小。

如果磁场与薄片法线的夹角为 α，则

$$U_H = k_H IB\cos\alpha \tag{4-25}$$

具有上述霍尔效应的元件称为霍尔元件。霍尔式传感器就是由霍尔元件所组成的。金属材料中自由电子浓度 n 很高，因此霍尔电阻 R_H 很小，使输出霍尔电动势 U_H 极小，不宜用作霍尔元件。霍尔式传感器中的霍尔元件都是由半导体材料制成的。如果用 P 型半导体材料，其载流子是空穴，若空穴浓度为 p，同理可得 $U_H = IB/ped$。因霍尔电阻 $R_H = \rho\mu$（ρ 为材料电阻率，μ 为载流子迁移率，即单位电场强度作用下载流子的平均速度），一般电子迁移率大于空穴迁移率，因此霍尔元件多用 N 型半导体材料。霍尔元件越薄（即 d 越小），霍尔电动势 U_H 就越大，所以一般霍尔元件都比较薄，薄膜霍尔元件厚度只有 $1\mu m$ 左右。

由式（4-25）可知，当控制电流（或磁场）方向改变时，霍尔电动势方向也将改变，但电流与磁场方向同时改变时，霍尔电动势方向不变；当载流材料和几何尺寸确定后，霍尔电动势的大小正比于控制电流 I 和磁感应强度 B，因此霍尔元件可用来测量磁场（I 恒定）、检测电流（B 恒定）或制成各种运算器。当霍尔元件在一个线性梯度磁场中移动时，输出霍尔电动势反映了磁场变化，由此可测微小位移、压力和机械振动等。

霍尔式传感器转换效率较低，受温度影响大，但其结构简单、体积小、坚固、频率响应宽、动态范围（输出电动势的变化）大、无触点、使用寿命长、可靠性高、易微型化和集成电路化，因此在测量技术、自动控制、电磁测量、计算装置以及现代军事技术等领域中得到广泛应用。

2. 霍尔元件构造及测量电路

（1）构造：霍尔元件的外形、结构和符号如图 4-20 所示。霍尔元件的结构很简单，由霍尔片、四极引线和壳体组成。霍尔片是一块矩形半导体单晶薄片（一般为 $4mm \times 2mm \times 0.1mm$）。在它的长度方向两端面上焊有两根引线（图 4-20 中 a、b 线），称为控制电流端引

线，通常用红色导线。其焊接处称为控制电流极（或称激励电极），要求焊接处接触电阻很小，即欧姆接触（无 PN 结特性）。在薄片的另两侧端面的中间以点的形式对称地焊有两根霍尔输出端引线（图中 4-20 中 c、d 线），通常用绿色导线。其焊接处称为霍尔电极，要求欧姆接触，且电极宽度与长度之比要小于 0.1，否则影响输出。霍尔元件的壳体是用非导磁金属、陶瓷或环氧树脂封装。霍尔元件在电路中可用图 4-20c 的两种符号表示。

（2）测量电路：霍尔元件的基本测量电路如图 4-21 所示。激励电流由电源 E 供给，可变电阻 RP 用来调节激励电流 I 的大小。R_L 为输出霍尔电动势 U_H 的负载电阻，通常它是显示仪表、记录装置或放大器的输入阻抗。

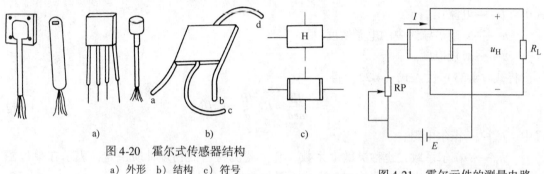

图 4-20　霍尔式传感器结构

a）外形　b）结构　c）符号

图 4-21　霍尔元件的测量电路

3. 霍尔元件的主要技术指标　霍尔元件的主要技术指标有以下几项：

（1）额定激励电流 I_H：使霍尔元件温升 10°C 所施加的控制电流值称为额定激励电流，通常用 I_H 表示。通过电流 I_H 的载流体产生焦耳热 W_H 为

$$W_H = I_H^2 R = I_H^2 \rho \frac{l}{bd}$$

式中　R——载流体电阻；

　　　ρ——载流体密度；

　　　l——载流体长度；

　　　b——载流体宽度；

　　　d——载流体厚度。

而霍尔元件的散热 W_H 主要由没有电极的两个侧面承担，即

$$W_H = 2lb\Delta TK \tag{4-26}$$

式中　ΔT——限定的温升（K）；

　　　K——散热系数（W/（cm^2·K））。

当达到热平衡时可求得额定激励电流 I_H 为

$$I_H = b \sqrt{2d\Delta TKl/\rho} \tag{4-27}$$

因此当霍尔元件做好之后，限制额定电流的主要因素是散热条件。

（2）输入电阻 R_i：指控制电流极间的电阻值，规定在室温（20°C ±5°C）条件下测取。

（3）输出电阻 R_s：指霍尔电极间的电阻值，规定在室温（20°C ±5°C）条件下测取。

（4）不等位电动势及零位电阻 r_0：当霍尔元件通以控制电流 I_H 而不加外磁场时，它的霍尔输出端之间仍有空载电动势存在，将此电动势称为不等位电动势（或零位电动势）。

产生不等位电动势的主要原因有：

1）霍尔电极安装位置不正确（不对称或不在同一等位面上）。

2）半导体材料的不均匀造成了电阻率不均匀或是几何尺寸不均匀。

3）因控制电极接触不良造成控制电流不均匀分布等，这主要是由创造工艺所决定的。

不等位电动势 U_0（或称零位电动势）也可用不等位电阻 r_0（或称零位电阻）表示，即

$$r_0 = \frac{U_0}{I_H} \tag{4-28}$$

不等位电动势 U_0 及不等位电阻 r_0 都是在直流下测得的。

（5）寄生直流电动势：当不加外磁场和控制电流改用额定交流电流时，霍尔电极间的空载电动势为直流电动势与交流电动势之和。其中的交流霍尔电动势与前述零位电动势相对应，而直流霍尔电动势是个寄生量，称为寄生直流电动势 V，其产生的原因在于：

1）控制电极及霍尔电极接触不良，形成非欧姆接触，造成整流效果不佳；

2）两个霍尔电极大小不对称，则两个电极点的热容量不同，散热状态不同，于是形成极间温差电动势，表现为直流寄生电动势中的一部分。

寄生直流电动势一般在 1mV 以下，它是影响霍尔元件温漂的原因之一。

（6）热阻 R_Q：表示在霍尔电极开路情况下，在霍尔元件上输入 1mW 的电功率时产生的温升，单位为°C/mW。

4. 霍尔元件的补偿电路

（1）不等位电动势的补偿：由于不等位电动势与不等位电阻是一致的，因此可以用分析其电阻的方法来进行补偿。如图 4-22 所示，其中 A、B 为控制电极，C、D 为霍尔电极，在极间分布的电阻用 R_1、R_2、R_3、R_4 表示，理想情况是 $R_1 = R_2 = R_3 = R_4$，即可取得零位电动势为零（或零位电阻为零）。实际上，若存在零位电动势，则说明此 4 个电阻不等。将其视

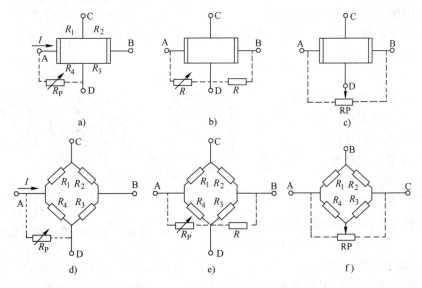

图 4-22　不等位电动势的补偿

a）在较大臂上并联电阻　b）、c）在两个臂上并联电阻　d）在较大臂上并联电阻
的等效电路　e）、f）在两个臂上并联电阻的等效电路

为电桥的 4 个臂，即电桥不平衡，为使其达到平衡，可在阻值较大的臂上并联可调电阻 RP（见图 a）或在两个臂上同时并联电阻 R_p 和 R（见图 4-22b）。显然图 4-22c 调整比较方便。

（2）温度补偿：一般半导体材料的电阻率、迁移率和载流子浓度等都随温度变化而变化。霍尔元件由半导体材料制成，因此它的性能参数，如灵敏度、输入电阻及输出电阻等也随温度变化而变化，同时元件之间参数离散性也很大，不便于互换。为此对其进行补偿是必要的。

这里只讲电桥补偿法，其原理结构如图 4-23 所示，其工作原理如下：

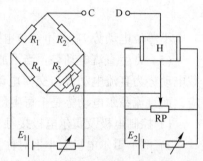

霍尔元件的不等位电动势用调节电位器 RP 的方法进行补偿。在霍尔输出电极上串入一个温度补偿电桥，此电桥的 4 个臂 $R_1 \sim R_4$ 中有一个臂是锰钢电阻并联的热敏电阻器，以调整其温度系数，其他 3 个臂均为锰铜电阻。因此补偿电桥可以输出一个随温度而改变的可调不平衡电压，该电压与温度为非线性关系，只要细心调整这个不平衡的非线性电压就可以补偿霍尔元件的温度漂移，在 $-40 \sim +40°C$ 温度范围内可以达到满意的效果。

图 4-23　电桥补偿法的温度补偿电路

5. 霍尔式传感器的应用举例

（1）霍尔式位移传感器：保持霍尔元件的控制电流恒定，而使霍尔元件在一个均匀的梯度磁场中沿 x 方向移动，如图 4-24 所示。由上述可知，霍尔电动势 U_H 与磁感应强度 B 成正比，由于磁场在一定范围内沿 x 方向

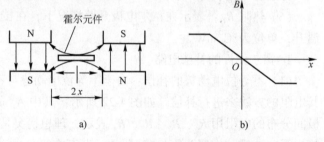

图 4-24　霍尔式位移传感器原理示意图
a）结构示意图　b）x-B 关系图

的变化 dB/dx 为常数，因此元件沿 x 方向移动时，霍尔电动势 U_H 的变化为

$$\frac{dU_H}{dx} = k_H I \frac{dB}{dx} = k \qquad (4-29)$$

式中　k——位移传感器灵敏度；

　　　B——磁场强度；

　　　I——控制电流；

　　　U_H——霍尔电动势；

　　　k_H——霍尔系数；

　　　x——位移量。

将上式积分可得霍尔电势 U_H 为

$$U_H = kx \qquad (4-30)$$

式中　x——霍尔元件的位移。

式（4-30）表明：霍尔电动势 U_H

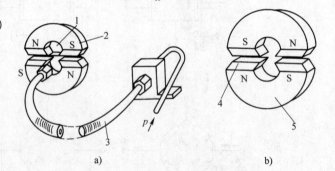

图 4-25　霍尔式压力传感器结构示意图
a）结构组成　b）磁场结构
1—霍尔元件　2—磁钢　3—波登管
4—工业纯铁　5—磁钢

与位移 x 成正比，电动势的极性表明了元件位移的方向。磁场梯度越大，灵敏度越高；磁场梯度越均匀，输出线性越好。为了得到均匀的磁场梯度，往往将磁钢的磁极片设计成特殊形

状，如图4-25a所示。这种位移传感器可用来测量±0.5mm的小位移，特别适用于微位移和机械振动等测量。若霍尔元件在均匀的磁场内转动，则产生与转角θ的正弦函数成比例的霍尔电动势，因此可用来测量角位移。

（2）霍尔式压力传感器：霍尔式压力传感器是利用霍尔传感器的原理将位移量的变化变换成霍尔电动势。其结构是由弹性元件将被测压力变换成位移，由于霍尔元件固定在弹性元件的自由端，因此弹性元件产生位移时将带动霍尔元件，使它在线性变化的磁场中移动，从而输出霍尔电动势。霍尔式压力传感器结构如图4-25所示，弹性元件可以是波登管、膜盒或弹簧管。图中弹性元件为波登管，其一端固定，另一自由端安装在霍尔元件之中。当输入压力增加时，波登管伸长，使霍尔元件在恒定梯度磁场中产生相应的位移，输出与压力成正比的霍尔电动势。

4.4 光电式传感器

光电器件是将光能转换为电能的一种传感器件，它是构成光电式传感器最主要的部件。光电器件响应快、结构简单、使用方便，且有较高的可靠性，因此在自动检测、计算机和控制系统中应用非常广泛。

光电器件工作的物理基础是光电效应，通常把光电效应分为外光电效应和内光电效应两类。

（1）外光电效应：在光线作用下，能使电子逸出物体表面的现象称为外光电效应，如光电管和光电倍增管就属于这类光电器件。

（2）内光电效应：在光线作用下，物体的电导性能改变的现象称为内光电效应，如光敏电阻等就属于这类光电器件。其中，在光线作用下，能使物体产生一定方向的电动势的现象称为光生伏特效应，即阻挡层光电效应，如光电池和光敏晶体管等就属于这类光电器件。

4.4.1 光电器件及特征

1. 光敏电阻

（1）光敏电阻的主要参数

1）暗电阻和暗电流。光敏电阻在不受光照射时的阻值称为暗电阻，此时流过的电流称为暗电流。

2）亮电阻和亮电流。光敏电阻在受光照射时的电阻称为亮电阻，此时流过的电流称为亮电流。

3）光电流。亮电流与暗电流之差称为光电流。

（2）光敏电阻的结构与工作原理：光敏电阻又称光导管，它几乎都是用半导体材料制成的光电器件。光敏电阻没有极性，是电阻元件，使用时既可加直流电压，也可加交流电压。无光照时，光敏电阻值（暗电阻）很大，电路中电流（暗电流）很小。当光敏电阻受到一定波长范围的光照射时，它的阻值（亮电阻）急剧减小，电路中电流迅速增大。一般希望暗电阻越大越好，亮电阻越小越好，此时光敏电阻的灵敏度高。实际光敏电阻的暗电阻值一般在兆欧级，亮电阻值在几千欧以下。图4-26所示为光敏电阻的原理结构，它是涂于玻

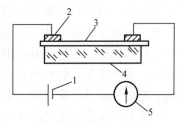

图4-26 光敏电阻的原理结构

1—电源 2—金属电极 3—半导体
4—玻璃底板 5—检流计

璃底板上的一薄层半导体物质，半导体的两端装有金属电极，金属电极与引出线端连接，光敏电阻就通过引出线接入电路。为了防止周围介质的影响，在半导体光敏层上覆盖了一层漆膜，漆膜的成分应使它在光敏层最敏感的波长范围内光谱透射比最大。

（3）光敏电阻的基本特性

1）伏安特性。在一定照度下，流过光敏电阻的电流与光敏电阻两端的电压的关系称为光敏电阻的伏安特性。由图4-27所示的硫化镉光敏电阻的伏安特性曲线可见，光敏电阻在一定电压范围内的伏安特性曲线为直线，说明其阻值与入射光量有关，而与电压和电流无关。

2）光谱特性。光敏电阻的相对光敏灵敏度与入射波长的关系称为光谱特性，也称为光谱响应。图4-28为几种不同材料光敏电阻的光谱特性。对应于不同波长，光敏电阻的灵敏度是不同的。从图中可见，硫化镉光敏电阻的光谱响应的峰值在可见光区域内，常被用作光亮度测量（照度计）的探头。而硫化铅光敏电阻响应于近红外和中红外区，常用作火焰探测器的探头。

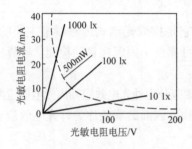

图 4-27　硫化镉光敏电阻的伏安特性

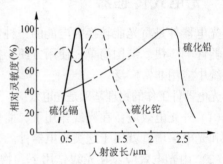

图 4-28　几种不同光敏电阻的光谱特性

3）温度特性。温度变化影响光敏电阻的光谱响应，同时，光敏电阻的灵敏度和暗电阻都要改变，尤其是响应于红外区的硫化铅光敏电阻受温度影响更大。图4-29所示为硫化铅光敏电阻的光谱温度特性曲线，它的峰值随着温度上升向波长短的方向移动。因此，硫化铅光敏电阻要在低温和恒温的条件下使用。对于可见光的光敏电阻，对其温度影响要小一些。

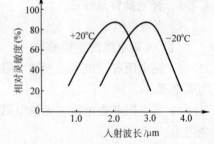

图 4-29　硫化铅光敏电阻的光谱温度特性

2. 光敏晶体管

（1）工作原理：光敏晶体管与一般晶体管很相似，有两个 PN 结，只是它的发射极做得很大，以扩大光的照射面积。大多数光敏晶体管的基极无引出线，当集电极加上相对于发射极为正的电压而不接基极时，集电结就是反向偏压。当光照射在集电结上时，就会在集电结附近产生电子-空穴对，从而形成光电流，相当于晶体管的基极电流。由于基极电流的增加，因此集电极电流是光生电流的 β 倍，所以光敏晶体管有放大作用。

光敏二极管和光敏晶体管的材料都是硅（Si）。在形态上，有单体型和集合型，集合型是在一块基片上有两个以上光敏二极管，比如在后面讲到的 CCD 图像传感器中的光耦合器，就是由光敏晶体管和其他发光元件组合而成的。

（2）基本特性

1）光谱特性。光敏二极管和晶体管的光谱特性曲线在其峰值波长时灵敏度最大。而当入射光的波长增加或缩短时，相对灵敏度也下降。一般来讲，锗管的暗电流较大，因此性能较差，故在可见光或探测赤热状态物体时一般都用硅管，但对红外光进行探测时，锗管较为适宜。

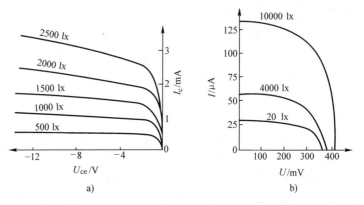

2）伏安特性图。硅光敏晶体管和硅光敏二极管在不同照度下的伏安特性曲线如图4-30 所示。从图中可见，光敏晶体管的光电流比相同管型的二极管大上百倍。

图 4-30　硅光敏晶体管和二极管的伏安特性
a）硅光敏晶体管　b）硅光敏二极管

3）温度特性。光敏晶体管的温度特性是指其暗电流及光电流与温度的关系。光敏晶体管的温度特性如图4-31 所示。从图中可见，温度变化对光电流影响很小，而对暗电流影响很大，所以在电子线路中应对暗电流进行温度补偿，否则将会导致输出误差。

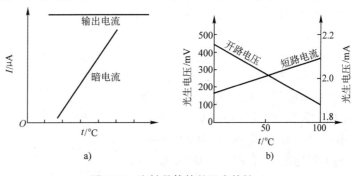

3. 光电池　光电池是一种直接将光能转换为电能的光电器件。光电池在光线作用下实质就是电源，电路中有了这种器件就不需要外加电源。

图 4-31　光敏晶体管的温度特性
a）锗光敏晶体管的温度特性　b）硅光电池的温度特性

（1）工作原理：光电池的工作原理是基于"光生伏特效应"。它实质上是一个大面积的 PN 结，当光照射到 PN 结的一个面，例如 P 型面时，若光子能量大于半导体材料的禁带宽度，那么 P 型区每吸收一个光子就产生一对自由电子和空穴，电子-空穴对从表面向内迅速扩散，在结电场的作用下，最后建立一个与光照强度有关的电动势。光敏电池工作原理如图4-32 所示。

（2）基本特性

1）光谱特性。光电池对不同波长的光的灵敏度是不同的。不同材料的光电池，光谱响应峰值所对应的入射光波长是不同的，硅光电池为 0.8 μm，硒光电池为 0.5 μm。硅光电池的光谱响应波长范围为 0.4 ~1.2 μm，而硒光电池的光谱响应波长范围只能为 0.38 ~0.75 μm。可见，硅光电池可以在很宽的波长范围内得到应用。

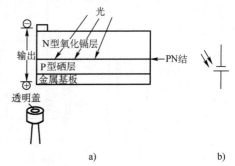

图 4-32　光敏电池工作原理
a）工作原理　b）符号

2）光照特性。光电池在不同光照度下，光电流和光生电动势是不同的，它们之间的关系就是光照特性。

硅光电池的开路电压和短路电流与光照的关系曲线如图 4-33 所示。从图中可见：短路电流在很大范围内与光照强度成线性关系；开路电压（负载电阻 R_L 无限大时）与光照强度的关系是非线性的，且当照度为 2 000lx 时趋于饱和。因此把光电池作为测量元件时，应把它用作电流源，不能用作电压源。

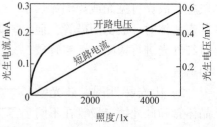

图 4-33　硅光电池的开路电压和短路电流与光照的关系曲线

3）温度特性。光电池的温度特性是描述光电池的开路电压和短路电流随温度变化的情况。由于它关系到应用光电池的仪器或设备的温度漂移，影响到测量精度或控制精度等重要指标，因此温度特性是光电池的重要特性之一。由于温度对光电池的工作有很大影响，因此把光电池作为测量器件应用时，最好能保证温度恒定或采取温度补偿措施。

4. 光电式传感器及其应用

（1）火焰探测报警器：图 4-34 是采用硫化铅光敏电阻为探测元件的火焰探测器电路图。硫化铅光敏电阻的暗电阻为 $1M\Omega$，亮电阻为 $0.2M\Omega$（辐照度为 $0.01W/m^2$ 的条件下测试），峰值响应波长为 $2.2\mu m$。硫化铅光敏电阻处于 V_1 管组成的恒压偏置电路，其偏置电压约为 6V，电流约为 $6\mu A$。V_1 管集电极电阻两端并联 $68\mu F$ 的电容，可以抑制 100Hz 以上的高频，使其成为只有几十赫兹的窄带放大器。V_2 和 V_3 管构成二级负反馈互补放大器，保证火焰报警器能长期稳定地工作。

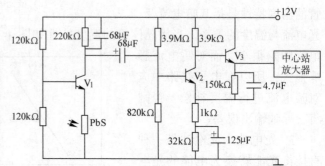

图 4-34　火焰探测报警器电路

（2）燃气热水器中脉冲点火控制器：由于煤气是易燃、易爆气体，所以对燃气器具中的点火控制器的要求是安全、稳定和可靠。为此，该电路有这样一个功能，即打火确认针产生火花才可打开燃气阀门，否则燃气阀门关闭，以保证使用燃气器具的安全性。

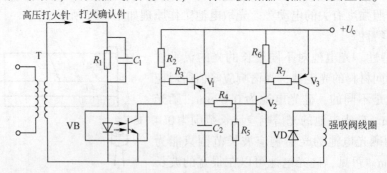

图 4-35　燃气热水器中脉冲点火控制器

燃气热水器中的高压打火确认电路原理如图 4-35 所示。在高压打火时，火花电压可达 1 万多伏，这个脉冲高电压对电路工作影响极大。为保证电路正常工作，采用光耦合器 VB 进行电平隔离，大大增强了电路抗干扰能力。当高压打火针对打火确认针放电时，光耦合器

VB 中的发光二极管发光，耦合器中的光敏晶体管导通，经 V_1、V_2、V_3 放大，驱动强吸电磁阀，将气路打开，燃气碰到火花即燃烧。若高压打火针与打火确认针之间不放电，则光耦合器 VB 不工作，V_1 等不导通，燃气阀门关闭。

4.4.2 光纤传感器

1. 概述   光纤传感器是 20 世纪 70 年代中期发展起来的一门新技术，它是伴随着光纤及光通信技术的发展而逐步形成的。光纤传感器与传统的各类传感器相比有一系列优点，如不受电磁干扰、体积小、重量轻、可绕曲、灵敏度高、耐腐蚀、电绝缘和防爆性好、易与微机连接及便于遥测等。它能用于温度、压力、应变、位移、速度、加速度、磁、电、声和 pH 值等各种物理量的测量，具有极为广泛的应用前景。

光纤传感器可以分为两大类：一类是功能型（传感型）传感器；另一类是非功能型（传光型）传感器。功能型传感器是利用光纤本身的特性把光纤作为敏感元件，被测量对光纤内传输的光进行调制，使传输的光的强度、相位、频率或偏振等特性发生变化，再通过对被调制过的信号进行解调，从而得出被测信号；非功能型传感器是利用其他敏感元件感受被测量的变化，光纤仅作为信息的传输介质。光纤传感器所用光纤有单模光纤和多模光纤。一般相位调制型和偏振调制型的光纤传感器采用单模光纤；发光强度调制型或传光型光纤传感器多采用多模光纤。为了满足特殊要求，出现了保偏光纤、低双折射光纤和高双折射光纤等。采用新材料研制特殊结构的专用光纤是光纤传感技术发展的方向。

2. 光纤的结构和传输原理

（1）光纤的结构：光导纤维简称为光纤，目前基本上还是采用石英玻璃，其结构如图 4-36 所示。中心的圆柱体叫纤芯，围绕着纤芯的圆形外层叫做包层，纤

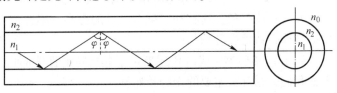

图 4-36　光纤的结构

芯和包层主要由不同掺杂的石英玻璃制成，纤芯的折射率 n_1 略大于包层的折射率 n_2。在包层外面还常有一层保护套，多为尼龙材料。光纤的导光能力取决于纤芯和包层的性质，而光纤的机械强度取决于保护套。图中 n_0 为空气折射率。

（2）光纤的传输原理：光在空间是直线传播，在光纤中，光的传输被限制在光纤中，并随光纤传送到很远的距离，光纤的传输是基于光的全内反射。当光纤的直径比光的波长大很多时，可以用几何光学的方法来说明光在光纤内的传播。设有一段圆柱形光纤，如图 4-37 所示，它的两

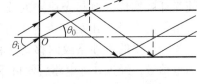

图 4-37　光纤的传光原理

个端面均为光滑的平面。当光线射入一个端面并与圆柱的轴线成 θ_i 角时，根据斯涅耳光的折射定律，光在光纤内折射成 θ_0，然后以 θ_0 角入射至纤芯与包层的界面。若要在界面上发生全反射，则纤芯与界面的光线入射角 θ_i 应大于临界角 θ_c，即

$$\theta_i \geq \theta_c \ (\theta_c = \arcsin \ (n_1^2 - n_2^2)^{1/2}) \tag{4-31}$$

式中　n_1——纤芯的折射率；

n_2——包层的折射率。

全反射光在光纤内部以同样的角度反复逐次反射，直至传播到另一端面。为满足光在光

纤内的全内反射，光入射到光纤端面的临界入射角 θ_i 应满足式（4-31）。

实际工作时需要光纤弯曲，但只要满足全反射条件，光线仍能继续前进。可见，这里的光线"转弯"实际上是由光的全反射所形成的。

一般光纤所处环境为空气，则 $n_0 = 1$。这样，在界面上产生全反射时，在光纤端面上的光线入射角 θ_i 为

$$n_1 \sin\theta_0 = n_1 \sin\left(\frac{\pi}{2} - \theta_c\right) = n_1 \cos\theta_i = n_1 \ (1 - \sin^2\theta_c)^{1/2} = (n_1^2 - n_2^2)^{1/2} \tag{4-32}$$

$$n_0 \sin\theta_c = (n_1^2 - n_2^2)^{1/2} \tag{4-33}$$

各式中　　n_1——纤芯的折射率；

n_2——包层的折射率；

θ_c——临界角；

θ_i——入射角。

最大入射角 θ_m 的正弦定义为数值孔径 NA，即

$$NA = \sin\theta_m = (n_1^2 - n_2^2)^{1/2} \tag{4-34}$$

数值孔径反映纤芯接收光量的多少。其意义是：无论光源发射功率有多大，只有入射光处于 $2\theta_c$ 的光锥内，光纤才能导光。如入射角过大，如图 4-37 中角 θ_i 经折射后不能满足式（4-31）的要求，光线便从包层逸出而产生漏光，所以 NA 是光纤的一个重要参数。一般希望有大的数值孔径，这有利于耦合效率的提高，但数值孔径过大，会造成光信号畸变，所以要适当选择数值孔径的数值。

3. 光纤传感器　光纤传感器由于其独特的性能而倍受重视，它的应用正在迅速地发展。下面我们介绍几种主要的光纤传感器。

（1）光纤加速度传感器：光纤加速度传感器是一种简谐振子的结构形式。激光束通过分光板后分为两束光，透射光作为参考光束，反射光作为测量光束。当传感器感受力产生加速度时，由于质量块的作用而使光纤被拉伸，引起光程差的改变。相位改变的激光束由单模光纤射出后与参考光束会合产生干涉效应。激光干涉仪的干涉条纹的移动可由光电接收装置转换为电信号，经过处理电路后便可正确地测出加速度值。

（2）光纤温度传感器：光纤温度传感器是目前仅次于加速度传感器和压力传感器而广泛使用的光纤传感器。根据工作原理可分为相位调制型、光强调制型和偏振光型等。这里仅介绍一种光强调制型的半导体光吸收型光纤温度传感器，其结构原理如图 4-38 所示，它的敏感元件是一个半导体光吸收器，光纤用来传输信号。传感器由半导体光吸收器、光纤、光源和包括光控制器在内的信号处理系统等组成。

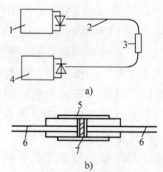

图 4-38　半导体光吸收型光纤温度传感器

a）测量电路图　b）光探测器结构原理图
1—光源　2、6—光纤　3—探头　4—光探测器　5—不锈钢套　7—半导体光吸收器

光纤温度传感器的基本原理是利用了多数半导体的能带随温度的升高而减小的特性，材料的吸收光波长将随温度增加而向长波方向移动，如果适当地选定一种波长在该材料工作范

围内的光源，那么就可以使透射过半导体材料的光强随温度而变化，从而达到测量温度的目的。

半导体光吸收型光纤温度传感器结构简单、体积小、灵敏度高、工作可靠、易制造、成本低、便于推广应用，可在 $-10 \sim 300℃$ 的温度范围内进行测量，响应时间约为 $2s$。目前已广泛应用于高压电力装置中的温度测量等特殊场合。

4.4.3 光栅式传感器

1. 光栅传感器的类型和结构　在计量工作中使用的光栅称为计量光栅。从光栅的光线走向来看，可分透射式光栅和反射式光栅两大类。透射式光栅一般是用光学玻璃做基体，在其上均匀地刻划间距和宽度相等的条纹，形成连续的透光区和不透光区；反射式光栅一般使用不锈钢做基体，在其上用化学方法制出黑白相间的条纹，形成强反光区和不反光区。

计量光栅按其形状和用途不同，又可分为长光栅（又称直线光栅）和圆光栅两类。前者用于长度测量，后者用于角度测量。

计量光栅由主光栅（又称标尺光栅）和指示光栅组成，所以计量光栅又称光栅副。主光栅和指示光栅的刻线宽度和间距完全一样。将指示光栅与主光栅叠合在一起，两者之间保持很小的间隙。在长光栅中主光栅固定不动，将指示光栅安装在运动部件上，两者之间形成相对运动；在圆光栅中指示光栅固定不动，而主光栅随轴转动。

图 4-39a 是黑白透射式长光栅中的主光栅示意图，图 4-39b 为黑白透射光栅示意图。图中 a 为栅线宽度，b 为栅缝宽度，W 称为光栅常数，或称栅距（$W = a + b$，通常 $a = b = W/2$）。栅线密度一般为 10 线/mm、25 线/mm、50 线/mm、100 线/mm 和 200 线/mm 等几种。

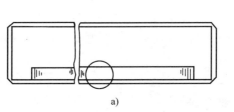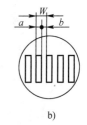

图 4-39　透射长光栅示意图
a）标尺光栅　b）指示光栅

对于圆光栅来说，两条相邻刻线的中心线之夹角称为角节距，每周的栅线数从较低度的 100 线到高精度等级的 21600 线不等。圆光栅一般用于测量角度，经变换后也可以测量长度。光栅传感器由光源、聚光镜、光栅和光电元件等组成，如图 4-40 所示。

2. 工作原理　将光栅常数相差不多（或完全相等）的两片透明光栅重叠在一起，且使其刻线间有一定的夹角，在光波照射下，两片透明光栅之间便产生一组明暗相间的条纹，我们称它为莫尔条纹（moire fringe）。在图 4-41 中，1，2，3，4，…代表一片光栅常数为 d 的透明光栅 I，1′，2′，3′，4′，…代表另一片光栅常数为 d' 的透明光栅 II，d 与 d' 相等或相差不多，两片光栅刻痕以一定的夹角 θ 重叠在一起，图中 M_{S1}，M_{S2}，M_{S3}，…所示的粗线组即为莫尔条纹。在明亮的背景下，眼睛向这样的一对光栅望去即可看到莫尔条纹。

在图 4-41 中，莫尔条纹的条纹间隔 m 与光栅 I 和 II 的光栅常数 d 和 d' 间有如下的几何关系：由平行四边形 $ABCD$ 的面积 ΔS 有

$$\Delta S = \overline{AD}m = \overline{DC}\,d = \overline{DB}d' \tag{4-35}$$

由余弦定律，则有

$$\overline{BC}^2 = \overline{AD}^2 = \overline{DB}^2 + \overline{DC}^2 - 2\,\overline{DB} \cdot \overline{DC}\cos\theta \tag{4-36}$$

由式（4-35）和式（4-36）可得 m 和 d、d' 的关系式为

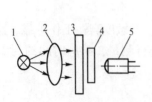

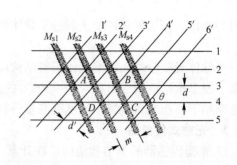

图 4-40 光栅传感器结构图
1—光源 2—聚光镜 3—主光栅
4—指示光栅 5—光电元件

图 4-41 莫尔条纹的形成

$$m = \frac{dd'}{\sqrt{d^2 + d'^2 - 2dd'\cos\theta}} \tag{4-37}$$

由式（4-37）可见，对于给定的两片光栅，莫尔条纹的间隔 m 取决于两片光栅的刻痕的夹角 θ，当 θ 角很小时，$\cos \approx 1$，则

$$m = \frac{dd'}{|d - d'|} \tag{4-38}$$

式（4-38）中的 m 值可以是相当大的。

若两片光栅的光栅常数相同，则由式（4-37）得

$$m = \frac{d}{\sqrt{2(1 - \cos\theta)}} \tag{4-39}$$

利用三角函数关系式

$$\sqrt{\frac{1 - \cos\theta}{2}} = \sin\frac{\theta}{2}$$

可得

$$m = \frac{d}{2\sin\theta/2} \tag{4-40}$$

因 θ 角很小，则 $\sin\theta/2 \approx \theta/2$，由式（4-40）可得

$$m \approx d/\theta \tag{4-41}$$

莫尔条纹有如下特征：

1）莫尔条纹是由光栅的大量刻线共同形成的，对光栅刻线的刻划误差有平均作用，从而能在很大程度上消除光栅刻线不均匀引起的误差。

2）当两片光栅沿与栅线垂直的方向相对移动时，莫尔条纹则沿光栅刻线方向移动。光栅反向移动时，莫尔条纹亦反向移动。

3）莫尔条纹移过的条纹数与光栅移过的刻线数相等。光栅发出的脉冲数 N 与光栅移动的距离 x 的关系为

$$x = Nd$$

式中 d——光栅的栅距。

3. 辨向及细分原理 如果传感器只安装一套光电元件，则在实际运用中，无论光栅正

向移动还是反向移动，光电元件都产生相同的正弦信号，是无法分辨移动方向的。为此，必须设置辨向装置及相应电路。

在莫尔条纹移动的方向安装相差 1/4 波长距离的光电元件，使它们接受到光信号的时间相差 $T/4$，可得到两个相位相差 $\pi/2$ 的电信号 u_1 和 u_2，光栅正向运动时，产生 u_1 的光电元件比产生 u_2 的光电元件先感光，产生计数脉冲，送加法计数器进行加法运算；反之，光栅反向运动时，产生的计数脉冲送减法计数器进行减法运算。

4. 光栅传感器的应用   由于光栅具有一系列的优点，它的测量精度很高，采用不锈钢反射式，测量范围可达数 10m，不需接长，抗扰能力强，在国内外得到重视和推广。近年来我国设计制造了很多光栅式测量长度和转角的计量仪器，并成功地将光栅作为数控机床的位置检测元件，用于精密机床和仪器的精密定位及长度、速度、加速度、振动和爬行的测量等。

图 4-42a、b 是 ZBS 型轴环式数显表的光栅传感器示意图。它是用不锈钢制成的圆形光栅。定片（指示光栅）固定，动片（主光栅）与车床的进给刻度轮联动。动片的表面均匀地刻有 500 对透光和不透光条纹，称为 500 线/对。定片为圆弧形薄片，在其表面刻有 2 条亮条纹，它与主光栅的条纹之间有一特定的角度。这两条亮条纹使到达 2 个光敏晶体管的莫尔条纹的亮暗信号的相位恰好相差 π，即第一个光敏晶体管接收到正弦信号，第二个光敏晶体管接收到余弦信号。经整形电路后，两者仍保持相差 1/4 周期的相位关系。通过特殊的细分及辨向电路，根据运动的方向来控制可逆计数器做加法计数或减法计数。

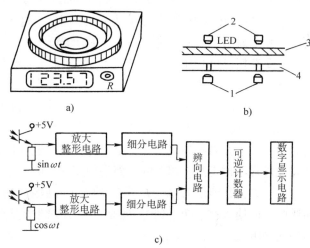

图 4-42   ZBS 型轴环式数显表
a）外形   b）光栅传感器   c）测量电路框图
1—光敏晶体管   2—红外发光二极管   3—主光栅   4—指示光栅

光栅型轴环式数显表是一种新型的测量角度位移的数字化仪表，它具有体积小、安装简便、读数直观、工作稳定、可靠性好和抗干扰力强等优点。适用于中小机床的进给或定位测量，也适用于老式机床的改造。把它安装在车床进给刻度轮的位置，就可以直接读出进给尺寸，从而减少停机测量的次数，提高工作效率和加工精度。

4.4.4   激光式传感器

激光技术是近代科学技术发展的重要成果之一，目前已被成功应用于精密计量、军事、宇航、医学、生物和气象等各领域。

激光传感器虽然具有各种不同的类型，但它们都是将外来的能量（电能、热能和光能等）转化为一定波长的光，并以光的形式发射出来。激光传感器由激光发生器、激光接收器及其相应电路组成。

1. 激光的本质   原子在正常分布状态下，多处于稳定的低能级 E_1 状态。如果没有外界的作用，原子可以长期保持这个状态。原子在得到外界能量后，由低能级向高能级跃迁的过程叫做原子的激发。原子激发的时间非常短，处于激发状态的原子能够很快地跃迁到低能级上去，同时辐射出光子。这种处于激发状态的原子自发地从高能级跃迁到低级上去而发光的现象称为原子的自发辐射，如 4-43 图所示。

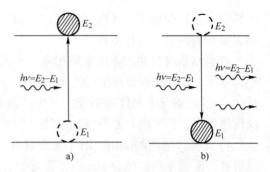

图 4-43　激发与受激辐射过程
a) 光吸收　b) 光放大

处于高能级的原子在外界作用影响下，发射光子而跃迁到低能级上去，这种发光叫做原子的受激辐射。设原子有 E_1 和 E_2 的两个能级，且 $E_2 > E_1$。当原子处于 E_2 能级上时，在能量为 $h\nu = E_2 - E_1$ 的入射光子影响下（h 为普朗克常量，$h = 6.6256 \times 10^{-34}$ J·s；ν 为光的频率），这个原子可发生受激辐射而跃迁到 E_1 能级上去，并发射出一个能量为 $h\nu = E_2 - E_1$ 的光子。

在受激辐射过程中，发射光不仅在能量（或频率）上与入射光子相同，而且在相位、振动方向和发射方向上也完全一样。如果这些光子不断地再引起其他原子发生受激辐射，这些原子所发射的光子在相位、发射方向、振动方向和频率上也都与最初引起受激辐射的入射光子相同。这样，一个入射光就会引起大量原子的受激辐射，它们所发射的光子在相位、发射方向、振动方向和频率上都完全一样，这一过程也称为光放大。所以在受激发射时，原子的发光过程不再是互不相关的，而是相互联系的。

另一方面，能量为 $h\nu = E_2 - E_1$ 的光子在媒质中传播时，也可以被处于 E_1 能级上的粒子所吸收，而使该粒子跃迁到 E_2 能级上去。在此情况下，入射光子被吸收而减少，这个过程叫做光的吸收。

光的放大和吸收过程往往是同步进行的，总的结果可以是加强或减弱，这取决于这一对矛盾中哪一方处于支配地位。

2. 激光的特点

（1）高方向性：高方向性就是高平行度，即光束的发散角小。激光束的发散角已达到几分甚至更小，所以通常称激光是平行光。

（2）高亮度：激光在单位面积上集中的能量很高。一台较高水平的红宝石脉冲激光器亮度达 10^{19} cd/m^2，比太阳的发光亮度高出很多倍。这种高亮度的激光束会聚后能产生几百万摄氏度的高温。在这种温度下，就是最难熔的金属，在一瞬间也会熔化。

（3）高单色性：单色光是指谱线宽度很窄的一段光波。用 λ 表示波长，$\Delta\lambda$ 表示谱线宽度，则 $\Delta\lambda$ 越小，单色性越好。在普通光源中最好的单色光源是氪 [Kr^{86}] 灯。它的波长 $\lambda = 605.7$nm，$\Delta\lambda = 0.00047$nm。而普遍的氦氖激光器所产生的激光，其 $\lambda = 632.8$nm，$\Delta\lambda < 10^{-8}$nm。

（4）高相干性：相干性就是指相干波在叠加区得到稳定的干涉条纹所表现的性质。普通光源是非相干光源，而激光是极好的相干光源。

相干性有时间相干性和空间相干性。时间相干性是指光源在不同时刻发出的光束间的相干性，它与单色性密切相关，单色性好，相干性好；空间相干性是指光源处于不同空间位置发出的光波间的相干性，一个设计很好的激光器有无限的空间相干性。

由于激光具有上述特点，因此利用激光可以导向，做成激光干涉仪测量物体表面的平整度、长度、速度、转角，切割硬质材料等。随着科学技术的发展，激光的应用会更加普遍。

3. 激光器　激光器的种类很多。按其工作物质不同，可以分为气体、液体、固体和半导体激光器。

(1) 气体激光器：气体激光器的工作物质是气体，其中有各种惰性气体原子、金属蒸气、各种双原子及多原子气体和气体离子等。

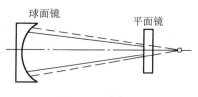

图 4-44　平凹腔

气体激光器通常是利用激光器中的气体放电过程来进行激励的。光学共振腔一般由一个平面镜和一个球面镜构成，球面镜的半径要比共振腔大一些，如图 4-44 所示，图中虚线表示球面镜的半径。常用的气体激光器有氦氖激光器和二氧化碳激光器。氦氖激光器的转换效率低，输出功率一般为毫瓦级。二氧化碳（CO_2）激光器是典型的气体激光器，它的输出功率大，可达几十瓦至上万瓦，可用于打孔、焊接和通信等。

(2) 固体激光器：固体激光器的工作物质主要是掺杂晶体和掺杂玻璃，最常用的是红宝石（掺铬）、钕玻璃（掺钕）和钇铝石榴石（掺钇）。

固体激光器的常用激励方式是光激励（简称光泵），也就是用强光去照射工作物质（一般为棒状，安装在光学共振腔中，其轴线与两个反光镜相垂直），使之激发起来，从而发出激光。为了有效地利用泵灯（用脉冲氙灯、氪弧灯、汞弧灯和碘钨灯等作为光泵源的简称）的光能，常采用各种聚光腔。如将工作物质和泵灯一起放在共振腔内，则腔内壁应镀上高反射率的金属薄层，使泵灯发出的光能集中照射到工作物质上。

红宝石激光器是世界上第一台成功运转的激光器。这种激光器在常温下只能作脉冲运转，且效率较低；钕玻璃激光器的效率比红宝石激光器要高，它发出 $1.06\mu m$ 的红外激光。钕玻璃激光器是目前脉冲输出功率最高的器件，通常也能作脉冲运转；钇铝石榴石激光器是目前性能最好的固体激光器之一，能连续运转，其连续输出功率可超过 1 000W。它发出的激光是波长为 $1.60\mu m$ 的红外光。

(3) 半导体激光器：半导体激光器最明显的特点是体积小、重量轻、结构紧凑。它可以做成小型激光通信机，或做成安装在飞机上的激光测距仪，或做成安装在人造卫星和宇宙飞船上作为精密跟踪和导航用的激光雷达。

半导体激光器的工作物质是某些性能合适的半导体材料，如砷化镓、砷磷化镓和磷化铟等。其中砷化镓应用最广，把它做成二级管形式，其主要部分是一个 PN 结，在 PN 结中存在导带和价带，如果把能量加在"价带"中的电子上，且注入的能量很大（通常以电流激励来获得），就可以在导带与价带之间形成电子-空穴数的反转分布。于是在注入的大电流作用下，电子与空穴重新组合，这时能量就以光子的形式放出，最后通过谐振腔的作用输出一定频率的激光。

半导体激光器的效率较高，可达 60% ~ 70%，甚至更高。但其缺点是，激光的方向性比较差、输出功率比较小和受温度影响比较大等。

4. 激光的应用　激光具有高亮度、高方向性、高单色性和高相干性的特点，应用于测量和加工等方面，可以实现无触点远距离的测量，而且速度高、精度高、测量范围广、抗光电干扰能力强。目前激光已得到广泛应用。举例如下：

（1）长度检查：一般应用的干涉测长仪是迈克尔逊干涉仪，其结构如图 4-45 所示。从氦氖（He-Ne）激光器发出的光通过准直透镜 L_1 变成平行光束后，被半透半反分光镜 M_B 分成两路：一路反射到反射镜 M_1，另一路透射到反射镜 M_2。被 M_1 和 M_2 反射的两路光又经 M_B 重叠，被聚光透镜 L_2 聚集，穿过钊孔 P_2 到达光电倍增管 PM。设 M_B 到 M_1 和 M_2 的距离分别为 l_1 和 l_2，则被分后再聚集的两束光的光程差 s 为

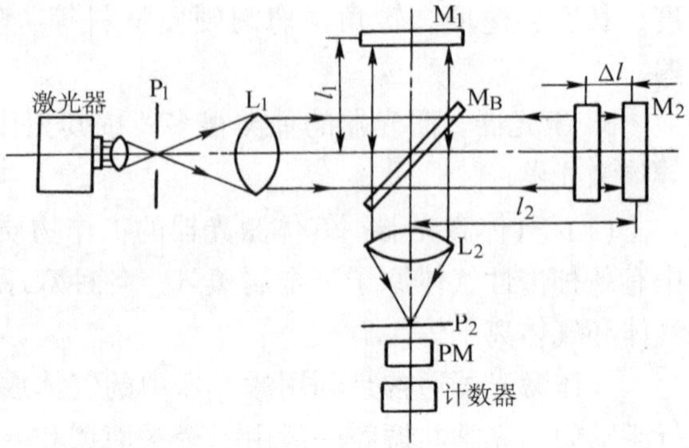

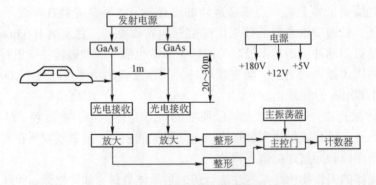

图 4-45　迈克尔逊干涉仪

$$s = 2(l_1 - l_2) = 2\Delta l \qquad (4\text{-}42)$$

如果反射镜 M_2 沿光轴方向从 $l_1 = l_2$ 的点平行移动 Δl 的距离，那么光程差 $s = 2\Delta l$。当 $\Delta l = n\lambda/4$（n 为干涉条纹数，λ 为波长）时出现明暗干涉条纹。因此，在移动 M_2 过程中，对光电倍增管 PM 端计得到干涉条纹数 n，从而得到 M_2 移动的距离 Δl，实现长度检测。

（2）测量车速：车速测量仪采用小型半导体砷化镓（GaAs）激光器，其发散角为 15°～20°，发光波长为 0.9μm。为了适应较远距离的激光发射和接收，采用 φ37mm、焦距为 115mm 的发射透镜及 φ37mm、焦距为 65mm 的接收透镜。砷化镓激光器及光敏元件 3DU33 分别置于透镜的焦点上，砷化镓激光经发射透镜成平行光射出，再经接收透镜会聚于 3DU33。为了保证测量精度，在发射透镜前放一个宽为 2mm 的狭缝光阑。车速的接收电路框图如图 4-46 所示。

图 4-46　激光测车速电路框图

测速的基本原理如下：当汽车行驶的速度为 v 时，测出其行驶时切割相距 1m 的两束激光的时间间隔 t，即可算出车速。采用计数显示，在主振荡器频率 $f = 100\text{Hz}$ 的情况下，计数器的计数值为 N 时，车速 v 的表达式可写成

$$v = \frac{f}{N} \times \frac{3600}{1 \times 10^3} = \frac{360}{N} \qquad (4\text{-}43)$$

4.4.5　电荷耦合器件

电荷耦合器件（CCD）是一种金属氧化物半导体（MOS）集成电路器件。它以电荷为

信号，进行电荷的存储和电荷的转移。CCD 自 1970 年问世以来，就因其具有独特的性能而发展迅速，广泛应用于自动控制和自动测量，尤其适用于图像识别技术。

1. CCD 原理　构成 CCD 的基本单元是 MOS 电容器，与其他电容器一样，MOS 电容器能够存储电荷。如果 MOS 电容器中的半导体是 P 型硅，当在金属电极上施加正电压时，则在该电极下形成所谓耗尽层，由于电子在此势能较低，形成电子势阱，成为蓄积电荷的场所。CCD 的最基本结构是一系列彼此非常靠近的 MOS 电容器，这些电容器用同一半导体衬底制成，衬底上面履盖一层氧化层，并在其上制作许多金属电极，各电极按三相（也有二相和四相）配线方式连接，图 4-47a 为三相 CCD 时钟电压与电荷转移的关系。当电压从 ϕ_1 相移到 ϕ_2 相时，ϕ_1 相电极下势阱消失，ϕ_2 相电极下形成势阱。这样，储存于 ϕ_1 相电极下势阱中的电荷移到邻近的 ϕ_2 相电极下势阱中，实现电荷的耦合与转移。

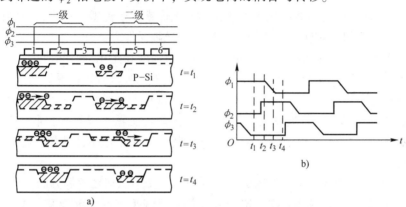

图 4-47　三相 CCD 时钟电压与电荷转移的关系

a）势阱耦合与电荷转移　b）控制时钟波形

CCD 的信号是电荷，那么信号电荷是怎样产生的呢？CCD 的信号电荷产生有两种方式：光信号注入和电信号注入。CCD 用作固态图像传感器时，接收的是光信号，即光信号注入法。当光信号照射到 CCD 硅片表面时，在栅极附近的半导体体内产生电子－空穴对，其多数载流子（空穴）被排斥进入衬底，而少数载流子（电子）则被收集在势阱中，形成信号电荷，并存储起来。存储电荷的多少正比于照射的光强。所谓电信号注入，就是 CCD 通过输入结构对信号电压或电流进行采样，将信号电压或电流转换为信号电荷。

CCD 输出端有浮置扩散输出端和浮置栅极输出端两种形式，如图 4-48 所示。

浮置扩散输出端是信号电荷注入末级浮置扩散的 PN 结之后，所引起的电位改变作用于 MOSFET 的栅极。这一作用结果必然调制其源－漏极间电流，这个被调制的电流即可作为输出信号。当信号电荷在浮置栅极下方通过时，浮置栅极输出端电位必然改变，检测出此

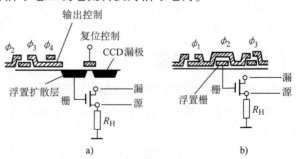

图 4-48　CCD 的输出端形式

a）浮置扩散式　b）浮置栅极式

改变值即为输出信号。

通过上述的 CCD 工作原理可看出，CCD 器件具有存储、转移电荷和逐一读出信号电荷的功能。因此 CCD 器件是固体自扫描半导体摄像器件，已有效地应用于图像传感器。

2. CCD 的应用（CCD 固态图像传感器）　　电荷耦合器件用于固态图像传感器中，作为摄像或像敏的器件。CCD 固态图像传感器由感光部分和移位寄存器组成。感光部分是指在同一半导体衬底上布设的若干光敏单元组成的阵列元件，光敏单元简称"像素"。固态图像传感器利用光敏单元的光电转换功能，将投射到光敏单元上的光学图像转换成电信号"图像"，即将光强的空间分布转换为与光强成比例的、大小不等的电荷空间分布，然后利用移位寄存器的移位功能将电信号"图像"转送，经输出放大器输出。

根据光敏元件排列形式的不同，CCD 固态图像传感器可分为线型和面型两种。

（1）线型 CCD 图像传感器：光敏元件作为光敏像素位于传感器中央，两侧设置 CCD 移位寄存器，在它们之间设有转移控制栅。在每一个光敏元件上都有一个梳状公共电极，在光积分周期里，光敏电极电压为高电平，光电荷与光照强度和光积分时间成正比，光电荷存储于光敏像素单元的势阱中。当转移脉冲到来时，光敏单元按其所处位置的奇偶性，分别把信号电荷向两侧移位寄存器转送。同时，在 CCD 移位寄存器上加上时钟脉冲，将信号电荷从 CCD 中转移，由输出端一行行地输出。线型 CCD 图像传感器可以直接接收一维光信息，不能直接将二维图像转变为视频信号输出，为了得到整个二维图像的视频信号，就必须用扫描的方法来实现。

线型 CCD 图像传感器主要用于测试、传真和光学文字识别技术等方面。

（2）面型 CCD 图像传感器：按一定的方式将一维线型光敏单元及移位寄存器排列成二维阵列，即可以构成面型 CCD 图像传感器。面型 CCD 图像传感器有三种基本类型：线转移、帧转移和隔列转移。其中隔列转移是用得最多的一种结构形式，这种结构的感光单元面积小、图像清晰，但单元设计复杂。面型 CCD 图像传感器主要用于摄像机及测试技术。

（3）CCD 图像传感器的应用　　CCD 图像传感器在许多领域内获得广泛的应用。前面介绍的电荷耦合器件（CCD）具有将光信号转换为电荷分布，以及电荷的存储和转移等功能，所以它是构成 CCD 固态图像传感器的主要光敏器件，取代了摄像装置中的光学扫描系统或电子束扫描系统。

CCD 图像传感器具有高分辨力和高灵敏度，具有较宽的动态范围，这些特点决定了它可以广泛用于自动控制和自动测量，尤其适用于图像识别技术。CCD 图像传感器在检测物体的位置、精确测量工件尺寸及检测工件缺陷方面有独到之处。

4.5　核辐射传感器

核辐射传感器是根据射线的吸收、折射、反射和散射对被测物质的电离激发作用而进行工作的，核辐射传感器是核辐射式检测仪表的重要组成部分，它是利用放射性同位素来进行测量的。

核辐射传感器一般由放射源、探测器以及电信号转换电路组成，可以检测厚度和物位等参数。随着核辐射技术的发展，核辐射传感器的应用越来越广泛。

4.5.1　放射源和探测器

放射源和探测器是核辐射传感器的重要组成部分，放射源由放射性同位素物质组成，探测器即核辐射检测器，它可以探测出射线的强弱及变化。

1. 射线的种类及衰变规律

（1）放射性同位素：各种物质都是由一些最基本的物质所组成，人们把这些最基本的物质称为元素，如碳、氢和氧等，组成每种元素的最基本单元就是原子。凡原子序数相同而原子质量不同的元素，在元素周期表中占同一位置，这种元素称为同位素。原子如果不是由于外来的原因，而是自发地发生原子核结构的变化，则称为核衰变，具有这种核衰变性质的同位素叫做放射性同位素。

放射性同位素的核衰变是原子核的"本征"特征，根据实验可得放射性同位素的基本规律为

$$I = I_0 e^{-\lambda t} \tag{4-44}$$

式中　I_0——开始时（$t=0$）的放射源强度；

I——经过时间 t 后的放射源强度；

λ——放射性衰变常数；

t——放射时间。

式（4-44）表明，放射性元素的放射源强度是按照指数规律随时间减少的，放射源强度衰变的速度取决于放射性衰减常数 λ，λ 值越大则衰变越快。

（2）核辐射的种类及性质：放射性同位素在衰变过程中放出一种特殊的、带有一定能量的粒子或射线，这种现象称为放射性或核辐射。根据核辐射的性质不同，放射出的粒子或射线有 α 粒子、β 粒子和 γ 射线等。

1）α 粒子一般具有 $4 \sim 10\text{MeV}$ 能量。用 α 粒子电离气体比用其他辐射强得多，因此在检测中，α 辐射主要用于气体分析，用来测量气体压力和流量等参数。

2）β 粒子实际上是高速运动的电子，它在气体中的射程可达 20m。在自动检测仪表中，主要是根据 β 粒子的辐射和吸收来测量材料的厚度、密度或重量；根据辐射的反射和散射来测量覆盖层的厚度，利用 β 粒子很大的电离能力来测量气体流量。

3）γ 射线是一种从原子核内发射出来的电磁辐射，它在物质中的穿透能力比较强，在气体中的射程为数百纳米，能穿过几千米厚的固体物质。γ 射线被广泛应用在各种检测仪表中，特别是需要辐射和穿透力强的情况，如金属探伤、测厚以及测量物体的密度等。

2. 射线与物质的相互作用　核辐射与物质的相互作用是探测带电粒子或射线存在与否及其强弱的基础，也是设计和研究放射性检测与防护的基础。

（1）带电粒子与物质的相互作用：具有一定能量的带电粒子（如 α 粒子、β 粒子）在其穿过物质时，由于电离作用，在其路径上生成许多离子对，所以常称 α 粒子和 β 粒子为电离性辐射。电离作用是带电粒子与物质相互作用的主要形式。一个粒子在每厘米路径上生成离子对的数目称为比电离，带电粒子在物质中穿行，因其能量逐渐耗尽而停止，其在物质中穿行的直线距离称为粒子的射程。

α 粒子质量数较高，电荷量也较大，因而它在物质中引起很强的比电离，射程较短。

β 粒子的能量是连续的，运动速度比 α 粒子快得多，由于 β 粒子质量很轻，其比电离远小于同样能量的 α 粒子的比电离，同时容易散射和改变运动方向。

β 射线和 γ 射线比 α 射线的穿透能力强，当它们穿过物质时，由于物质的吸收作用而损失一部分能量，辐射在穿过物质层后，其通量强度按指数规律衰减，可表示为

$$I = I_0 e^{-\mu h} \tag{4-45}$$

式中　I_0——入射到吸收体的辐射通量强度；

$\quad\quad$ I——穿过厚度为 h 的吸收层后的辐射通量强度；

$\quad\quad$ μ——线性吸收系数；

$\quad\quad$ ρ——吸收层的密度；

$\quad\quad$ h——吸收层的厚度。

实验证明，比值 μ/ρ（ρ 为密度）几乎与吸收体的化学成分无关，这个比值叫做质量吸收系数，常用 μ_ρ 表示，此时式（4-45）可改写成

$$I = I_0 e^{-\mu_\rho \rho h} \tag{4-46}$$

式（4-46）为核辐射检测的理论基础。

（2）γ 射线与物质的相互作用：γ 射线通过物质后的强度将逐渐减弱，γ 射线与物质的作用主要有光电效应、康普顿效应和电子对效应三种。γ 射线在通过物质时，γ 光子不断被吸收，强度也是按指数下降，仍然服从式（4-45）。这里的吸收系数 μ 是上述三种效应的结果，故可用下式表示

$$\mu = \tau + \sigma + k \tag{4-47}$$

式中　τ——光电吸收系数；

$\quad\quad$ σ——康普顿散射吸收系数；

$\quad\quad$ k——电子对生成吸收系数。

设物质厚度 $\lambda = \rho h$，则式（4-46）可写成

$$I = I_0 e^{-\mu_\rho \lambda} \tag{4-48}$$

不同物质对同一能量光子的质量吸收系数 μ_ρ 大致相同，特别在较轻的元素和光子能量在 $0.5 \sim 2\text{MeV}$ 范围内更是这样，因为在这种情况下康普顿效应起主要作用。μ_ρ 的概率只与物质的电子数有关，而能量相同、质量不同的物质，它们的电子数目大致是相同的，所以质量吸收系数 μ_ρ 也大致相同。

3. 常用探测器　探测器就是核辐射的接收器，它是核辐射传感器的重要组成部分。其用途就是将核辐射信号转换成电信号，从而探测出射线的强弱和变化。在现有的核辐射检测中，用于检测仪表上的主要有电离室、闪烁计数器和盖格计数等。下面以电离室、闪烁计数器为例加以介绍。

（1）电离室：电离室基本上是以气体为介质的射线探测器，可以探测 α 粒子、β 粒子和 γ 射线，能把这些带电粒子或射线的能量转化为电信号。电离室具有坚固、稳定、寿命长和成本低等优点，缺点是输出电流小。

电离室基本工作原理如图 4-49 所示，它是在空气中设置一个平行极板电容器，加上几百伏的极化电压，使电容器的极板间产生电场，这时，如果有核辐射照射极板之间的空气，则核辐射将电离空气分子而使其产生正离子和电子，在极化电压的作用下，正离子趋向负极，电子趋向正极，于是便产生了电流，这种由于核辐射引起的电流就是电离电流。电离电流在外电路电阻 R 上形成电压降，这样利用核辐射的电离性质，就可以根据外电路电阻 R 上的电压降来衡量核辐射中的粒子数目和能量。辐射强度越大，产生正离子和电子数量就越多，电离电流就越大，R 上的压降也就越大。通过一定的设计和给电离室配置以恰当的电

压，就能使辐射强度与外电路电阻 R 上的电压降成正比，这就是电离室的基本工作原理。

电离室的结构有各种类型，现以圆筒形电离室为例来说明其结构，如图 4-50 所示。收集极 4 绝缘必须良好，如果绝缘不良，极微小的电离电流也会漏掉，就可能测不到信号。在收集极 4 和高压极 5 之间配有保护环 2，保护环与收集极和高压极之间是绝缘的，且保护环要接地，这是为了使高压不致漏到收集极去干扰有用信号。

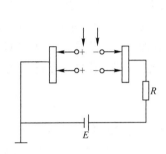

图 4-49　电离室工作原理图

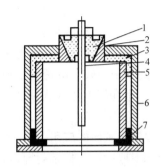

图 4-50　圆筒形电离室结构示意图
1、3—绝缘物　2—保护环　4—收集极
5—高压极　6—外壳　7—镀铝薄膜

电离室除了空气式外，还有密封充气的，一般充氩等惰性气体，气压可稍大于大气压，这有助于增大电流，同时密封可以维护内部气压的恒定，减少受外界气压波动而带来的影响。电离室的入射窗口通常用铝箔或其他塑料薄膜，它的密度要尽可能小，以减少射线入射时在上面造成的能量损失，同时又要有足够的强度，以承受内部的气压。

电离室的结构必须非常牢固，尤其是电极结构更要牢固，否则会由于周围的振动引起信号的波动而无法测量。

由于 α 粒子、β 粒子和 γ 射线性质各不相同，能量也不一样，所以用来探测的电离室也互不相同，不能互相通用。

（2）闪烁计数器：闪烁计数器先将微电能变为光能，然后再将光能变为电能而进行探测，它不仅能探测射线，还能探测各种带电和不带电的粒子，不但能探测它们的存在，而且还能鉴别其能量的大小。闪烁计数器与电离室相比，具有效率高和分辨时间短等特点，因此作为核辐射检测，被广泛地用于各种检测仪表中。

闪烁计数器由闪烁体、光电倍增管和输出电器组成，如图 4-51 所示。

闪烁体是一种受激发光物质，可分为无机和有机两大类，有固态、液态和气态三种。无机闪烁体的特点是对入射粒子的阻止本领大，发光效率也大，因此有很高的探测效率。例如，碘化钠（铊激活）用来控测 γ 射线

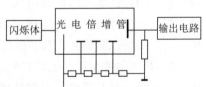

图 4-51　光电倍增管及输出电器

的效率就很高，约为 20% ~ 30%；有机闪烁体的特点是发光时间很短，只有用分辨性能高的光电倍增管与其配合，才能获得 10^{-10} s 的分辨时间，且仪器的体积较大。常用的有液体有机闪烁体、塑料闪烁体和气体闪烁体等。在探测 β 粒子时，常用这种有机闪烁体。

当核辐射进入闪烁体时，闪烁体的原子受激发光，光透过闪烁体射到光电倍增管的光阴

极上打出光电子，经过倍增，在阳极上形成电流脉冲，最后可用电子仪器记录下来，这就是闪烁计数器记录粒子的基本过程。

由于发射的电子通过闪烁体时，会有一部分被吸收和散射，因此要求闪烁体的发射光谱和吸收光谱的重合部分要尽量小，装置也要有利于光子的吸收。光阴极上射出电子的效率与入射光子的波长有关，所以必须选择闪烁体发光的光谱范围，使其能够很好地配合光阴极的光谱响应。

要使闪烁体发出的荧光尽可能地被收集到光阴极上，除对闪烁体本身的要求（如光学性质均匀等）外，还要求各方向的光子通过有效的漫反射把光子集中到光阴极上，碘化钠晶体除一面与光阴极接触外，周围全部用氧化镁粉敷上一层。为减少晶体和光阴极之间产生全反射，常用折射率较大的透明媒质作为晶体与光电倍增管的接触媒质。为了更有效地将光导入光阴极，常在闪烁体和光阴极之间接入一定形状的光导。常用的光导材料为有机玻璃等。

4.5.2 核辐射传感器的应用

1. 核辐射厚度计 核辐射厚度计框图如图 4-52 所示。辐射源在容器内以一定的立体角度发出射线，其强度在设计时已选定，当射线穿过被测物体后，辐射强度被探测器接收。在 β 辐射测量厚度中，探测器常用电离室，根据电离室的工作原理，这时电离室就输出一电流，其大小与进入电离室的辐射强度成正比。前面已指出，核辐射的衰减规律为 $I = I_0 e^{-\mu \rho h}$，从测得的 I 值便可获得被测物体的厚度。在实际的 β 射线辐射测量厚度中，常用已知厚度的标准片对仪器进行标定，在测量时，可根据校正曲线指示出被测物体的厚度。

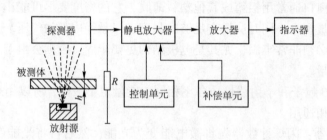

图 4-52 核辐射厚度计原理框图

测量线路常用振动电容器调制的高输入阻抗静电放大器。用振动电容器把直流调制成交流，并维持高输入阻抗，这样可以解决漂移问题。有的测量线路采用变容二极管调制器来代替静电放大器。

2. 核辐射液位计 核辐射液位计的原理如图 4-53 所示，它是一种基于物质对射线的吸收程度的变化而对液位进行测量的物位计。当液面变化时，液位对射线的吸收也改变，从而就可以用探测器的输出信号的大小来表示液位的高低。

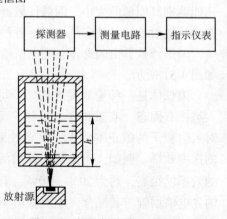

图 4-53 核辐射液位计原理图

复习思考题

1. 什么是压电效应？常用的压电材料有哪些？各有何特点？

2. 超声波有哪些特性？

3. 应用超声波传感器探测工件时，在探头与工件接触处要涂有一层粘合剂，请问这是为什么？

4. 根据已学知识设计一个超声波探伤实用装置（画出原理框图），并简要说明其探伤的工作过程。

5. 简述变磁通和恒磁通式磁电传感器的工作原理。

6. 设计一种霍尔液位控制器，要求：

1）画出磁路系统示意图。

2）画出电路原理简图。

3）简要说明工作原理。

7. 简述光栅传感器的工作原理。

8. 激光传感器有几种，各有何特点？

第 5 章　环境量检测传感器

能将各种环境量的物质特性（如温度、气体、湿度和离子等）的变化定性或定量地转换成电信号的装置，称为环境量检测传感器。

由于环境量的物质种类很多，因此环境量传感器的种类和数量也很多，各种器件的转换原理也各不相同，并且由于转换机理相对复杂等原因，这种传感器远不及物理量传感器那样成熟和普及。但随着科学技术的发展，人们对此类传感器的需求日益增多，其地位也日显重要，所以了解此类传感器是很有必要的。

本章将主要介绍温度传感器、气敏传感器、湿敏传感器和离子敏传感器的工作原理及应用。

5.1　温度传感器

温度传感器是一种将温度变化转换为电磁参量变化的装置，它利用传感元件的电磁参数随温度变化的特性来达到测量的目的。例如，将温度的变化转化为电阻、磁导或电动势等的变化，通过适当的测量电路，就可由这些电磁参数的变化来表达所测温度的变化。

在各种温度传感器中，以把温度量转换为电动势和电阻的方法最为普遍。常用的温度传感器有热电偶、热电阻和热敏电阻。

5.1.1　热电偶

热电偶是工程上应用最广泛的温度传感器，具有构造简单、使用方便、准确度高、热惯性小、稳定性及复现性好、温度测量范围宽等特点。适于信号的远传、自动记录和集中控制等，在温度测量中占有重要的地位。

1. 热电偶测温原理　两种不同材料的导体（或半导体）组成一个闭合回路，如图 5-1 所示。当两接点温度 t 和 t_0 不同时，则在该回路中就会产生电动势，这种现象称为热电效应，该电动势称为热电动势。这两种不同材料的导体或半导体的组合称为热电偶，导体 A、B 称为热电极。两个接点，一个称热端，又称测量端或工作端，测温时将它置于被测介质中；另一个称冷端，又称参考端或自由端，它通过导线与显示仪表相连。

在图 5-1 所示的回路中，热电动势由两部分组成：温差电动势和接触电动势。

对于已选定的热电偶，当参考端温度 t_0 恒定时，$e_{AB}(t_0) = c$ 为常数，则总的热电动势就只与温度 t 成单值函数关系，即

$$e_{AB}(t,t_0) = f(t) \tag{5-1}$$

式（5-1）在实际测量中是很有用的，即只要测出 $e_{AB}(t, t_0)$ 的大小，就能得到被测温度 t，这就是热电偶测温的原理。

图 5-2 是最简单的热电偶温度传感器测温系统示意图。它由热电偶、连接导线及显示仪表构成一个测温回路。

2. 热电偶基本定律

（1）中间导体定律：利用热电偶进行测温，必须在回路中引入连接导线和仪表，接入导线和仪表后会不会影响回路中的热电动势呢？中间导体定律说明，在热电偶测温回路内，接入第三种导体时，只要第三种导体的两端温度相同，则对回路的总热电动势没有影响。

（2）中间温度定律：如图 5-3 所示，在热电偶测温回路中，t_c 为热电极上某一点的温度，热电偶 A 和 B 在接点温度为 t 和 t_0 时的热电动势 $e_{AB}(t, t_0)$ 等于热电偶 A 和 B 在接点温度为 t 和 t_c 时的热电动势 $e_{AB}(t, t_c)$ 和接点温度为 t_c 和 t_0 时的热电势 $e_{AB}(t_c, t_0)$ 的代数和，即

$$e_{AB}(t,t_0) = e_{AB}(t,t_c) + e_{AB}(t_c,t_0) \tag{5-2}$$

该定律是参考端温度计算修正法和应用补偿导线的理论依据。

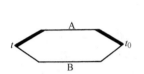

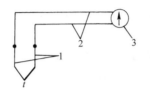

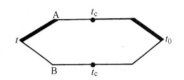

图 5-2　热电偶测温系统简图
1—热电偶　2—连接导线
3—显示仪表

图 5-1　热电偶回路

图 5-3　中间温度定律

3. 热电偶的类型　从理论上讲，任何两种不同材料的导体都可以组成热电偶，但为了准确、可靠地测量温度，对组成热电偶的材料必须经过严格的选择，工程上用于热电偶的材料应满足以下条件：热电动势变化尽量大、热电动势与温度关系尽量接近线性、物理和化学性能稳定、易加工、复现性好、便于成批生产及有良好的互换性。

从实际上讲，并非所有材料都能满足上述条件。目前，在国际上被公认比较好的热电偶的材料只有几种，国际电工委员会（IEC）向世界各国推荐 8 种标准化热电偶。所谓标准化热电偶，就是它已被列入工业标准化文件中，具有统一的分度表。我国已采用 IEC 标准生产热电偶，并按标准分度表生产与之相批配的显示仪表。表 5-1 为我国采用的几种热电偶的主要性能和特点。

表 5-1　标准化热电偶的主要性能和特点

热电偶名称	分度号	允许偏差[①]			特　点
		等级	适用温度/℃	允差值/℃	
铜-铜镍	T	I	-40~350	0.5 或 0.004 × |t|	测温精度高、稳定性好、低温时灵敏度高、价格低廉，适用于在 -200~400℃ 范围内测温
		II		1 或 0.0075 × |t|	
镍铬-铜镍	E	I	-40~800	1.5 或 0.004 × |t|	适用于氧化及弱还原性气氛中测温，按其偶丝直径不同，测温范围为 -200~900℃。稳定性好、灵敏度高，价格低廉
		II	-40~900	2.5 或 0.0075 × |t|	
铁-铜镍	J	I	-40~750	1.5 或 0.004 × |t|	适用于氧化及还原性气氛中测温，也可在真空和中性气氛中测温，稳定性好、灵敏度高、价格低廉
		II		2.5 或 0.0075 × |t|	

（续）

热电偶名称	分度号	允许偏差①			特 点
		等级	适用温度/℃	允差值/℃	
镍铬-镍硅	K	I	-40~1 000	1.5 或 0.004×|t|	适用于氧化和中性气氛中测温，按其偶丝直径不同，测温范围为-200~1 300℃。若外加密封保护管，还可在还原气氛中短期使用
		II	-40~1 200	2.5℃或0.0075×|t|	
铂铑₁₀-铂	S	I	0~1 100	1	适用于氧化性气氛中测温，其长期最高使用温度为1 300℃，短期最高使用温度为1 600℃。使用温度高、性能稳定、精度高，但价格贵
		II	600~1 600	0.0025×|t|	
铂铑₃₀-铂铑₆	B	I	600~1 700	1.5 或 0.005×|t|	适用于氧化性气氛中测温，其长期最高使用温度为1600℃，短期最高使用温度为1800℃。稳定性好，测量温度高。参比端温度在0~40℃内可以不进行补偿
		II	800~1 700	0.005×|t|	

①此栏中 t 为被测温度，在同一栏给出的两种允差值中，取绝对值较大者。

表中所列的每一种热电偶中前者为热电偶的正极，后者为负极。目前，工业上常用的有4种标准化热电偶，即铂铑₃₀-铂铑₆，铂铑₁₀-铂，镍铬-镍硅和镍铬-铜镍（我国通常称为镍铬-康铜）热电偶，它们的分度表见表5-2~5-5。

表5-2 S型（铂铑₁₀-铂）热电偶分度表

分度号：S　　　　　　　　　　　　　　　　　　　　　　　　　　　　（参考端温度为0℃）

测量端温度/℃	0	10	20	30	40	50	60	70	80	90
	热 电 动 势/mV									
0	0.000	0.055	0.113	0.173	0.235	0.299	0.365	0.432	0.502	0.573
100	0.645	0.719	0.795	0.872	0.950	1.029	1.109	1.190	1.273	1.356
200	10440	1.525	1.611	1.698	1.785	1.873	1.962	2.051	2.141	2.232
300	20323	2.414	2.506	2.599	2.692	2.786	23880	2.974	3.069	3.164
400	3.260	3.356	3.452	3.549	3.645	3.743	3.840	3.938	4.036	4.135
500	4.234	4.333	4.432	4.532	4.632	4.732	4.832	4.933	5.034	5.136
600	5.237	5.339	5.442	5.544	5.648	5.751	5.855	53960	6.064	6.169
700	6.274	6.380	6.486	6.592	6.699	6.805	6.913	7.020	7.128	7.236
800	7.345	7.454	7.563	7.672	7.782	7.892	8.003	8.114	83225	8.336
900	8.448	8.560	8.67	8.786	8.899	9.012	9.126	9.240	9.355	9.470
1 000	9.585	9.700	9.816	9.932	10.048	10.165	10.282	10.400	10.517	10.635
1 100	10.754	10.872	10.991	11.110	11.229	11.348	113467	11.587	11.707	11.827
1 200	11.947	12.067	12.188	12.308	12.429	12.550	123671	12.792	12.913	13.034
1 300	13.155	13.276	13.397	13.519	13.640	13.761	13.883	14.004	14.125	14.247
1 400	14.368	14.489	14.610	14.731	14.852	14.973	15.094	15.215	15.336	15.456
1 500	15.576	15.697	15.817	15.937	16.057	16.176	16.296	16.415	16.534	16.653
1 600	16.771	164.890	17.008	17.125	17.245	17.360	17.477	17.594	17.711	17.826

表 5-3　B 型（铂铑$_{30}$ – 铂铑$_6$）热电偶分度表

分度号：B　　　　　　　　　　　　　　　　　　　　　　（参考端温度为 0℃）

测量端温度/℃	0	10	20	30	40	50	60	70	80	90
	热 电 动 势/mV									
0	− 0.000	− 0.002	− 0.003	− 0.002	0.000	0.002	0.006	0.011	0.017	0.025
100	0.033	0.043	0.053	0.065	0.078	0.092	0.107	0.123	0.140	0.159
200	0.178	0.199	0.220	0.243.	0.266	0.291	0.317	0.344	0.372	0.401
300	0.431	0.462	0.494	0.527	0.561	0.596	0.632	0.669	0.707	0.746
400	0.786	0.827	0.870	0.913	0.957	1.002	1.048	1.095	1.143	1.192
500	1.241	1.292	1.344	1.397	1.450	1.505	1.560	1.617	1.674	1.732
600	1.791	1.851	1.912	1.974	2.036	2.100	2.164	2.230	2.296	2.363
700	2.430	2.499	2.569	2.639	2.710	2.782	2.855	2.928	3.003	3.078
800	3.154	3.231	3.308	3.387	3.466	3.546	3.626	3.708	3.790	3.873
900	3.957	4.041	4.126	4.212	4.298	4.386	4.474	4.562	4.652	4.742
1 000	4.833	4.924	5.016	5.109	5.202	5.297	5.391	5.487	5.583	5.680
1 100	5.777	5.875	5.973	6.073	6.172	6.273	6.374	6.475	6.577	6.680
1 200	6.783	6.887	6.991	7.096	7.202	7.308	7.414	7.521	7.628	7.736
1 300	7.845	7.953	8.063	8.172	8.283	8.393	8.502	8.616	8.727	8.839
1 400	8.952	9.065	9.178	9.291	9.405	9.519	9.634	9.748	9.863	9.979
1 500	10.094	10.210	10.325	10.441	10.558	10.674	10.790	10.907	11.024	11.141
1 600	11.257	11.374	11.491	11.608	11.725	11.842	11.959	12.076	12.193	12.310
1 700	12.426	12.543	12.659	12.776	12.892	13.008	13.124	13.239	13.354	13.470
1 800	13.585									

表 5-4　K 型（镍铬 – 镍硅）热电偶分度表

分度号：K　　　　　　　　　　　　　　　　　　　　　　（参考端温度为 0℃）

测量端温度/℃	0	10	20	30	40	50	60	70	80	90
	热 电 动 势/mV									
− 0	− 0.000	− 0.392	− 0.777	− 1.156	1.527	− 1.889	− 2.243	− 2.586	− 2.920	− 3.242
+ 0	0.000	0.397	0.798	1.203	1.611	2.022	2.436	2.850	3.266	3.681
100	4.095	4.508	4.919	5.327	5.733	6.137	6.539	6.939	7.338	7.737
200	8.137	8.537	8.938	9.341	9.745	10.151	10.560	10.969	11.381	11.793
300	12.207	12.623	13.039	13.456	13.874	14.292	14.712	15.132	15.552	15.974
400	16.395	16.818	17.241	17.664	18.088	18.513	18.938	19.363	19.788	20.214
500	20.640	21.066	21.493	21.919	22.346	22.772	23.198	23.624	24.050	24.476
600	24.902	25.327	25.751	26.176	26.599	27.022	27.445	27.867	28.288	28.709
700	29.128	29.547	29.965	30.383	30.799	31.214	31.629	32.042	32.455	32.866
800	33.277	33.686	34.095	34.502	34.909	35.314	35.718	36.121	36.524	36.925
900	37.325	37.724	38.122	38.519	38.915	39.310	39.703	40.096	40.488	40.897
1 000	41.269	41.657	42.045	42.432	42.817	43.202	43.585	43.968	44.349	44.729
1 100	45.108	45.486	45.863	46.238	46.612	46.985	47.356	47.726	48.095	48.462
1 200	48.828	49.192	49.555	49.916	50.276	50.633	50.990	51.344	51.697	52.049
1 300	52.398									

表 5-5　E 型（镍铬 - 铜镍）热电偶分度表

分度号：E　　　　　　　　　　　　　　　　　　　　　　　　（参考端温度为 0℃）

测量端温度/℃	0	10	20	30	40	50	60	70	80	90
	热　电　动　势/mV									
-0	-0.000	-0.581	-1.151	-1.709	-2.254	-2.787	-3.306	-3.811	-4.301	-4.777
+0	0.000	0.591	1.192	1.801	2.419	3.047	3.683	4.329	4.983	5.646
100	6.317	6.996	7.633	8.377	9.078	9.787	10.501	11.222	11.949	12.681
200	13.419	14.161	14.909	15.661	16.417	17.178	17.942	18.710	19.481	20.256
300	21.033	21.814	22.597	23.383	24.171	24.961	25.754	26.549	27.345	28.143
400	28.943	29.744	30.546	31.350	32.155	32.960	33.767	34.574	35.382	36.190
500	36.999	37.808	38.617	39.426	40.236	41.045	41.853	42.662	43.470	44.278
600	45.085	45.891	46.697	47.502	48.306	49.109	49.911	50.713	51.513	52.312
700	53.110	53.907	54.703	55.498	56.291	57.083	57.873	58.663	59.451	60.237
800	61.022									

　　另外，还有一些特殊用途的热电偶，以满足特殊测温的需要，如用于测量 3800℃ 超高温的钨镍系列热电偶和用于测量 -200℃ 的超低温的镍铬 - 金铁热电偶等。

　　4. 热电偶的结构形式　为了适应不同生产对象的测温要求和条件，热电偶按结构形式可分为普通型、铠装型和薄膜等。

　　（1）普通型热电偶：普通型热电偶工业上使用最多，其结构如图 5-4 所示，由热电极 5、绝缘套管 3、保护管 2 和接线盒 1 组成。普通型热电偶按其安装时的连接形式可分为固定螺纹连接、固定法兰连接、活动法兰连接和无固定装置等多种形式。

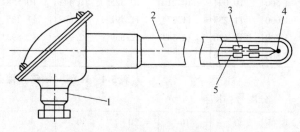

图 5-4　普通型热电偶结构
1—接线盒　2—保护管　3—绝缘套管
4—热端　5—热电极

　　（2）铠装型热电偶：铠装型热电偶又称套管热电偶其结构如图 5-5 所示，由热电偶丝 3、7，绝缘基板 2 和金属套管三者经拉伸加工而成的坚实组合体。它可以做得很细、很长，使用中能根据需要任意弯曲。铠装型热电偶的主要优点是测温端热容量小、动态响应快、机械强度高和绕性好，可安装在结构复杂的装置上，因此被广泛用在许多工业部门中。

　　（3）薄膜热电偶：薄膜热电偶是由两种薄膜热电极材料用真空蒸镀、化学涂层等办法蒸镀到绝缘基板上而制成的一种特殊热电偶，如图 5-6 所示。薄膜热电偶的热接点可以做得很小（可薄到 $0.01 \sim 0.1\mu m$），具有热容量小和反应速度快等特点，热响应时间达到微秒级，适用于微小面积上的表面温度以及快速变化的动态温度测量。

　　5. 热电偶的补偿导线及冷端温度的补偿方法　当热电偶材料选定以后，热电动势只与热端和冷端温度有关。因此，只有当冷端温度恒定时，热电偶的热电动势和热端温度才有单值的函数关系。此外，热电偶的分度表是以冷端温度 0℃ 为基准进行分度的，而在实际使用过程中，冷端温度一般不为 0℃，所以必须对冷端温度进行处理，消除冷端温度的影响。

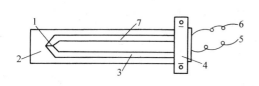

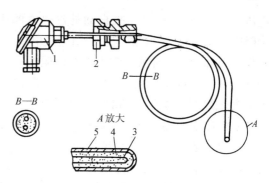

图 5-5　铠装型热电偶

1—测量端　2—绝缘基板　3、7—热电偶丝

4—接头夹具　5、6—引出线

图 5-6　薄膜热电偶

1—接线盒　2—连接器　3—热电极

4—绝缘材料　5—保护套管

（1）热电偶的补偿导线：在实际测温时，需要将热电偶输出的电动势信号传输到远离现场数十米远的控制室里的显示仪表或控制仪表，这样，冷端温度 t_0 比较稳定。热电偶一般做得较短，一般为 $350 \sim 2\,000\text{mm}$，需要用导线将热电偶的冷端延伸出来。工程中采用一种补偿导线，它通常由两种不同性质的廉价金属导线制成，而且在 $0 \sim 100\text{℃}$ 温度范围内，要求补偿导线和所配热电偶具有相同的热电特性。常用热电偶的补偿导线见表5-6。

表 5-6　常用热电偶的补偿导线

补偿导线型号	配用的热电偶分度号	补偿导线		补偿导线颜色	
		正极	负极	正极	负极
SC	S（铂铑$_{10}$-铂）	SPC（铜）	SNC（铜镍）	红	绿
KC	K（镍铬-镍硅）	KPC（铜）	KNC（铜镍）	红	蓝
KX	K（镍铬-镍硅）	KPX（镍铬）	KNX（镍硅）	红	黑
EX	E（镍铬-铜镍）	EPX（镍铬）	ENX（铜镍）	红	棕
JX	J（铁-铜镍）	JPX（铁）	JNX（铜镍）	红	紫
TX	T（铜-铜镍）	TPX（铜）	TNX（铜镍）	红	白

（2）冷端温度修正法：冷端温度 $t_0 \neq 0\text{℃}$，需要对热电偶回路的测量电动势值 $e_{AB}(t, t_0)$ 加以修正。当工作端温度为 t 时，分度表所对应的热电动势 $e_{AB}(t, 0)$ 与热电偶实际产生的热电动势 $e_{AB}(t, t_0)$ 之差为 $e_{AB}(t, 0)$。$e_{AB}(t, 0)$ 是参考端温度 t_0 的函数，经修正后的热电动势为 $e_{AB}(t, 0)$，可由分度表中查出被测实际温度值 t。

例如，用镍铬-镍硅热电偶测量加热炉温度，已知冷端温度 $t_0 = 30\text{℃}$，测得热电动势 $e_{AB}(t, t_0)$ 为 33.29mV，求加热炉温度。

解：查镍铬 - 镍硅热电偶分度表得 $e_{AB}(30, 0) = 1.203\text{mV}$，由式（5-2）可得

$$e_{AB}(t, 0) = e_{AB}(t, t_0) + e_{AB}(t_0, 0) = 33.29\text{mV} + 1.203\text{mV} = 34.493\text{mV}$$

由镍铬-镍硅热电偶分度表得 $t = 829.5\text{℃}$。

（3）冷端0℃恒温法：在实验室及精密测量中，通常把热电偶的冷端放入0℃恒温器或装满冰水混合物的容器中，以使冷端温度保持0℃，这种方法又称冰浴法。这是一种理想的补偿方法，但在工业中使用极为不便。

（4）冷端温度自动补偿法（补偿电桥法）：补偿电桥法是利用不平衡电桥产生的不平衡

电压 U_{ab} 作为补偿信号，来自动补偿热电偶测量过程中因冷端温度不为0℃或变化而引起热电动势的变化。补偿电桥如图5-7所示，它由3个电阻温度系数较小的锰铜丝绕制的电阻 R_1、R_2、R_3 及电阻温度系数较大的铜丝绕制的电阻 r_{Cu} 和稳压电源组成。补偿电桥与热电偶冷端处在同一环境温度，当冷端温度变化引起的热电动势 e_{AB} (t, t_0) 变化时，由于 R_{Cu} 的阻值随冷端温度变化而变化，适当选择桥臂电阻和桥路电流，就可以使电桥产生的不平衡电压 U_{ab} 补偿由于冷端温度 t_0 变化引起的热电动势变化量，从而达到自动补偿的目的。

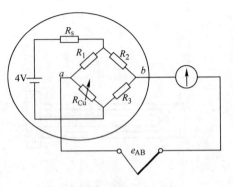

图5-7 补偿电桥

e_{AB}—热电势 R_s—电源内阻

6. 热电偶测温线路　用热电偶测温时，可以直接与显示仪表（如电子电位差计和数字表等）配套使用，也可与温度变送器配套，转换成标准电流信号，图5-8为热电偶典型测温线路。如用一台显示仪表显示多点温度时，可按图5-9连接，这样可节约显示仪表和补偿导线。

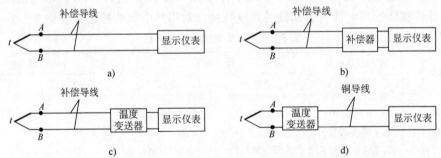

图5-8　热电偶典型测温线路

a）普通测温线路　b）带有补偿器的测温线路

c）具有温度变送器的测温线路　d）具有一体化温度变送器的测温线路

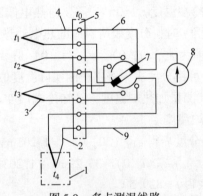

图5-9　多点测温线路

1—恒温箱　2—辅助热电偶　3—主热电偶

4—补偿导线　5—接线端子排　6、9—铜导线

7—切换开头　8—显示仪表

5.1.2 热电阻

热电阻传感器是利用导体或半导体的电阻值随温度变化而变化的原理进行测温的。热电阻传感器分为金属热电阻和半导体热电阻两大类，一般把金属热电阻称为热电阻，而把半导体热电阻称为热敏电阻。热电阻广泛用来测量 $-200 \sim 850℃$ 范围内的温度，少数情况下，低温可测量至 $-200℃$，高温达 $1\,000℃$。标准铂电阻温度计的精确度高，可作为复现国际温标的标准仪器。

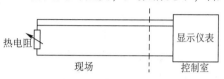

图 5-10　热电阻传感器

热电阻传感器由热电阻、连接导线及显示仪表组成，如图 5-10 所示。热电阻也可与温度变送器连接，转换为标准电流信号输出。

1. 常用热电阻　用于制造热电阻的材料应具有尽可能大和稳定的电阻温度系数和电阻率、R-t 关系最好为线性、物理化学性能稳定和复现性好等。目前，最常用的热电阻有铂热电阻和铜热电阻。

（1）铂热电阻：铂热电阻的特点是精度高、稳定性好、性能可靠，故其在温度传感器中得到了广泛应用。按 IEC 标准，铂热电阻的使用温度范围为 $-200 \sim 850℃$。

目前，我国规定工业用铂热电阻有 10Ω 和 100Ω 两种，它们的分度号分别为 Pt 10 和 Pt 100，其中以 Pt 100 最为常用。铂热电阻不同分度号也有相应分度表，即 R_t-t 关系表，这样在实际测量

图 5-11　工业用铂热电阻体结构
1—铆钉　2—铂丝　3—骨架　4—银导线

中，只要测得热电阻的阻值，便可从分度表上查出对应的温度值。Pt 100 的分度表见表 5-7。

工业用铂电阻体的结构如图 5-11 所示，一般由直径为 $0.03 \sim 0.07$ mm 的纯铂丝绕在平板形支架上，用银导线作引出线。

表 5-7　铂电阻分度表

分度号：Pt100　　　　　　　　　　　　　　　　　　　　　　　　　　　　$(R_0 = 100\Omega)$

温度/℃	0	10	20	30	40	50	60	70	80	90
	电阻值/Ω									
-200	18.49	56.19	52.11	48.00	43.87	39.71	35.53	31.32	27.08	22.90
-100	60.25	96.09	92.16	88.22	84.27	80.31	76.33	72.33	68.33	64.30
0	100.0	103.90	107.79	111.67	115.54	119.40	123.24	127.07	130.89	134.70
100	138.5	142.29	146.06	149.82	153.58	157.31	161.04	164.76	168.46	172.16
200	175.84	179.51	183.17	186.82	190.45	194.07	197.69	201.29	204.88	208.45
300	212.02	215.57	219.12	222.65	226.17	229.67	233.17	236.65	240.13	243.59
400	247.04	250.48	253.90	257.32	260.72	264.11	267.49	270.86	274.22	277.56
500	280.90	284.22	287.53	290.83	294.11	297.39	300.65	303.91	307.15	310.38
600	313.59	316.80	319.99	323.18	326.35	329.51	332.66	335.79	338.92	342.03
700	345.13	348.22	351.30	354.37	357.37	360.47	363.50	366.52	369.53	372.52
800	375.51	378.48	381.45	384.40	387.34	390.26				

（2）铜热电阻：由于铂是贵重金属，因此，在一些测量精度要求不高且温度较低的场合，可采用铜热电阻进行测温，它的测量范围为 $-50 \sim 150℃$。铜热电阻在测量范围内其电阻与温度的关系几乎是线性的，可近似表示为

$$R_t = R_0(1 + \alpha t) \tag{5-3}$$

式中 R_t——随温度变化的电阻；

R_0——$t = 0$ 时的电阻；

t——温度；

α——铜热电阻的电阻温度系数，$\alpha = 4.28 \times 10^{-3}$。

铜热电阻有两种分度号，分别为 Cu 50（$R_0 = 50\Omega$）和 Cu 100（R 100 $= 100\Omega$）。分度表见表 5-8 和 5-9。

表 5-8　铜电阻分度表

分度号：Cu50

温度/℃	0	10	20	30	40	50	60	70	80	90
	电阻值/Ω									
−0	50.00	47.85	45.70	43.55	41.40	39.24	—	—	—	—
0	50.00	52.14	54.28	56.42	58.56	60.70	62.84	64.98	67.12	69.26
100	71.40	73.54	75.68	77.83	79.98	82.13	—	—	—	—

表 5-9　铜电阻分度表

分度号：Cu100

温度/℃	0	10	20	30	40	50	60	70	80	90
	电阻值/Ω									
−0	100.00	95.70	91.40	87.10	82.80	78.49	—	—	—	—
0	100.00	104.28	108.56	112.84	117.12	121.40	125.68	129.96	134.24	138.52
100	142.80	147.08	151.36	155.66	159.96	164.27	—	—	—	—

铜热电阻线性好、价格便宜，但它测量范围窄、易氧化，不宜在腐蚀性介质或高温环境下工作。

铜热电阻体的结构如图 5-12 所示。通常用直径为 0.1mm 的漆包线或丝包线双线绕制，而后浸以酚醛树脂成为一个铜电阻体，再用镀银铜线作引出线，穿过绝缘套管。

图 5-12　铜热电阻体结构

1—引出线　2—补偿线阻

3—铜热电阻丝　4—引出线

2. 热电阻的测量电路与应用举例

（1）测量电路：在实际的温度测量中，常用电桥作热电阻的测量电路。由于热电阻的电阻值很小，所以导线电阻值不可忽视。例如，50Ω 的铂电阻，若导线电阻为 1Ω，将会产生 5℃ 的测量误差，为了解决这一问题，可采用如图 5-13a 所示的三线式电桥连接测量电路。图中 R_t 为热电阻，r_1、r_2、r_3 为引线电阻；R_1、R_2 为两桥臂电阻取 $R_1 = R_2$，R_3 为调整电桥的精密电阻。由于测量仪表 M 内阻很大，流过 r_3 的电流接近于 0，当 $U_A = U_B$ 时，电桥平衡，调节 R_3，使 $r_1 + R_t = r_2 + R_3$，就可消除引线电阻的影响。

为了高精度地测量温度，可将电阻测量仪设计成如图 5-13b 所示的四线式测量电路。图中 I 为恒流源，$r_1 \sim r_4$ 是导线电阻，R_t 为热电阻，V 为电压表。电压表 V 指示的值将是热电阻 R_t 的电压降，根据此电压降可间接地测出温度变化。

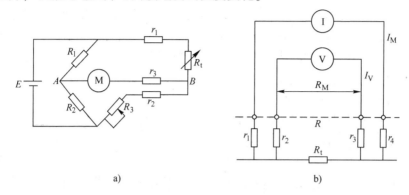

图 5-13　测量电路

a）三线式电桥连接测量电路　b）四线电阻测量电路

R_M—电压表两端等效电阻　I_V—通过电压表电流

I_M—通过恒流源电流

（2）应用举例：用热电阻测量真空度。把铂电阻丝装入与介质相通的玻璃管内，并通以较大的恒定电流加热。当被测介质的真空度升高时，气体分子间碰撞进行热传递的能力降低，即导热系数减小，铂丝的电阻值随即增大。为了避免环境温度变化对测量结果的影响，通常设有恒温或温度补偿装置，一般可测到 10^{-3} Pa。

图 5-14 所示的电路为铂电阻作为温度传感器的电桥和放大电路。当温度变化时，电桥处于不平衡状态，在 a、b 两端产生与温度相对应的电位差。该电桥为直流电桥，其输出电压 U_{ab} 为 0.73mV/℃。U_{ab} 经比例放大器放大后，其增益为 A/D 转换器所需要的 0～5V 直流电压。图中 D_3 和 D_4 是放大器的输入保护二极管，R_{12} 用于调整放大倍数。放大后的信号经 A/D 转换器转换成相应的数字信号，以便与微机接口相连。

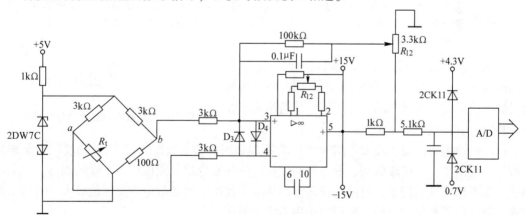

图 5-14　铂电阻测温电路

5.1.3　热敏电阻

热敏电阻是半导体测温元件，按温度系数可分为负温度系数热敏电阻（NTC）和正温度系数热敏电阻（PTC）两大类。

1. 测温原理及特性　NTC 热敏电阻研制得较早，也较成熟。最常见的是由金属氧化物组成的，如由锰、钴、铁、镍和铜等多种氧化物混合烧结而成。

根据不同的用途，NTC 又可以分为两大类。第一类用于测量温度，它的电阻值与温度之间为负指数关系；另一类为负的突变型，当其温度上升到某设定值时，其电阻值突然下降，多用于各种电子线路中抑制浪涌电流，起保护作用。图 5-15 中的曲线 2 和曲线 1 分别为负指数型和负突变型的温度-电阻特性曲线。

典型的 PTC 热敏电阻通常是在钛酸钡陶瓷中加入施主杂质以增大电阻温度系数。它的温度-电阻特性曲线为非线性，见图 5-15 中的曲线 4。它在电子线路中多起限流和保护作用。当流过 PTC 的电流超过一定限度或 PTC 感受到的温度超过一定限度时，其电阻值突然增大。

近年来，还研制出了用本征锗或本征硅材料制成的线性 PTC 热敏电阻，其线性度和互换性均较好，可用于测温。图 5-15 中的曲线 3 为其温度-电阻特性曲线。

热敏电阻按结构形式可分为体形、薄膜型和厚膜型三种；按工作方式可分为直热式、旁热式和延迟式三种；按工作温区可分为常温区（-60 ~ +200℃）、高温区（>200℃）和低温区三种。热敏电阻可根据使用要求，封装加工成各种形状的探头，如珠形、片形、杆形、锥形和针形等，如图 5-16 所示。

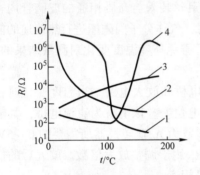

图 5-15　热敏电阻的特性曲线
1—突变型 NTC　2—负指数型 NTC
3—线性型 PTC　4—突变型 PTC

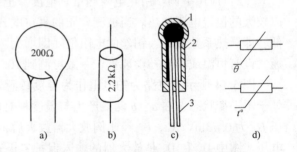

图 5-16　热敏电阻的结构外形与符号
a) 圆片形　b) 柱形　c) 珠形　d) 热敏电阻符号
1—热敏电阻　2—玻璃外壳　3—引出线

2. 热敏电阻的应用　热敏电阻具有尺寸小、响应速度快、阻值大和灵敏度高等优点，因此在许多领域得到广泛应用。根据产品型号不同，其适用范围也各不相同，具体有以下三个方面。

图 5-17　热敏电阻温度计的原理图

（1）热敏电阻测温：热敏电阻温度计的原理如图 5-17 所示。作为测量温度的热敏电阻一般结构较简单、价格较低廉。没有外面保护层的热敏电阻只能应用在干燥的地方。密封的热敏电阻不怕湿气的侵蚀，可以在较恶劣的环境下使用。因热敏电阻的阻值较大，故可忽略其连接导线电阻和接触电阻，使用时采用二线制即可。

（2）热敏电阻用于温度补偿：热敏电阻可在一定的温度范围内对某些元件进行温度补偿。例如，动圈式表头中的动圈由铜线绕制而成。当温度升高时，仪表电阻增大，引起测量误差。可在动圈回路中串入由负温度系数热敏电阻组成的电阻网络，从而抵消由于温度变化所产生的误差。在晶体管电路中也常用热敏电阻补偿电路，补偿由于温度引起的漂移误差，如图 5-18 所示。

为了对热敏电阻的温度特性进行线性化补偿，可采用串联或并联一个固定电阻的方式，如图 5-19 所示。

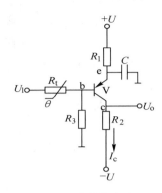

图 5-18　温度补偿电路

（3）热敏电阻用于温度控制：热敏电阻用途十分广泛，如空调、干燥器、热水取暖器和电烘箱箱体温度检测等都用到热敏电阻。其中，继电保护和温度上下限报警就是最典型的应用。

1）继电保护。将突变型热敏电阻埋设在被测物中，并与继电器串联，给电路加上恒定电压。当周围介质温度升到某一定数值时，电路中的电流可以由十分之几毫安突变为几十毫安，继电器动作，从而实现温度控制或过热保护。用热敏电阻作为电动机过热保护的热继电器原理如图 5-20 所示。把 3 支特性相同的热敏电阻 R_{t1}、R_{t2} 和 R_{t3} 放在电动机绕组中，紧靠绕组处每相各放一支，滴上万能胶固定。经测试，在 20℃ 时其阻值为 10kΩ，100℃ 时为 1kΩ，110℃ 时为 0.6kΩ。电机正常运行时温度较低，晶体管 V 截止，继电器 J 不动作。当电动机过负荷、断相或一相接地时，电动机温度急剧升高，使热敏电阻阻值急剧减小到一定值后，晶体管 V 导通，继电器 J 吸合，使电动机工作回路断开，实现保护作用。根据电动机各种绝缘等级的允许升温值来调节偏流电阻 R_2 值便可确定晶体管 V 的动作点。

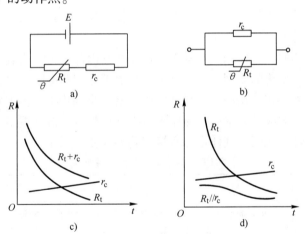

图 5-19　线性化补偿电路

a）串联补偿电路　b）并联补偿电路　c）串联补偿电路
电阻的特性曲线　d）并联补偿电路电阻的特性曲线

2）温度上下限报警。如图 5-21 所示，此电路中采用运算放大器构成迟滞电压比较器，晶体管 V_1 和 V_2 根据运算放大器输入状态导通或截止。R_t、R_1、R_2、R_3 构成一个输入电桥，则

$$U_{ab} = U\left(\frac{R_1}{R_1 + R_t} - \frac{R_3}{R_3 + R_2}\right)$$

式中　　　　U_{ab}——电桥输出电压；

　　　　　　U——加在电桥上的电源电压；

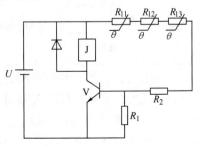

图 5-20　热继电器原理图

R_1、R_2、R_3——固定桥臂电阻；

R_t——热敏电阻。

当 t 升高时，R_t 减少，此时 $U_{ab} > 0$，即 $U_a > U_b$，V_1 导通，LED$_1$ 发光报警；当 t 下降时，R_t 增加，此时 $U_{ab} < 0$，即 $U_a < U_b$ 时，V_2 导通，LED$_2$ 发光报警；当 t 等于设定值时，$U_{ab} = 0$，即 $U_a = U_b$，V_1 和 V_2 都截止，LED$_1$ 和 LED$_2$ 都不发光。

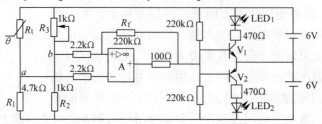

图 5-21　温度上下限报警电路

5.2　气敏传感器

气敏传感器是用来测量气体的类别、浓度和成分的传感器。由于气体种类繁多，性质各不相同，不可能用一种传感器检测所有类别的气体，因此，能实现气-电转换的传感器种类很多。气敏传感器按其构成材料不同，可分为半导体和非半导体两大类。目前，实际使用最多的是半导体气敏传感器。

按照半导体与气体的相互作用是在其表面还是在其内部，可分为表面电阻控制型和体控制型两类；按照半导体变化的物理性质，又可分为电阻型和非电阻型两种。半导体气敏元器件的详细分类可参见表 5-10。电阻型半导体气敏元器件是利用半导体材料接触气体时，其阻值发生改变来检测气体的成分或浓度；非电阻型半导体气敏元器件根据其对气体的吸附和反应，使其某些有关特性变化而对气体进行直接或间接检测。

表 5-10　半导体气敏元器件分类

类　型	主要物理特性	类　型	气敏元器件	检　测　气　体
电阻型	电阻	表面控制型	SnO_2 和 ZnO 等的烧结体、薄膜、厚膜	可燃性气体
		体控制型	$La_{1-x}SrCoO_3$	酒精
			T-Fe_2O_3，氧化钛（烧结体）	可燃性气体
			氧化镁，SnO_2	氧气
非电阻型	二极管整流特性	表面控制型	铂-硫化镉、铂-氧化钛（金属-半导体结型二极管）	氢气、一氧化碳
				酒精
	晶体管特性		铂栅、钯栅 MOS 场效应晶体管	氢气、硫化氢

SnO_2（氧化锡）敏感材料是目前应用最多的一种气敏材料，它已被广泛地应用于工矿企业、民用住宅和宾馆饭店等对可燃和有害气体的检测。因此，本节将以较多的篇幅介绍 SnO_2 气敏材料的气敏传感器。

1. 电阻型半导体气敏传感器的结构　气敏传感器通常由气敏元器件、加热器和封装体等三部分组成。

（1）气敏元器件按照制造工艺分类：可分为烧结型、薄膜型和厚膜型三类，典型结构如图 5-22 所示。

1）烧结型气敏器件。如图 5-22a 所示，这类器件以 SnO_2 半导体材料为基体，将铂电极和加热丝埋入 SnO_2 材料中，用加热、加压和温度为 700～900°C 的制陶工艺烧结成形，因此被称为半导体导瓷，简称半导瓷。半导瓷内的晶粒直径约为 $1\mu m$，晶粒的大小对电阻有一定影响，但对气体检测灵敏度则无很大的影响。烧结型器件制作方法简单、器件寿命长，但由于烧结不充分，器件机械强度不高，电极材料较贵重，电性能一致性也较差，应用受到一定的限制。

2）薄膜型气敏元器件。如图 5-22b 所示，这类器件采用蒸发或溅射工艺，在石英基片上形成氧化物半导体薄膜（其厚度小于 $10^{-7}m$），制作方法简单。实验证明，SnO_2 半导体薄膜的气敏特性最好，但这种半导体薄膜为物理性附着，器件间性能差异较大。

3）厚膜型气敏器件。如图 5-22c 所示，这类器件是将 SnO_2 或 ZnO 等材料与 3%～15%（质量分数）的硅凝胶混合制成能印刷的厚膜胶，把厚膜胶用丝网印制到装有铂电极的氧化铝（Al_2O_3）或氧化硅（SiO_2）等绝缘基片上，再经 400～800°C 温度烧结 1h 制成。这种工艺制成的元件离散度小、机械强度高，适合大批量生产，是一种很有前途的器件。

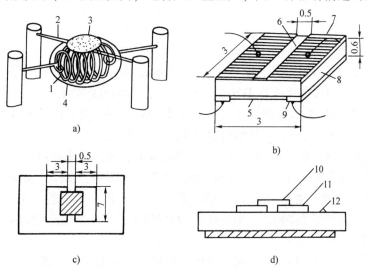

图 5-22　半导体传感器的器件结构

a）烧结型气敏元器件　b）薄膜型气敏元器件

c）厚膜型器件　d）厚膜型器件结构

1、5、13—加热器　2、7、9、11—电极　3—烧结体温表　4—玻璃

6、10—半导体　8、12—绝缘基片

加热器的作用是将附着在敏感元件表面上的尘埃和油雾等烧掉，加速气体的吸附，提高敏感元件的灵敏度和响应速度。加热器的温度一般控制在 200～400°C。

（2）气敏器件按照加热方式分类：加热方式一般有直热式和旁热式两种，因而形成了直热式和旁热式气敏元器件。

1）直热式是将加热丝直接埋入 SnO_2 和 ZnO 粉末中烧结而成，因此，直热式常用于烧结型气敏结构。直热式结构如图 5-23a、b 所示。

直热式结构的气敏传感器的优点是制造工艺简单、成本低、功耗小，可以在高电压回路

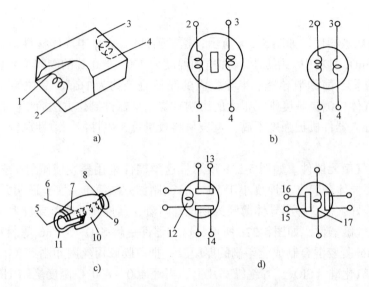

图 5-23 气敏元器件结构与符号

a) 直热式结构 b) 直热式符号 c) 旁热式结构 d) 旁热式符号

1~4、7、9、13~16—电极 5、12、17—加热丝

6、8—引线 10—SnO$_2$ 烧结体 11—绝缘瓷管

中使用；它的缺点是热容量小，易受环境气流的影响，测量回路和加热回路间没有隔离而相互影响，国产 QN 型和日本费加罗 TGS109 型气敏传感器均属此类结构。

2）旁热式是将加热丝和敏感元件同置于一个陶瓷管内，管外涂梳状金电极作测量极，在金电极外再涂上 SnO$_2$ 等材料，其结构如图 5-23c、d 所示。

旁热式结构的气敏传感器克服了直热式结构的缺点，使测量极和加热极分离，而且加热丝不与气敏材料接触，避免了测量回路和加热回路的相互影响；器件热容量大，降低了环境温度对器件加热温度的影响，所以这类结构器件的稳定性和可靠性比直热式的好。国产 QM—N5 型和日本费加罗 TGS812 和 TGS813 等型气敏传感器都采用这种结构。

2. 气敏元器件的基本特性

气敏元器件的阻值 R_C 与空气中被测气体的浓度 C 为对数关系，即

$$\log R_C = m \log C + n$$

式中　　n——气体检测灵敏度有关，除了随材料和气体种类不同而变化外，还会由于测量温度和添加剂的不同而发生大幅度变化；

　　　　m——气体的分离度，随气体浓度变化而变化，对于可燃性气体，$1/3 \leqslant m \leqslant 1/2$。

（1）SnO$_2$ 系：在气敏材料 SnO$_2$ 中添加铂（Pt）或钯（Pd）等作为催化剂，可以提高其灵敏度和对气体的选择性。添加剂的成分和含量、元件的烧结温度和工作温度都将影响元件的选择性。例如，在同一工作温度下，添加剂钯的质量分数为 1.5% 时，元件对 CO 最灵敏，而钯的质量分数为 0.2% 时，元件却对 CH$_4$ 最灵敏；又如，同一含量 Pt 的气敏元器件，在 200℃ 以下时检测 CO 效果最好，而在 300℃ 时则检测丙烷，在 400℃ 以上时检测甲烷最佳。实验证明：在 SnO$_2$ 中添加 ThO$_2$（氧化钍）的气敏元器件，不仅对 CO 的灵敏度远高于其他气体，而且其灵敏度随时间产生周期性的振荡现象（见图 5-24）。同时，该气敏元器件在不同体积分数的 CO 气体中的幅频特性也不一样，如图 5-25 所示。虽然目前尚不明确其机

理，但可利用这一现象对 CO 的浓度作精确的定量检测。

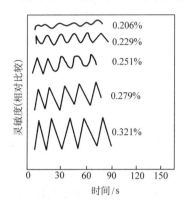

图 5-24 添加 ThO$_2$ 的 SnO$_2$
气敏元器件在不同体积分数的
CO 气体中的灵敏度及振荡特性

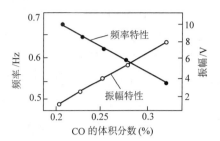

图 5-25 添加 ThO$_2$ 的 SnO$_2$
气敏元器件在不同体积分数的 CO
气体中的幅频特性
注：工作温度为 200°C，添加 1%
（质量分数）的 ThO$_2$。

SnO$_2$ 气敏元器件易受环境温度和湿度的影响，图 5-26 给出了 SnO$_2$ 气敏元器件受环境温度和湿度影响的综合特性曲线，图中 RH 为相对湿度。由于环境温度和湿度对其特性有影响，所以使用时通常需要进行温度补偿。

（2）ZnO 系：ZnO（氧化锌）系气敏元器件对还原性气体有较高的灵敏度。它的工作温度比 SnO$_2$ 系气敏元器件约高 100°C，因此不及 SnO$_2$ 系

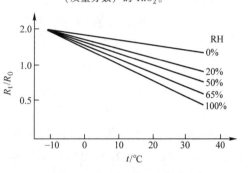

图 5-26 SnO$_2$ 气敏电阻温湿特性

元件应用普遍。同样，要提高 ZnO 系元件对气体的选择性，也需要添加铂（Pt）和钯（Pd）等添加剂。例如，在 ZnO 中添加 Pd，则对 H$_2$ 和 CO 呈现出高的灵敏度，而对丁烷（C$_4$H$_{10}$）、丙烷（C$_3$H$_8$）和乙烷（C$_2$H$_6$）等烷烃类气体则灵敏度很低，如图 5-27a 所示。如

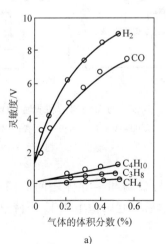

a)

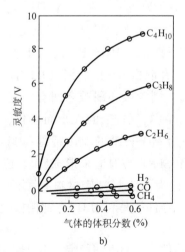

b)

图 5-27 ZnO 系气敏元器件的灵敏度特性
a）ZnO 添加 Pd 灵敏度特性　b）ZnO 添加 Pt 灵敏度特性

果在 ZnO 中添加 Pt 则对烷烃类气体有很高的灵敏度，而且含碳量越多，灵敏度越高，而对 H_2、CO 等气体则灵敏度很低，如图 5-27b 所示。

3. 非电阻型气敏器件　非电阻型气敏元器件也是半导体气敏传感器之一。它是利用 MOS 二极管的电容-电压特性的变化以及 MOS 场效应晶体管（MOSFET）的阈值电压的变化等物理特性而制成的气敏元器件。由于这类器件的制造工艺成熟，便于器件集成化，因而其性能稳定，且价格便宜。利用特定材料还可以使器件对某些气体物质特别敏感。

（1）MOS 二极管气敏元器件：MOS 二极管气敏元器件是在 P 型半导体硅片上，利用热氧化工艺生成一层厚度为 50 ～ 100nm 的二氧化硅（SiO_2）层，然后在其上面蒸发一层钯（Pd）的金属薄膜，作为栅电极，如图 5-28a 所示。由于 SiO_2 层电容 C_a 固定不变，而 Si 和 SiO_2 界面电容 C_S 是外加电压的函数，其等效电路如图 5-28b 所示。由等效电路可知，总电容 C 也是栅偏压的函数。其函数关系称为该类 MOS 二极管的 C-V 特性。由于钯对氢气（H_2）特别敏感，当钯吸附了 H_2 以后，会使钯的功函数降低，导致 MOS 管的 C-V 特性向负偏压方向平移，如图 5-28c 所示，根据这一特性就可测定 H_2 的浓度。

（2）钯-MOS 场效应晶体管气敏元器件：钯-MOS 场效应晶体管（Pd-MOSFET）与普通 MOSFET 的结构如图 5-29 所示。从图可知，它们的主要区别在于栅极 G。Pd-MOSFET 的栅电极材料是钯（Pd），而普通 MOSFET 为铝（Al）。因为 Pd 对 H_2 有很强的吸附性，H_2 吸附在 Pd 栅极上引起 Pd 的功函数降低。根据 MOSFET 工作原理可知，当栅极（G）和源极（S）之间加正向偏压 V_{GS}，且 $V_{GS} > V_T$（阈值电压）时，则栅极氧化层下面的硅从 P 型变为 N 型。这个 N 型区就将源极和漏极连接起来，形成导电通道，即为 N 型沟道。此时，MOSFET 进入工作状态。若此时，在源极（S）和漏（D）极之间加电压 V_{DS}，则源极和漏极之间有电流（I_{DS}）流通。I_{DS} 随 V_{DS} 和 V_{GS} 的大小而变化，其变化规律即为 MOSFET 的 V-A 特性；当 $V_{GS} < V_T$ 时，MOSFET 的沟道未形成，故无

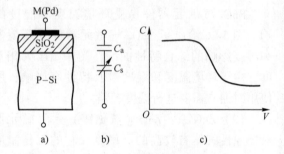

图 5-28　MOS 二极管结构和等效电路
a）结构　b）等效电路　c）C-V 特性曲线

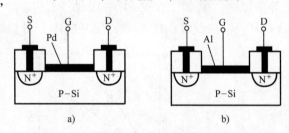

图 5-29　Pd-MOSFET 和普通 MOSFET 的结构
a）Pd—MOSFET 结构　b）普通 MOSFET 结构
S—源极　G—栅极　D—漏极

漏源电流。V_T 的大小除与衬底材料有关外，还与金属和半导体之间的功函数有关。Pd-MOSFET 气敏元器件就是利用 H_2 在钯栅极上吸附后引起阈值电压 V_T 下降这一特性来检测 H_2 浓度。

由于这类器件特性尚不够稳定，用 Pd-MOSFET 和 Pd-MOS 二极管定量检测 H_2 浓度还不成熟，只能作 H_2 的泄漏检测。

4. 气敏传感器的应用　半导体气敏传感器由于具有灵敏度高、响应时间短、恢复时间

快、使用寿命长以及成本低等优点而得到了广泛的应用。按其用途可分为以下几种类型；气体泄露报警、自动控制和自动测试等。表 5-11 给出了半导体气敏传感器的应用场所。

表 5-11　半导体气敏传感器的各种检测对象气体

分　类	检测对象气体	应用场所
爆炸性气体	液化石油气、城市用煤气	家庭
	甲烷	煤矿
	可燃性煤气	办事处
有毒气体	一氧化碳（不完全燃烧的煤气）	煤气灶
	硫化氢、含硫的有机化合物	特殊场所
	卤素、卤化物、氨气等	特殊场所
环境气体	氧气（防止缺氧）	家庭、办公室
	二氧化碳（防止缺氧）	家庭、办公室
	水蒸气（调节温度、防止结露）	电子设备、汽车
	大气污染（SO_X、NO_X 等）	温室
工业气体	氧气（控制燃烧、调节空气燃料比）	发电机、锅炉
	一氧化碳（防止不完全燃烧）	发电机、锅炉
	水蒸气（食品加工）	电炊灶
其他	呼出气体中的酒精和烟等	

气敏传感器主要用于报警器及控制器。作为报警器，当被测气体浓度超过报警浓度时，发出声、光报警；作为控制器，当被测气体浓度超过设定浓度时，输出控制信号，由驱动电路带动继电器或其他元件完成控制动作。

（1）自动排风扇控制器：当厨房由于油烟污染或由于液化石油气泄漏（或其他燃气）达到一定浓度时，自动排风扇控制器能自动开启排风扇，净化空气，防止事故。

自动排风扇控制器电路如图 5-30 所示，该电路采用 QM—N10 型气敏传感器，它对天然气、煤气、液化石油气有较高的灵敏度，并且对油烟也敏感。传感器的加热电压直接由变压器次级（6V）经 R_{12} 降压提供；工作电压由全波整流后，经 C_1 滤波及 R_1、VD_5 稳压后提供。传感器负载电阻由 R_2 及 R_3 组成（更换 R_3 大小，可调节控制信号与待测气体的浓度的关系）。R_4、VD_6、C_2 及与非门 IC_1 组成开机延时电路，调整正时电路，使其延时为 60s 左右（防止初始稳定状态误动作）。当被测气体浓度达报警浓度时，IC_1 的 2 端为高电平，使 IC_4 输出高电平，此信号使 V_2 导通，继电器 J 吸合（启动排气扇）；同时，R_4、VD_6、C_2 及 IC_1

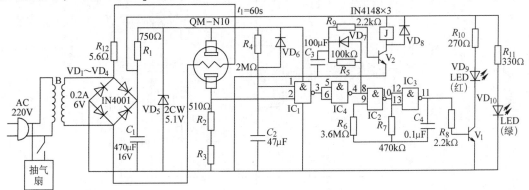

图 5-30　自动排风扇控制器电路

又组成排气扇延迟停电电路，使 IC$_4$ 出现低电平后10s 才使继电器 J 释放；另外，IC$_4$ 输出高电平使 IC$_2$、IC$_3$ 组成的振荡器起振，其输出使 V$_1$ 导通或截止交替出现，则 LED（红色）产生闪光报警信号。LED（绿色）为工作指示灯。

（2）简易酒精测试器：简易酒精测试电路如图 5-31 所示，该电路中采用 TGS812 型酒精传感器，对酒精有较高的灵敏度（对一氧化碳也敏感）。其加热及工作电压都是 5V，加热电流约 125mA。传感器的负载电阻为 R_1 及 R_2，其输出直接接 LED 显示驱动器 LM3914。当无酒精蒸气时，TGS8D 型酒精传感器的输出电压很低，随着酒精蒸气浓度的增加，其输出电压也上升，则 LM3912 的 LED（共 10 个）亮的数目也增加。

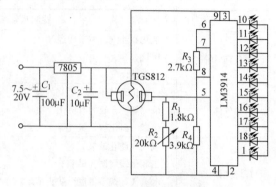

图 5-31　简易酒精测试电路

此测试器工作时，人只要向传感器呼一口气，根据 LED 亮的数目便可知被测人是否喝酒，并可大致了解其饮酒多少。调试方法是让在 24h 内不饮酒的人呼气，调节变阻器 R_2，使 LED 中仅 1 个发光，然后将 R_2 调小（稍小一点）即可。若更换其他型号传感器时，参数要改变。

（3）化学实验室有害气体鉴别：有害气体鉴别器的电路如图 5-32 所示，图中 MQS2B 是烟雾和有害气体传感器，平时阻值较高（约 10kΩ）。当有烟雾或有害气体进入时，传感器 MGS2B 阻值急剧下降。MQS2B 的 A、B 两端电压下降时，+12V 电压经 MQS2B 的压降减少，使得 B 端的电压升高，经电阻 R_1 和 RP 分压、R_2 限流加到开关集成电路 TWH8778 的 5 端。当 TWH8778 的 5 端电压达到预定值时，其 1、2 两端导通。调节电位器 RP 可改变 TWH8778 的 5 端的电压预定值，从而调节其灵敏度，使 1、2 两端导通。+12V 电压加至继电器，使继电器得电，触点 J$_{1-1}$ 吸合，从而控制排风扇电源的开关，使排风扇自动排风。同时 TWH8778 的 2 端输出的 +12V 电压经 R_4 限流和二极管 VD$_3$（5V）稳压后提供微音器 HTD 电源电压，此微音器是有源的（自带音源），此时便会发出嘀嘀声，由此可知是否有有害气体产生。同时，发光二极管 VD$_1$ 发出红光，实现声光显示。

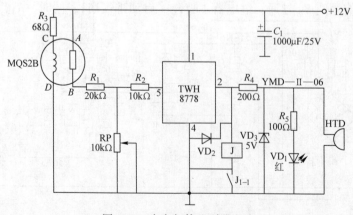

图 5-32　有害气体鉴别器电路

5.3 湿敏传感器

湿度是指大气中的水蒸气含量,通常采用绝对湿度和相对湿度两种表示方法。绝对湿度是指在一定温度和压力条件下,每单位体积的混合气体中所含水蒸气的质量,单位为 g/m^3,一般用符号 AH 表示;相对湿度是指气体的绝对湿度与同一温度下达到饱和状态的绝对湿度之比,一般用符号%RH 表示。相对湿度给出大气的潮湿程度,它是一个无量纲的量,在实际使用中多使用相对湿度这一概念。

湿敏传感器是能够感受外界湿度变化,并通过器件材料的物理或化学性质变化,将湿度转化成有用信号的器件。湿度检测较之其他物理量的检测显得困难,这首先是因为空气中水蒸气含量要比空气少得多;另外,液态水会使一些高分子材料和电解质材料溶解,一部分水分子电离后与溶入水中的空气中的杂质结合成酸或碱,使湿敏材料不同程度地受到腐蚀和老化,从而丧失其原有的性质;再者,湿信息的传递必须靠水对湿敏器件直接接触来完成,因此湿敏器件只能直接暴露于待测环境中,不能密封。通常,对湿敏器件有下列要求:在各种气体环境下稳定性好、响应时间短、寿命长、有互换性、耐污染和受温度影响小等。微型化、集成化及廉价是湿敏器件的发展方向。

湿度的检测已广泛应用于工业、农业、国防、科技和生活等各个领域,湿度不仅与工业产品质量有关,而且是环境条件的重要指标。

下面介绍一些现已发展比较成熟的几类湿敏传感器。

5.3.1 氯化锂湿敏电阻

氯化锂湿敏电阻是利用吸湿性盐类潮解,离子电导率发生变化而制成的测湿元件。它由引线、基片、感湿层与电极组成,如图 5-33 所示。

氯化锂通常与聚乙烯醇组成混合体,在氯化锂(LiCl)的溶液中,Li 和 Cl 均以正负离子的形式存在,而 Li^+ 对水分子的吸引力强,离子水合程度高,其溶液中的离子导电能力与浓度成正比。当溶液置于一定湿度场中,若环境相对湿度高,溶液将吸收水分,使溶液浓度降低,因此,其溶液电阻率增高;反之,环境相对湿度变低时,则溶液浓度升高,其电阻率下降,从而实现对湿度的测量。氯化锂湿敏元件在 15°C 时的电阻-湿度特性曲线如图 5-34 所示。由图可知,在 50%~80% 相对湿度范围内,电阻的对数与湿度的变化为线性关系。

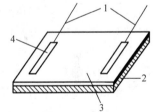

图 5-33 湿敏电阻结构示意图
1—引线 2—基片
3—感湿层 4—金电极

为了扩大湿度测量的线性范围,可以将多个氯化锂(LiCl)含量不同的器件组合使用,如将测量范围分别为(10%~20%)RH、(20%~40%)RH、(40%~70%)RH、(70%~90%)RH 和(80%~99%)RH 等 5 种器件配合使用,就可自动地转换完成整个湿度范围的湿度测量。

氯化锂湿敏元件的优点是滞后小、不受测试环境风速影响、检测精度高(达 ±5%),但其耐热性差,不能用于露点以下测量,器件性能重复性不理想,使用寿命短。

5.3.2 半导体陶瓷湿敏电阻

通常,用两种以上的金属氧化物半导体材料混合烧结而成为多孔陶瓷。这些材料有 $ZnO-LiO_2-V_2O_5$ 系、$Si-Na_2O-V_2O_5$ 系、$TiO_2-MgO-Cr_2O_3$ 系和 Fe_3O_4 等,前三种材料的电阻率随湿度增加而下降，故称为负特性湿敏半导体陶瓷，最后一种材料的电阻率随湿度增加而增大，故称为正特性湿敏半导体陶瓷（以下简称半导瓷）。

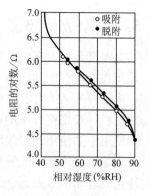

图 5-34　氯化锂湿度-电阻特性曲线

1. 负特性湿敏半导瓷的导电原理　由于水分子中的氢原子具有很强的正电场，当水在半导瓷表面吸附时，就有可能从半导瓷表面俘获电子，使半导瓷表面带负电。如果该半导瓷是 P 型半导体，则由于水分子吸附使表面电动势下降，将吸引更多的空穴到达其表面，于是，其表面层的电阻下降。若该半导瓷为 N 型，则由于水分子的附着使表面电动势下降，如果表面电动势下降较多，不仅使表面层的电子耗尽，同时吸引更多的空穴达到表面层，有可能使到达表面层的空穴浓度大于电子浓度，出现所谓表面反型层，这些空穴称为反型载流子。它们同样可以在表面迁移而表现出电导特性。因此，由于水分子的吸附，使 N 型半导瓷材料的表面电阻下降。由此可见，不论是 N 型还是 P 型半导瓷，其电阻率都随湿度的增加而下降。图 5-35 表示了几种负特性半导瓷阻值与湿度的关系。

2. 正特性湿敏半导瓷的导电原理　正特性材料的结构、电子能量状态与负特性材料有所不同。当水分子附着在半导瓷的表面使电动势变负时，导致其表面层电子浓度下降，但这还不足以使表面层的空穴浓度增加到出现反型程度，此时仍以电子导电为主。于是，表面电阻将由于电子浓度下降而加大，这类半导瓷材料的表面电阻将随湿度的增加而加大。如果对某一种半导瓷，它的晶粒间的电阻并不比晶粒内电阻大很多，那么表面层电阻的加大对总电阻并不起多大作用。不过，通常湿敏半导瓷材料都是多孔的，表面电导占比例很大，故表面层电阻的升高必将引起总电阻值的明显升高。但是，由于晶体内部低阻支路仍然存在，正特性半导瓷的总电阻值的升高没有负特性材料的阻值下降那么明显。图 5-36 给出了 Fe_3O_4 正特性半导瓷湿敏电阻阻值与湿度的关系曲线。从图 5-35 和图 5-36 可以看出，当相对湿度从 0% RH 变化到 100% RH 时，负特性材料的阻值均下降 3 个数量级，而正特性材料的阻值只增大了约一倍。

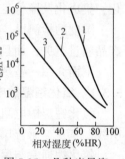

图 5-35　几种半导瓷湿敏负特性

1—ZnO-LiO_2-V_2O_5

2—Si-Na_2O-V_2O_5

3—TiO_2-MgO-Cr_2O_3

3. 典型半导瓷湿敏元件

（1）$MgCr_2O_4$-TiO_2湿敏元件：氧化镁复合氧化物二氧化钛湿敏材料通常制成多孔陶瓷型"湿-电"转换器件，它是负特性半导瓷，$MgCr_2O_4$ 为 P 型半导体，它的电阻率低，电阻-湿度特性好，结构如图 5-37 所示，在 $MgCr_2O_4$-TiO_2 陶瓷片的两面涂覆有多孔金电极，金电极与引出线烧结在一起。为了减少测量误差，在陶瓷片外设置由镍铬丝制成的加热线圈，以便对器件加热清洗，排除恶劣气氛对器件的污染。整个器件安装在陶瓷基片上，电极引线一般采用铂-铱合金。

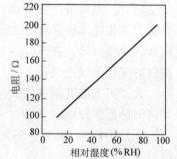

图 5-36　Fe_3O_4 半导瓷的正湿敏特性

$MgCr_2O_4$-TiO_2 陶瓷湿度传感器的相对湿度与电阻值之间的关系如图 5-38 所示，传感器的电阻值既随所处环境的相对湿度的增加而减小，又随周围环境温度的变化而有所变化。

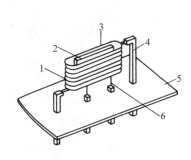

图 5-37　$MgCr_2O_4$-TiO_2 陶瓷
湿度传感器的结构

1—加热线圈　2—湿敏陶瓷片
3—电极　4—引线圈电极
5—底板　6—引线

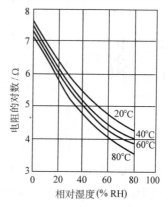

图 5-38　$MgCr_2O_4$-TiO_2 陶瓷湿度传感器
的相对湿度与电阻的关系

（2）ZnO-Cr_2O_3 陶瓷湿敏元件：ZnO-Cr_2O_3 湿敏元件的结构是将多孔材料的金电极烧结在多孔陶瓷圆片的两表面上，并焊上铂引线，然后将敏感元件装入有网眼过滤的方形塑料盒中，用树脂固定，其结构如图 5-39 所示。

ZnO-Cr_2O_3 传感器能连续稳定地测量湿度，而无须加热除污装置，因此功耗低于 0.5W，体积小、成本低，是一种常用测湿传感器。

（3）四氧化三铁（Fe_3O_4）湿敏器件：Fe_3O_4 湿敏器件由基片、电极和感湿膜组成，器件构造如图 5-40 所示。基片材料选用滑石板，光洁度为 $\nabla 10 \sim 11$，该材料吸水率低、机械强度高、化学性能稳定。在基片上制作一对梭状金电极，最后将预先配制好的 Fe_3O_4 胶体液覆在梭状金电极的表面，进行热处理和老化。Fe_3O_4 胶体之间的接触呈凹状，粒子间的空隙使薄膜具有多孔性，当空气相对湿度增大时，Fe_3O_4 胶膜吸湿。水分子的附着强化颗粒之间的接触，降低了粒间电阻，增加了更多的导流通路，所以元件阻值减小。当 Fe_3O_4 湿敏器件处于干燥环境中时，胶膜脱湿，粒间接触面减小，元件阻值增大。当环境温度不同时，涂覆膜上所吸附的水分也随之变化，使梭状金电极之间的电阻产生变化。图 5-41 和图 5-42 分别为国产 MCS 型 Fe_3O_4 湿敏器件的电阻-湿度特性和温度-湿度特性。

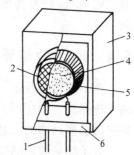

图 5-39　ZnO-Cr_2O_3 陶瓷
湿敏传感器结构

1—引线　2—滤网　3—外壳
4—烧结元件　5—电极
6—树脂固封

Fe_3O_4 湿敏器件在常温、常湿下性能比较稳定，有较强的抗结露能力，测湿范围广，有较为一致的湿敏特性和较好的温度-湿度特性，但器件有较明显的湿滞现象，响应时间长，吸湿过程（60% RH →98% RH）需要 2min，脱湿过程（98% RH→12% RH）需 5~7min。

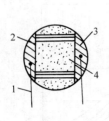

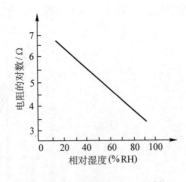

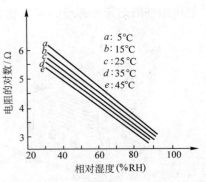

图 5-40　Fe_3O_4 湿敏元件构造　图 5-41　MCS 型 F_3O_4 湿敏　图 5-42　MCS 型 Fe_3O_4 湿敏器
　1—引线　2—滑石板　3—电极　　　器件的电阻-湿度特性　　　　件的温度-湿度特性
　4—Fe_3O_4 胶粒

5.3.3　湿敏传感器应用举例——自动去湿器

图 5-43 是一种用于汽车驾驶室挡风玻璃的自动去湿电路。其目的是防止驾驶室的挡风玻璃结露或结霜。晶体管 V_1 和 V_2 为施密特触发电路，V_2 的集电极负载为继电器 J 的线圈绕组。R_1 和 R_2 为 V_1 的基极电阻，R_p 为湿敏元件 H 的等效电阻。在不结露时，调整各电阻值，使 V_1 导通，V_2 截止。一旦湿度增大，湿敏元件 H 的等效电阻 R_p 值下降到某一特定值，$R_2 // R_p$ 减小，使 V_1 截止，V_2 导通，V_2 集电极负载——继电器 J 线圈通电，它的常开触点 II 接通加热电源 E_c，并且指示灯点亮，电阻丝 R_s 通电，挡风玻璃被加热，驱散湿气。当湿气减少到一定程度时，$R_p // R_2$ 回到不结露时的阻

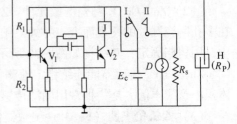

图 5-43　自动去湿电路

值，V_1 和 V_2 恢复初始状态，指示灯熄灭，电阻丝断电，停止加热，从而实现了自动去湿控制。

5.4　离子敏传感器

离子敏传感器是一种将离子浓度的变化转化为电信号的装置，它是一种化学传感器，由离子选择膜（敏感膜）和转换器两部分构成，敏感膜用于识别离子的种类和浓度，转换器则将敏感膜感知的信息转换为电信号。

离子敏场效应晶体管的结构和一般场效应晶体管的不同在于，离子敏场效应晶体管没有金属栅电极，而是在绝缘栅上制作一层敏感膜。敏感膜的种类很多，不同的敏感膜所检测的离子种类也不同，从而具有离子选择性。例如，以 Si_3N_4、SiO_2 和 Al_2O_3 为材料制成的无机绝缘膜可以测量 H 和 pH；以 AgBr、硅酸铝和硅酸硼为材料制成的固态敏感膜可以测量 Ag^+、Br^- 和 Na^+；以聚氯乙烯 + 活性剂等混合物为材料制成的有机高分子敏感膜可以测量 K^+ 和 Ca_2^+ 等。

图 5-44a 为离子场效应晶体管的结构示意图，从图中可以看出，与一般的场效应晶体管相比，离子敏场效应晶体管的绝缘层（Si_3N_4 或 SiO_2 层）与栅极之间没有金属栅极，而是含有离子的待测量的溶液。绝缘层与溶液之间是离子敏感膜，离子膜可以是固态也可以是液态。含有

各种离子的溶液与敏感膜直接接触，离子场效应晶体管的栅极是用参考电极构成的。由于溶液与敏感膜和参比电极同时接触，充当了普通场效应晶体管的栅金属极，因此，构成了完整的场效应晶体管结构，其源极和漏极的用法与一般的场效应晶体管没有任何区别。

如果采用图 5-44b 所示的共源电路连接，通过参考电极将栅源电压 U_{GS} 加于离子敏场效应晶体管（ISFET），那么，在待测溶液和敏感膜的交界处将产生一定的界面电位 ϕ_i，根据能斯特方程，电位 ϕ_i 的大小和溶液中离子的活度 α_i 有关。

在外加电压 U_{GS} 恒定、参考电极的电位 ϕ_{ref} 不变的条件下，在一定的漏源电压 U_{DS} 的作用下，ISFET 的漏电流 I_{DS} 的大小将随溶液的离子活度 α_i

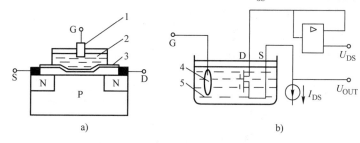

图 5-44　离子场效应晶体管的结构及电路
a）离子场效应晶体管的结构示意图　b）外围共源电路
1、4—参比电极　2、5—待测溶液　3—Si_3N_4/SiO_2

的变化而变化。因此，通过测量 ISFET 的漏电流 I_{DS}，就可以检测出溶液中离子的浓度。

离子敏场效应晶体管是以普通场效应晶体管为基础的，因此具有场效应晶体管的优良特性，如转移特性、输出特性和击穿特性等。而作为离子敏器件，它还应满足敏感元件的一些基本特性要求，例如响应特性、离子选择性和输出稳定性等。

1）线性度。指器件在特定的测量范围内的输出电流 I_{DS} 随待测溶液中离子浓度的变化而变化的对应特性。

离子敏场效应晶体管的响应特性关系可以是漏源电压 U_{DS} 和漏电流 I_{DS} 恒定条件下的栅源电压 U_{GS} 与离子活度 α_i 之间的关系，也可以是栅源电压 U_{GS} 恒定条件下，漏电流 I_{DS} 或输出电压 U_{OUT} 与离子活度 α_i 之间的关系。图 5-45a 为 Ca^{2+} 离子敏场效应晶体管栅源电压 U_{GS} 与离子活度 α_i 之间的关系曲线。

2）动态响应。指溶液中的离子活度阶跃变化或周期性变化时，离子敏场效应晶体管栅源电压 U_{GS}、漏极电流 I_{DS} 或输出电压 U_{OUT} 随时间而变化的情况。

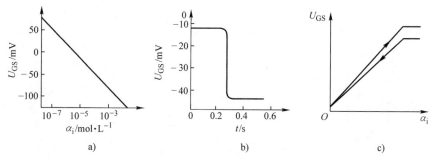

图 5-45　离子敏场效应晶体管特性曲线
a）线性度曲线　b）阶跃响应曲线　c）迟滞特性曲线（定性）

图 5-45b 为 Na^+ 离子敏场效应晶体管的栅源电压 U_{GS} 与时间之间的阶跃响应曲线。

3）迟滞。指溶液中离子活度由低值向高值变化或由高值向低值变化，离子敏场效应晶体管的输出的重复程度。图 5-45c 为 Na^+ 离子敏场效应晶体管栅源电压 U_{GS} 的迟滞特性曲线（定性）。

4）选择系数。在待测溶液中，一般总是存在着许多种离子，相对于待测离子而言，其他离子对待测离子的测量或多或少地有所干扰，这些离子称作干扰离子。待测离子与干扰离子都会在离子敏场效应晶体管的敏感膜产生界面电位。在相同的电气与外界条件下，引起相同界面电位的待测离子活度 α_i 与干扰离子的活度 α_j 之间的比值称作选择系数，用 K_{ij} 表示。显然，选择系数 K_{ij} 越小，离子敏传感器的选择性越好。

复习思考题

1. 简述热电偶与热电阻的测温原理。

2. 试证明热电偶的中间温度定律，说明该定律在热电偶实际测温中的意义。

3. 用热电偶测温时，为什么要进行冷端温度补偿？常用的冷端温度补偿的方法有哪几种？说明其补偿原理。

4. 什么是补偿导线？为什么要采用补偿导线？目前的补偿导线有哪几种类型？在使用中应注意哪些问题？

5. IEC 推荐的标准热电偶有哪几种？各有什么特点？

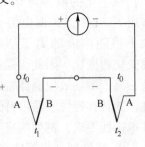

图 5-46

6. 用两只 K 型热电偶测两点温差，其连线如图 5-46 所示。已知 $t_1 = 420℃$，$t_0 = 30℃$，测得两点的温差电动势为 15.24mV，试问两点的温差为多少？后来发现，t_1 温度下的那只热电偶错用了 E 型热电偶，其他都正确，试求两点实际温差。

7. 简述气敏元器件的工作原理。

8. 为什么多数气敏元器件都附有加热器？

9. 什么叫温敏电阻？温敏电阻有哪些类型？各有什么特点？

10. 简述离子敏传感器的工作原理。

第6章 智能传感器

6.1 智能传感器的概念

传统的传感器一般是指能感知某一物理量或化学量及生物量等的信息，并能将该信息转化为有用的信息装置，通常由敏感元件、转换元件和其他辅助元件组成。随着人工智能技术特别是微型计算机技术的迅猛发展，在许多智能高新技术应用领域提出了智能传感器（Intelligent Sensor or Smart Sensor）的需求。它是一种将传感器与微型计算机集成在一个芯片上的装置，其主要特征是将感感技术和信息处理技术相结合，即除了有感知的本能外，还具有认知的能力。和传统的传感器相比，智能化传感器具有以下功能：

1）逻辑判断和统计处理功能。可对检测数据进行分析、统计和修正，还可进行线性、非线性、温度、噪声、响应时间、交叉感应以及缓慢漂移等的误差补偿，提高了测量准确度。

2）自诊断和自校准功能。可在接通电源时进行开机自检，可以在工作中进行运行自检，并可实时自行诊断测试，以确定哪一组件有故障，提高了工作可靠性。

3）自适应和自调整功能。可根据待测物理量的数值大小及变化情况自动选择检测量程和测量方式，提高了检测适用性。

4）组态功能。可实现多传感器和多参数的复合测量，扩大了检测与使用范围。

5）记忆和存储功能。可进行检测数据的随时存取，加快了信息的处理速度。

6）数据通信功能。智能化传感器具有数据通信接口，能与计算机直接联机，相互交换信息，提高了信息处理的质量。

6.2 智能传感器实现途径

1）传感器和信号处理装置的功能集成化是实现传感器智能化的主要途径。传感器的集成化是指将多个功能相同或不同的敏感器件制作在同一个芯片上构成传感器阵列。集成化主要有三个方面的含义：

① 将多个功能完全相同的敏感单元集成在同一个芯片上，用来测量被测量的空间分布信息，例如压力传感器阵列或我们熟知的 CCD 器件。

② 对多个结构相同、功能相近的敏感单元进行集成，例如将不同气敏传感元集成在一起组成"电子鼻"，利用各种敏感元对不同气体的交叉敏感效应，采用神经网络模式识别等先进数据处理技术，可以对组成混合气体的各种成分同时监测，得到混合气体的组成信息，同时提高气敏传感器的测量精度；这层含义上的集成还有一种情况是将不同量程的传感元集成在一起，可以根据待测量的大小在各个传感元之间切换，在保证测量精度的同时，扩大传感器的测量范围。

③ 指对不同类型的传感器进行集成，例如集成有压力、温度、湿度、流量、加速度和化学等敏感单元的传感器，能同时测到环境中的物理特性或化学参量，用来对环境进行监

测。

2）基于新的检测原理和结构，实现信号处理的智能化。采用新的检测原理，通过微机械精细加工工艺和纳米技术设计新型结构，使之能真实地反映被测对象的完整信息，这也是传感器智能化的重要技术途径之一。

3）研制人工智能材料是当今实现智能传感器以及实现人工智能的最新手段和最新学科。近几年来，人工智能材料 AIM（Artificial Intelligent Materials）的研究是当今世界上的高新技术领域中的一个研究热点，也是全世界有关科学家和工程技术人员主要的研究课题。

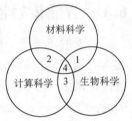

图 6-1　人工智能与材料学的关系

1—仿生材料学　2—计算材料学　3—人工智能学（计算生物学）　4—交叉部分

所谓人工智能就是研究和完善达到或超过人的思维能力的人造思维系统。其主要内容包括机器智能和仿生模拟两大部分。前者是利用现有的高速、大容量电子计算机的硬件设备，研究计算机的软件系统来实现新型计算机原理论证、策略制定、图像识别、语言识别和思维模拟，这是人工智能的初级阶段。后者，则是在生物学已有成就的基础上，对人脑和思维过程进行人工模拟，设计出具有人类神经系统功能的人工智能机。为了达到上述目的，计算机科学无疑是实现人工智能的必要手段，而仿生学和材料学则是推动人工智能研究不断前进的两个车轮。人工智能与材料学的关系如图 6-1 所示。

6.3　智能传感器的发展前景和研究热点

6.3.1　智能传感器的发展前景

人工智能材料和智能传感器，在最近几年以及今后若干年的时间内，仍将是世人瞩目的一门科学。虽然，在人工智能材料及智能器件的研究方面已向前迈进了重要一步，但是目前人们还不能随意地设计和创造人造思维系统，而只能处在实验室中开拓研究的初级阶段。今后人工智能材料和智能传感器的研究内容主要集中在如下几个方面：

1）利用微电子学，使传感器和微处理器结合在一起实现各种功能的单片智能传感器，仍然是智能传感器的主要发展方向之一。例如，利用三维集成（3DIC）及异质结技术研制高智能传感器"人工脑"，这是科学家近期的奋斗目标，日本正在用 3DIC 技术研制的视觉传感器就是其中一例。

2）微结构（智能结构）是今后智能传感器重要发展方向之一。"微型"技术具有广泛的应用领域，它覆盖了微型制造、微型工程和微型系统等各种科学与多种微型结构。

微型结构是指在 0.001 ~ 1mm 范围内的产品，它超出了人们的视觉辨别能力。在这样的范围内加工出微型机械或系统，不仅需要有关传统的硅平面技术的深厚知识，还需要对微切削加工、微制造、微机械和微电子等 4 个领域的知识有一个全面的了解。这 4 个领域是完成智能传感器或微型传感器系统设计的基本知识来源。

人们希望微电子与微机械的集成，即微电子机械系统（MEMS）能够在未来得到迅速发展，以带动智能结构的发展。微型化技术是促成这种集成的重要因素，因此，智能传感器系统的中心在于微电子与微机械的集成。

实现智能传感器特别重要的 4 个相关技术包括：硅平面技术、厚膜技术、薄膜技术和光纤技术。同样应包括如下材料加工技术（工艺）：

① 各向异性和各向同性块硅的刻蚀。

② 表面硅微切削。

③ 活性离子刻蚀。

④ 自然离子刻蚀。

⑤ 激光微切削。

这些技术和工艺是今后智能传感器必须——攻克的课题。研究和制造智能传感器和微型传感器系统的支撑性技术和工艺可由图 6-2 表示。

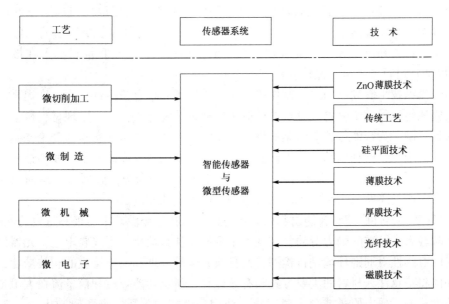

图 6-2　智能传感器和微型传感器系统的支撑性技术和工艺

在未来 20 年内，微机械技术的作用将会同微电子在过去 20 年所起的作用一样振撼人类，全球微型系统市场价值十分巨大，批量生产微型结构和将其置入微型系统的能力对于全球性市场的开发具有重要作用。"微型"工程技术将会像微型显微镜以及电子显微镜一样影响人类的生活，促进人类进步和科学技术的进一步发展。因此，这也是人类今后数十年内研究的重要课题之一。

3）利用生物工艺和纳米技术研制传感器功能材料，以此技术为基础研制分子和原子生物传感器是一门新兴学科，是 21 世纪的超前技术。

纳米科学是一门集基础科学与应用科学于一体的新兴科学。它主要包括纳米电子学、纳米材料学和纳米生物学等学科。纳米科学具有很广阔的应用前景，它将促使现代科学技术从目前的微米尺度（微型结构）上升到纳米或原子尺度，并成为推动 21 世纪人类基础科学研究和产业技术革命的巨大动力，当然也将成为传感器（包括智能传感器）的一种革命性技术。

我国科学家在这项前沿科学技术领域已经取得了重大技术突破。在 1991 年，已成功地在硅表面上操纵单个硅原子，并已揭示了这种单原子操纵的机理是电场蒸发效应。1992 年，首次成功地连续移动硅表面上的单个原子，从而在原子表面上加工出了单原子尺度的特殊结构，如单原子线和单原子链等。1993 年，首次成功地连续把单个硅原子施加到硅表面的精确位置上，并在其表面上构成了新颖的单原子沉积的特殊结构，如单原子链等，并能保持硅表面上原有的原子结构不被破坏，还能用单原子修补硅表面上的单原子缺陷。这些基础实验结果证明了利用单个原子存储信息的可能性。1994 年，首次成功地实现了单原子操纵的动态实时跟踪，制作出了单原子扫描隧道显微镜纳米探针，实现了单原子的点接触，并观测到扫描隧道显微镜纳米探针和物质表面之间形成的纳米桥及其延伸和纳米桥延伸断裂时的动态过程。1995 年，成功地在硅表面上制备出原子级平滑的氢绝缘层，并在其表面上对单个氢原子进行了选择性脱附（即移动操纵），加工出硅二聚体原子链，这是目前世界上最小的二聚体原子链结构。1996 年，首次成功地将从硅的氢绝缘表面上提取的氢原子重新放回到该表面上，再次去饱和表面上的硅悬键。1997 年，首次成功地实现了单原子的双隧道结，并成功地控制和观测到单个原子在此双隧道结中的传输过程，这是目前世界上在最小单位上（单原子尺度）进行的单电子晶体管的基础研究。

单原子操纵技术研究已为未来制作单分子、单原子和单电子器件，大幅度提高信息存储量，为实施遗传工程学中生物大分子的单原子置换以及物种改良，为实现材料科学中的新原子结构材料研制，为智能传感器研制等提供了划时代的科学技术的实验和理论基础。

在世界范围内，已利用纳米技术研制出了分子级的电器，如碳分子电线、纳米开关、纳米马达（其直径只有 10nm）和纳米电动机等。可以预料纳米级传感器将应运而生，使传感器技术产生一次新飞跃，人类的生活质量将随之产生质的改观。

4) 完善智能器件原理和智能材料的设计方法，也将是今后几十年极其重要的课题。

为了减轻人类繁重的脑力劳动，实现人工智能化和自动化，不仅要求电子元器件能充分利用材料固有物性对周围环境进行检测，而且兼有信号处理和动作反应的相关功能，因此必须研究如何将信息注入材料的主要方式和有效途径，研究功能效应和信息流在人工智能材料内部的转换机制，研究原子或分子对组成、结构和性能的关系，进而研制出"人工原子"，开发出"以分子为单位的复制技术"在"三维空间超晶格结构和 K 空间"中进行类似于"遗传基因"控制方法的研究，不断探索新型人工智能材料和传感器件。

我们要关注世界科学前沿，赶超世界先进水平。当前，以各种类型的记忆材料和相关智能技术为基础的初级智能器件（如智能探测器和控制器、智能红外摄像仪、智能天线、太阳能收集器、智能自动调光窗口等）要优先研究，并研究智能材料（如功能金属、功能陶瓷、功能聚合物、功能玻璃、功能复合材料和分子原子材料）在智能技术和智能传感器中的应用途径，从而达到发展高级智能器件、纳米级微型机器人和人工脑等系统的目的，使我国的人工智能技术和智能传感器技术达到或超过世界先进水平。

6.3.2 智能传感器的研究热点

1. 物理转化机理　从理论上讲，有很多种物理效应可以将待测物理量转换为电学量。在智能传感器出现之前，为了数据读取的方便，人们选择物理转化机理时，被迫优先选择那些输入-输出传递函数为线性的转化机理，而舍弃掉其他传递函数为非线性，但具有长期稳定性和精确性等性质的转换机理或材料。由于智能传感器可以很容易对非线性的传递函数进行校正，得到一个线性度非常好的输出结果，从而消除了非线性传递函数对传感器应用的制约，因此一些科研工作者正在对这些稳定性好、精确度高和灵敏度高的转换机理或材料重新进行研究。例如，谐振式传感器具有高稳定性、高精度和准数字化输出等许多优点，但以前频率信号检测需要较复杂的设备，限制了谐振式传感器的应用和发展，现在利用同一硅片上集成的检测电路，可以迅速提取频率信号，使得谐振式微机械传感器成为国际上传感器领域的一个研究热点。

2. 数据融合理论　数据融合是智能传感器理论的重要领域，也是各国研究的热点。数据融合是通过分析各个传感器的信息，来获得更可靠、更有效和更完整的信息，并依据一定的原则进行判断，作出正确的结论。对于由多个传感器组成的阵列，数据融合技术能够充分发挥各个传感器的特点，利用其互补性和冗余性，提高测量信息的精度和可靠性，延长系统的使用寿命，进而实现识别、判断和决策。

多传感器系统的融合中心接收各传感器的输入信息，得到一个基于多传感器决策的联合概率密度函数，然后按一定的准则作出最后决策。融合中心常用的融合方法有错误率最小化法、NP 法、自适应增强学习法和广义证据处理法等。传感器数据融合是传感器技术、模式识别、人工智能、模糊理论和概率统计等交叉的新兴学科，目前还有许多问题没有解决，如最优的分布检测方法、数据融合的分布式处理结构、基于模糊理论的融合方法、神经网络应用于多传感器系统、多传感器信号之间的相互耦合、系统功能配置及冗余优化设计等，这些问题也是当今数据融合理论的研究热点。

3. 与 CMOS 工艺兼容的传感器制造与集成封装技术　集成式微型智能传感器是受集成电路制作工艺的牵引而发展起来的，如何充分利用已经行之有效的大规模集成电路制作技术，是智能传感器降低成本、提高质量、增加效益和批量生产的最可行和最有效的途径。但传统的微机械传感器制作工艺与 CMOS 工艺兼容性较差。为了保证加工应力能完全松弛，微机械结构需要长时间的高温退火，而为了成功地实施必要的曝光，CMOS 技术需要非常平整的表面，这就造成了矛盾。因为如果先完成机械加工工序，基底的平面性将会有所牺牲；如果先完成 CMOS 工序，基底将经受高温退火。这使得传感器敏感单元与大规模集成电路进行单片集成时产生困难，限制了智能传感器向体积缩小、成本降低与生产效率提高的方向发展。为了解决这个"瓶颈"问题，目前在研究二次集成技术的同时，智能传感器的工艺研究热点集中在研制与 CMOS 工艺兼容的各种传感器结构及其制造工艺流程上。

如前所述，由于非电子元件接口未能做到同等尺寸缩小，因而限制了微型智能传感器的体积和重量等的减小。当前，集成式微型智能传感器正朝着更高功效及轻、薄、短、小的方向发展，传统的封装技术将无法满足这些需求。对于新的集成式微型智能传感器来说，有关分离和封装问题可能是其商品化的最大障碍。现阶段，制造微机械的加工设备和工艺同制造IC（集成电路）的设备和工艺是紧密匹配的，但是封装技术还未能达到同样高的匹配水准。虽然单片集成微型智能传感器商品化的成功已能对传统的封装技术产生一定程度的影响，但封装技术仍需要广泛地改进和提高。因此，一些新封装技术的研究和开发已越来越得到人们的重视，开发更先进的封装形式及其技术也成为集成式微型智能传感器制造相关技术的研究热点。

6.4　智能传感器应用举例

从前面讨论可知，智能传感器是"电五官"与"微电脑"的有机结合，是对外界信息具有检测、判断、自诊断、数据处理和自适应能力的集成一体化的多功能传感器。这种传感器还具有与主机自动对话和自动选择最佳方案的能力，它还能将已取得的大量数据进行分割处理，实现远距离、高速度和高精度的传输。目前，这类传感器虽然尚处于研究开发阶段，但是已出现不少实用的智能传感器。

1. 混合集成压力智能传感器　混合集成压力智能传感器是采用二次集成技术制造的混合智能传感器，即在同一个管壳内封装了微控制器、检测环境参数的各种传感元件、连接传感元件和控制器的各种接口/读出电路、电源管理器、晶振、电池和无线发送器等电路及器件，具有数据处理功能，并且可以根据环境参数的变化情况，自主地开始测量或者改变测试频率，具有了智能化的特点。智能传感器系统的核心是 Motorola 公司的 68HC11 微控制器（MCU），其中包含有内存、8 位 A/D、时序电路和串行通信电路。MCU 与前台传感器间内部数据传递通过内部总线进行。传感系统包括了温度传感器、压力传感器阵列、加速度传感器阵列、启动加速度计阵列和湿度传感器等多种传感器或传感器阵列。MCU 将传感器的测量数据转换为标准格式，并对数据进行储存，然后通过系统内的无线发送器或 RS—232 接口传送出去。传感器由 6V 电池供电，功耗小于 $700\mu W$，至少能够连续工作 180 天。整个智能传感器微系统的体积仅为 $5cm^3$，相当于一个火柴盒那么大。

美国 Honeywell 公司研制的 DSTJ—3000 智能压差压力传感器能在同一块半导体基片上用

离子注入法配置扩散了压差、静压和温度 3 个敏感元件。整个传感器还包含转换器、多路转换器、脉冲调制器、微处理器和数字量输出接口等，并在 EPROM 中装有该传感器的特性数据，以实现非线性补偿。其结构也类同上述框架。

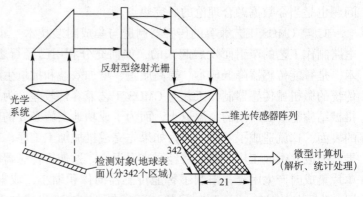

图 6-3　多路光谱分析传感器的结构示意图

2. 多路光谱分析传感器
多路光谱分析传感器是目前投入使用的微电脑型传感器。这种传感器利用 CCD（电荷耦合器件）二维阵列摄像仪，将检测图像转换成时序的视频信号，在电子电路中产生与空间滤波器相应的同步信号，再与视频信号相乘后积分，改变空间滤波器参数，移动滤波器光栅以提高灵敏度，来实现二维自适应图像传感的目的。它由光学系统和微型计算机的 CPU 构成，其结构如图 6-3 所示。它可以装在人造卫星上，对地面进行多路光谱分析。测量数据直接由 CPU 进行分析和统计处理，然后输送出有关地质和气象等各种信息。

3. 三维多功能单片智能传感器　目前已开发的三维多功能单片智能传感器是把传感器、数据传送、存储及运算模块集成为以硅片为基础的超大规模集成电路的智能传感器。它已将平面集成发展成三维集成，实现了多层结构，如图 6-4 所示。在硅片上分层集成了敏感元件、电源、记忆、传输等多个部分，日本的 3DIC 研制计划中设计的视觉传感器就是一例。它将光电转换等检测功能和特征抽取等信息处理功能集成在硅基片上。其

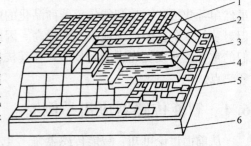

图 6-4　三维多功能单片智能传感器

1—敏感元件　2—传输线　3—存储器
4—运算器　5—电源和驱动　6—Si 基片

基本工艺过程是先在硅衬底上制成二维集成电路，然后在上面依次用 CDV 法淀积 SiO_2 层，腐蚀 SiO_2 后再用 CDV 法淀积多晶硅，再用激光退火晶化形成第二层硅片，在第二层硅片上制成二维集成电路，依次一层一层地做成 3DIC。目前用这种技术已制成两层 10bit 线性图像传感器，上面一层是 PN 结光敏二极管，下面一层是信号处理电路，其光谱效应线宽为 400～700mm。这种将二维集成发展成三维集成的技术，可实现多层结构，将传感器功能、逻辑功能和记忆功能等集成在一个硅片上，这是智能传感器的一个重要发展方向。

复习思考题

1. 什么是智能传感器？应从哪些方面研究开发智能传感器？
2. 智能传感器一般由哪些部分构成？它有哪些显著特点？
3. 传感器智能化与集成智能传感器有何区别？
4. 举例说明集成智能传感器的结构和特点。

第7章 传感器的标定

传感器在出厂前和出厂使用一段时间后，都必须按有关技术条令的规定，用实验的方法，找出其输入与输出的关系，即确定或验证输出与输入间的换算关系及性能指标。此项工作，出厂前称为标定，使用一段时间后称为校验。

对不同的情况、不同的要求以及不同的传感器，有不同种类的标定。按传感器输入量随时间变化的情况，可以分为静态标定和动态标定两种。

传感器输入信号不随时间变化时的标定，称为静态标定。静态标定的目的是确定传感器的静态特性指标，如线性度、灵敏度、滞后和重复性等。有时，根据需要也要对横向灵敏度、温度响应和环境影响等进行标定。

传感器输入信号随时间的变化而变化时的标定，称为动态标定。动态标定的目的是确定传感器的动态特性指标，如时间常数、固有频率和阻尼比等。

7.1 传感器的静态特性标定

7.1.1 静态标准条件

传感器的静态特性是在静态标准条件下进行标定的。所谓静态标准条件是指没有加速度、振动、冲击（除非这些参数本身就是被测物理量）、环境温度一般为（20±5）℃、相对温度不大于85%及大气压为（101±7）kPa的情况。

7.1.2 标定仪器设备精度等级的确定

对传感器进行标定，是根据试验数据确定传感器的各项性能指标，实际上也是确定传感器的测量精度，所以在标定传感器时，所用的测量仪器的精度至少要比被标定传感器的精度高一个等级。这样，被标定传感器的静态性能指标才是可靠的，所确定的精度才是可信的。

7.1.3 静态特性标定的方法

对传感器进行静态特性标定，首先需创造一个静态标准条件，其次是选择与被标定传感器的精度要求相应的一定等级的标定用仪器设备，然后才能开始对传感器进行静态特性标定。标定步骤如下：

1）将传感器全量程（测量范围）分成若干等间距点。

2）根据传感器量程分点情况，由小到大逐点输入标准量值，并记录下与各输入值相对应的输出值。

3）将输入值由大到小逐点减小，同时记录与输入值相对应的输出值。

4）按步骤2和3所叙述过程对传感器进行正、反行程重复循还多次测试，将得到的输出-输入测试数值用表格列出或画成曲线。

5）对测试数据进行必要处理，就可以确定传感器的线性度、灵敏度、滞后和重复性等静态特性指标。

7.2 传感器的动态特性标定

传感器的动态标定主要是研究传感器的动态响应，与动态响应有关的参数，一阶传感器只有一个时间常数 τ，二阶传感器则有固有频率 ω_n 和阻尼比 ξ 两个参数。

一种较好的方法是通过测量传感器的阶跃响应，来确定传感器的时间常数、固有频率和阻尼比。

7.2.1 一阶传感器时间常数 τ 的标定

对于一阶传感器，测得阶跃响应之后，取输出值达到最终值的 63.2% 所经过的时间作为时间常数 τ，但这样确定的时间常数实际上没有涉及响应的全过程，测量结果的可靠性仅取决某些个别的瞬时值。如果用下述方法来确定时间常数，可以获得较可靠的结果。一阶传感器的阶跃响应函数为

$$y_u(t) = 1 - e^{-\frac{t}{\tau}}$$

即

$$1 - y_u(t) = e^{-\frac{t}{\tau}}$$

令

$$z = -\frac{t}{\tau} \qquad (7\text{-}1)$$

则

$$z = \ln[1 - y_u(t)] \qquad (7\text{-}2)$$

式（7-1）表明 z 和 t 为线性关系，并且有 $\tau = \Delta t/\Delta z$

（见图 7-1）。因此可以根据测得的 $y_u(t)$ 值，作出 z-t 曲线，并根据 $\Delta t/\Delta z$ 值获得时间常数 τ，这种方法考虑了瞬态响应的全过程。

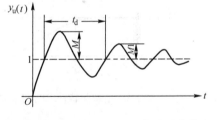

图 7-1 求一阶装置时间常数的方法

7.2.2 二阶传感器阻尼率 ξ 和故有频率 ω_n

对于二阶传感器，测得阶跃响应如图 7-2 所示，因为

$$\xi = \sqrt{\frac{1}{\left(\dfrac{\pi}{\ln M}\right)^2 + 1}} \qquad (7\text{-}3)$$

图 7-2 二阶装置（$\xi < 1$）的阶跃响应

式中 M——最大过冲量。

测得最大过冲量 M，便可根据式（7-3）求得阻尼率 ξ。

而

$$\omega_n = \frac{2\pi}{t_d\sqrt{1-\xi^2}}$$

式中 ω_n——欠阻尼二阶装置的固有频率；

t_d——阶跃响应稳定时间。

如果测得阶跃响应的较长瞬变过程，那么，可以利用任意两个过冲量 M_i 和 M_{i+n} 来求得阻尼比 ξ，其中 n 是该两峰值相隔的周期数（整数）。设 M_i 峰值对应的时间为 t_i，则 M_{i+n} 峰值对应的时间 t_{i+n} 为

$$t_{i+n} = t_i + \frac{2n\pi}{\omega \sqrt{1 - \xi^2}}$$

$$\xi = \sqrt{\frac{\delta_n^2}{\delta_n^2 + 4\pi^2 n^2}} \tag{7-4}$$

其中

$$\delta_n = \ln \frac{M_i}{M_{i+n}} \tag{7-5}$$

式中　ω——瞬时角频率；

　　δ_n——幅值相对变化对数。

若考虑当 $\xi < 0.1$ 时，以 1 代替 $\sqrt{1 - \xi^2}$，此时不会产生过大的误差（不大于 0.6%），则式（7-3）可改写为

$$\xi = \frac{\ln \frac{M_i}{M_{i+n}}}{2n\pi} \tag{7-6}$$

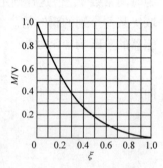

图 7-3　ξ 与 M 的关系

阻尼率 ξ 与过冲量 M 的关系如图 7-3 所示。

若装置是精确的二阶装置，那么 n 值选取任意正整数所得的 ξ 值不会有差别。反之，若 n 取不同值获得的 ξ 值不同，就表明该装置不是线性二阶装置。当然可以利用输入正弦输入信号，测定输出和输入的幅值比和相位差来确定装置的幅频特性和相频特性，然后根据幅频特性分别按图 7-4 和图 7-5 求得一阶装置的时间常数 τ、欠阻尼二阶装置的阻尼率 ξ 和固有频率 ω_n。

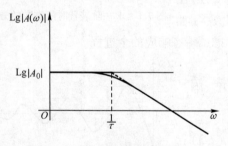

图 7-4　由幅频特性求时间常数 τ

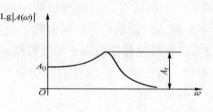

图 7-5　欠阻尼装置的 ξ 和 ω_n

图中

$$\omega = \omega_n \sqrt{1 - 2\xi^2}$$

$$\frac{A_r}{A_0} = \frac{1}{2\xi \sqrt{1 - 2\xi^2}}$$

各式中　ω——瞬时角频率；

　　　　ω_n——固有频率；

　　　　A_r——最大幅值；

　　　　A_0——$\omega_0 = 0$ 时的幅值；

最后必须指出，若测量装置不是纯粹电气系统，而是机械 - 电气或其他物理系统，一般很难获得正弦的输入信号，但获得阶跃输入信号却很方便。所以在这种情况下，使用阶跃输

入信号来测定装置的参数也就更为方便了。

7.3 测振传感器的标定

测振仪性能的全面标定只是在制造单位或研究部门进行，在一般使用单位和使用场合，主要是标定其灵敏度、频率特性和动态线性范围。

标定和校准测振仪的方法很多，但从计算标准和传递的角度来看，可以分成两类：一类是复现振动量值最高基准的绝对法；另一类是以绝对法标定的标准测振仪作为二等标准，用比较法标定工作测振仪。按照标定时所用输入量种类不同，标定法又可分正弦振动法、重力加速度法、冲击法和随机振动法等。

7.3.1 绝对标定法

我国目前的振动计量基准是采用激光光波长度作为振幅量值的绝对基准。由于激光干涉基准系统复杂、昂贵，且一经安装调试后就不能移动，因此需有作为二等标准的测振仪作为传递基准之用。

对压电加速度计进行绝对标定时，将被标定压电加速度计安装在标准振动台的台面上。驱动振动台，用激光干涉测振装置测定台面的振幅值 X_m（mm），用精密数字频率计读出振动台台面的频率 f（1/s），同时用精密数字电压表读出被标定传感器通过与其相匹配的前置放大器输出电压值（一般为有效值）E_{rms}（mV），则可求出被标定的测振传感器的加速度灵敏度 S_a 为

$$S_a = \frac{\sqrt{2}E_{rms}}{(2\pi f)^2 X_m}$$

利用自动控制振动台面振级和自动变化振动台振动频率的扫描仪和已记录设备，便可求得被标定测振传感器的幅频特性曲线和动态线性范围，整个标定误差小于1%。

7.3.2 比较标定法

这是一种最常使用的标定方法，即将被标定的测振传感器和标准测振传感器相比较。标定时，将被标定测振传感器与标准传感器一起安装在标准振动台上。为了使它们尽可能地靠近安装，以保证感受的振动量相同，常采用"背靠背"法安装。标准振动传感器端面上常有螺孔，供直接安装被标定传感器，或者用如图7-6所示的刚性支架安装。

设标准测振传感器和被标定测振传感器在受到同一振动量时输出分别为 E_0 和 E，则被标定测振传感器的加速度灵敏度 S_a 为

$$S_a = \frac{E}{E_0}$$

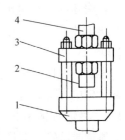

图7-6 "背靠背" 比较法标定系统
1—标准振动面 2—标准传感器 3—支架 4—被标传感器

7.4 压力传感器的标定

用来作为动态测量的压力传感器除了按前述方法进行静态标定外，还要进行某种形式的动态标定。

动态标定要解决两个问题：一是要获得一个令人满意的周期或阶跃的压力源；二是要可

靠地确定上述压力源所产生的真实的压力-时间的关系，这两个问题将在下面进一步讨论。

7.4.1 动态标定压力源

获得动态标定压力的方法很多，然而，必须注意，提供了动态压力，并不等于提供了动态压力标准，因为，为了获得动态压力标准，必须正确地知道有关压力-时间关系，动态压力源的分类如下：

1）稳态周期性压力源。包括活塞与缸筒、凸轮控制喷嘴、声谐振器和验音盘。

2）非稳态压力源。包括快速卸荷阀、脉冲膜片、闭式爆炸器和激波管。

（1）稳态标定法：常见的活塞和缸筒装置就是一种简单的稳态周期性校准压力源，其结构示意图如图7-7所示。如果活塞行程固定不变，压力振幅可通过调整缸筒体积来改变，它可以获得7MPa的峰值压力，而频率可达到100Hz。

活塞运动源的一种变型是传动膜片、膜盒或弹簧管，通过连杆与管端连接的偏心轮使弹簧管弯曲，这样来使用弹簧管，效果很好。

（2）非稳态标定法：采用稳定周期性压力源来确定压力传感器的动态特性时，往往受其所能产生的振幅和频率的限制。

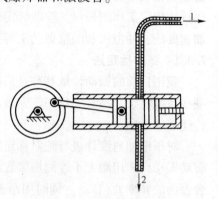

图 7-7 动态压力标定源
1—气源 2—高压室

高的振幅和稳态频率很难同时获得。为此，在较高振幅范围内，为了确定压力传感器的高频响应特性，必须借助于阶跃函数理论。可采用各种方法来产生所需要的脉冲，最简单的一种方法是在液压源与传感器之间使用一个快速卸荷阀，其从0上升到90%的全压力的时间为10ms。

采用脉冲膜片也可获得阶跃压力，用薄塑料膜片或塑料薄板把两个空腔隔开，用撞针或尖刀使膜片产生机械损坏而形成降压，产生一个更接近理想的阶跃函数，降压时间约为0.25ms。

还有一种阶跃函数压力源是闭式爆炸器，爆炸器中的压力发生跃变，如烈性硝甘炸药和雷管发生的爆炸。通过有效体积来控制峰值压力，0.3ms内压力的阶跃可以高达5.4MPa。

7.4.2 激波管标定法

所谓激波管，就是能产生非常接近的瞬态"标准"压力的装置。激波管的结构十分简单，它是一根两端封闭的长管，用膜片隔成两个独立的空腔。此外，激波管的使用方法可靠。

用激波管标定压力（或力）传感器是目前最常用的方法，它具有三个特点：

1）压力幅度范围宽，便于改变压力值。

2）频率范围广（0.002～2.5MHz）。

3）便于分析研究和数据处理。

下面将分别研究激波管的工作原理、阶跃压力波的性质及标定方法。

1. 激波管标定装置工作原理　激波管标定装置系统原理如图7-8所示。它由激波管、入射激波测速系统、标定测量系统及气源等4部分组成。

（1）激波管：激波管是产生激波的核心部分，由高压室2和低压室6组成。2和6之间由铝或塑料膜片 5 隔开,激波压力的大小由膜片的厚度来决定。标定时根据要求对高、低压室充以压力不同的压缩气体(通常采用压缩空气),低压室一般为一个大气压,仅给高压室充以高压气体。当高、低压室的压力差达到一定程度时膜片破裂,高压气体迅速膨胀,冲入低压室,从而形成激波。这个激波的波阵面压力保持恒定,接近理想的阶跃波,并以超声速冲向被标定的传感器。传感器在激波的激励下按固有频率产生一个衰减振荡,如图 7-9 所示。其波形由显示系统记录下来,以供确定传感器的动态特性之用。

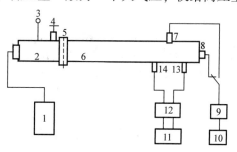

图 7-8　激波管标定装置系统原理框图
1—气源　2—高压室　3—气压表　4—泄气阀　5—膜片　6—低压室　7—侧面被标定的传感器　8—底面被标定的传感器　9—电荷放大器　10—示波记忆器　11—频率计　12—前置放大器　13、14—测速压力传感器

　　激波管中压力波动情况如图 7-10 所示,图 a ~ d 各状态说明如下:图 a 为膜片爆破前的情况,p_4 为高压室的压力,p_1 为低压室的压力;图 b 为膜爆破后稀疏波反射前的情况,p_2 为膜片爆破后产生的激波压力,p_3 为高压室爆破后形成的压力。p_2 和 p_3 的接触面称为温度分界面。p_3 和 p_2 所在区域不同,但其压力值相等,即 $p_2 = p_3$,稀疏波就是在高压室内膜片破碎时形成的波;图 c 为稀疏波反射后的情况,当稀疏波波头达到高压室端面时便产生稀疏波的反射,叫做反射稀疏波,其压力减小如 p_6 所示;图 d 为反射激波的波动情况,当 p_2 达到低压室端面时也产生反射,压力增大称为反射激波,如 p_3 所示。

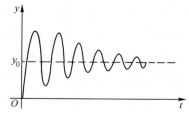

图 7-9　被标定传感器输出波形

　　p_2 和 p_3 都是在标定传感器时要用到的激波,视传感器安装的位置而定,当被标定的传感器安装在侧面时要用 p_2,当装在端面时要用 p_3,二者不同之处在于 $p_3 > p_2$,但维持恒压时间 p_3 略小于 p_2。

　　入射激波的阶跃压力 Δp_2 为

$$\Delta p_2 = p_2 - p_1 = \frac{7}{6}(M_s^2 - 1)p_1 \tag{7-7}$$

式中　M_s——激波的马赫数,由测速系统决定。

　　反射激波的阶跃压力 Δp_5 为

$$\Delta p_5 = p_5 - p_1 = \frac{7}{3}p_1(M_s^2 - 1)\frac{2 + 4M_s^2}{5 + M_s^2} \tag{7-8}$$

　　低压室的压力 p_1 可事先给定,一般采用当地的大气压,可根据公式准确地计算出来。因此,式(7-7)和式(7-8)中若 p_1 及 M_s 给定,则压力值易于计算。

　　(2)入射激波的测速系统:入射激波的测速系统如图 7-8 所示,由压力传感器 13 和 14,前置放大器 12 以及频率计 11 组成。对测速用的压力传感器 13 和 14 的要求是它们的一致性要好,尽量小型化,传感器的受压面应与管的内壁面一致,以免影响激波管内表面的形状。测速前置级通常采用电荷放大器和限幅器,给出幅值基本恒定的脉冲信号,数字式频率计能

给出 0.1μs 的时标就可满足要求了，由两个脉冲信号去控制频率计 11 的开、关门时间。入射激波的速度 u 为

$$u = \frac{l}{t} \qquad (7-9)$$

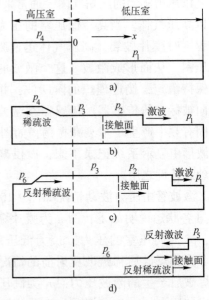

式中　l——两个测速传感器之间的距离（m）；

　　　t——激波通过两个传感器间距所需时间（s）
　　　（$t = \Delta tn$，Δt 为计数器的时标，n 为频率计显示的脉冲数）。

激波通常以马赫数表示，其定义为

$$M_s = \frac{u}{a_t} \qquad (7-10)$$

式中　μ——激波速度（m/s）；

　　　a_t——低压室的声速（m/s）。

a_t 可表示为

$$a_t = \sqrt{1 + \beta t} \qquad (7-11)$$

其中　β——常数，$\beta = 0.00366$ 或 $1/273$；

　　　t——试验时低压室的温度（室温，一般为 25℃）。

图 7-10　激波管中压力与波动情况
a）膜片爆破前的情况　b）膜片爆破后稀疏波反射前的情况　c）稀疏反射后的情况
d）反射激波波动情况

（3）标定测量系统：标定测量系统如图 7-8 所示，由被标定传感器 7、8，电荷放大器 9 及记忆示波器 10 等组成。被标定传感器既可以放在侧面位置上，也可以放在底端面位置上。从被标定传感器传出的信号通过电荷放大器加到记忆示波器上记录下来，以备分析计算，或通过计算机进行数据处理，直接求得幅频特性及动态灵敏度等。

（4）气源系统：如图 7-8 所示，气源系统由气源（包括控制台）1、气压表 3 及泄气阀 4 等组成。它是高压气体的产生源，通常采用压缩空气（也可以采用氮气）。压力大小通过控制台控制，由气压表 3 监视。完成测量后开启泄气阀 4，以便管内气体泄掉，然后对管内进行清理，更换膜片，以备下次使用。

2. 激波管阶跃压力波的性质　图 7-11 所示为理想的阶跃波及其频谱，阶跃压力波的数学表达式为

$$\begin{cases} p(t) = \Delta p & (t < T_n) \\ p(t) = 0 & (t > T_n) \end{cases}$$

通过傅里叶变换可得到它的频谱，如图 7-11b 所示，其数学表达式为

$$| p(f) | = pT_n \left| \frac{\sin \pi f T_n}{\pi f T_n} \right| \qquad (7-12)$$

式中　$p(f)$——压力频谱分量；

　　　p——阶跃压力；

　　　T_n——阶跃压力的持续时间；

　　　f——频率。

由式（7-12）可知，阶跃波的频谱是极其丰富的，频率范围为 $0 \sim \infty$。

激波管法不可能得到如此理想的阶跃压力波，通常它的典型波形如图 7-12 所示。可用 4 个参量来描述，即初始压力 p_1、阶跃压力 Δp、上升时间 t_R 及持续时间 τ。从图 7-12 可知，当时间 $t > (t_R + \tau)$ 后，因为在实际标定中用不着，故不去研究它。下面将讨论 t_R、t、Δp 及 p_1 的作用及影响。

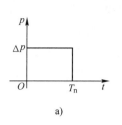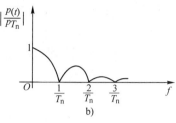

图 7-11　理想的阶跃压力波

a）理想阶跃压力波　b）阶跃压力波频谱

（1）上升时间 t_R：决定能标定的上限频率，若 t_R 大，阶跃波中所含高频分量必然相应减少。为扩大标定频率范围，应尽量减小 t_R，使之接近于理想方波，通常用下式来估算阶跃波形的上限频率。

$$t_R \leqslant \frac{T_{min}}{4} = \frac{1}{4f_{max}} \tag{7-13}$$

式中　f_{max}——阶跃波频谱中的上限频率；

　　　T_{min}——阶跃波频谱中的上限周期。

从图 7-13 中可以看出式（7-13）的物理意义，t_R 可近似理解为正弦波 1/4 周期的时间，这样可以用 t_R 来决定上限频率，当 $t_R > T_{min}/4$ 时，激波管已跟不上反应了。实验证明，激波管产生的阶跃波，其 t_R 约为 10^{-9}s，但实际上因各种因素影响，要大于 1 ~ 2 个数量级，通常取 $t_{Rmin} \leqslant 10^{-7}$s，上限频率可达 2.5MHz，目前动压传感器的固有频率都低于 1MHz，所以可完全满足要求。

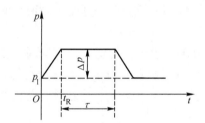

图 7-12　激波管实际阶跃压力波

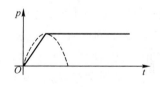

图 7-13　估算 t_R 的方法

（2）持续时间 τ：持续时间 τ 决定可能标定的最低频率，标定时，在阶跃波激励下传感器将产生过渡过程。为了得到传感器的频率特性，至少要观察到 10 个完整周期，若要求数据准确、可靠，甚至需要观察到约 40 个完整周期。根据要求，持续时间 τ 可用下式表示

$$\tau \geqslant 10T_{max} = \frac{10}{f_{min}} \tag{7-14}$$

式中　T_{max}——阶跃波频谱中的下限时间；

　　　f_{min}——阶跃波频谱中的下限频率。

或

$$f_{min} \geqslant \frac{10}{\tau}$$

从精度和可靠性出发，τ 尽可能地大些为好。一般激波管 $\tau = 5 ~ 10$ms，因此可标定的下限频率 $f_{min} > 2$kHz。

3. 误差分析　在前面的分析中做了一定的假设，一旦这些假设不成立就会产生误差。如测速系统的误差，破膜及激波在端部的发射引起的振动产生的影响等。这些原因都会给标定造成误差，下面就这几方面因素做简单地分析。

（1）测速系统的误差：根据动压传感器校准的要求，除了要保证系统工作稳定和可靠外，还应尽可能地准确。实际上影响测速精度的因素很多，测速误差 ε_u 为

$$\varepsilon_u = \varepsilon_l + \varepsilon_\tau \tag{7-15}$$

式中　ε_l——测速传感器安装孔距的加工误差；

　　　ε_τ——测速系统组成部分引起的测时误差。

从式（7-15）可知，影响测速精度的因素有测速传感器的安装孔距加工误差和有测速系统组成部分引起的测时误差，它包括：

1）各测速传感器的上升时间、灵敏度和触发位置的不一致性。

2）各电荷放大器输出信号的上升时间、灵敏度的不一致性。

3）频率计的测量误差（包括时标误差和触发误差）。

（2）激波速度在传播过程中的衰减误差：实验测定，激波实际传播速度与理论值有出入，前者小于后者，显然这是激波的衰减造成的，非理想的阶跃压力引起的误差通常小于0.5%，这两项误差只要选取 $p_2 - p_1 < 3$，便可忽略不计。

（3）破膜和激波在端部的反射引起振动造成的误差：各种压力传感器对冲击振动都有不同程度的敏感性，所以对传感器的使用和标定都要考虑到振动的影响。激波管在标定中主要有两种振动：

1）膜片在破膜瞬间产生的强烈振动。实验表明，这种振动影响不大，因为这种振动在钢中的传播速度约为5000m/s，比激波速度大得多，所以当激波到达端部传感器时这种振动的影响几乎衰减为零，可不予考虑。

2）激波在端部的反射引起的振动。由于激波压力作用于压力传感器上的同时，必然冲击安装法兰盘，使之产生振动，这直接影响在其上安装的传感器。由于它的振动与传感器感受激波压力几乎是同时产生的，未经很大的衰减，而其振动频率较高，恰在欲标定的频率范围内，所以影响很大，产生的误差约为 ±0.5%。

复习思考题

1. 传感器的静态标定和动态标定的目的是什么？
2. 传感器静态特性标定应先提供哪两个条件？
3. 传感器一阶和二阶的动态响应与哪些参数有关？通过什么方法测得？
4. 目前我国的振动计量基准是什么？测振传感器的加速度灵敏度定义是什么？
5. 测振传感器比较标定法的实质是什么？
6. 压力传感器动态标定首先应解决哪两个问题？用激波管标定压力传感器有哪三个特点？

第8章 现代测量系统

现代工业正在向着大型化和连续化的方向发展，生产过程日趋复杂，对各项生产指标及生态环境保护的测控要求越来越高，由常规仪表和传感器所组成的传统检测系统所具备的功能较少，已不能满足现代化企业的测控要求。计算机技术的迅速发展，使传统的检测系统发生了根本性变革，即采用微型计算机作为检测系统的主体和核心，代替传统检测系统的常规电子线路，从而成为新一代的微机化检测系统。由于微型计算机具有运算速度快、运算精度高、存储信息量大、逻辑判断功能强、可靠性高、价位低、功耗低、使用灵活方便和通用性强等常规仪表无法比拟的优点，将其引入检测系统中，不仅可以解决传统检测系统不能解决的问题，而且还能简化电路、降低成本、增强或增加功能、提高测控精度和可靠性，使检测系统的自动化和智能化程度得到显著提高，将现代检测技术推向了一个新的发展阶段。

8.1 微机化检测系统的基本结构及特点

8.1.1 微机化检测系统的基本结构

微机化检测系统是以微机为核心，单纯以"检测"为目的的系统。一般用来对被测过程中的一些物理量进行测量并获得相应的精确测量数据，因此，又称为数据采集系统，其基本组成框图如图 8-1 所示。

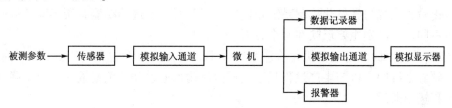

图 8-1　微机化检测系统组成框图

被测参数经传感器转换成模拟信号，再经模拟输入通道进行信号调理和数据采集，转换成符合微机要求的数字形式送入微机，进行必要的数据处理，再送到存储器和打印机等数据记录器记录下来，这样就得到了可供今后进一步分析和处理的测量数据记录。为了对测量过程进行集中实时监视，可将微机处理后的测量数据经模拟输出通道转换成模拟信号在示波器和指示记录仪等模拟显示器上显示出来，也可直接在微机显示屏或数字式显示仪表上显示。在某些对生产过程进行监控的场合，当被测参数超过规定限度时，微机还将及时启动报警器，发出报警信号，并进行联锁控制。

8.1.2 微机化检测系统的功能特点

微机化检测系统从功能上说，主要是在微型计算机的直接控制下，对生产现场随时产生的大量数据（如温度、压力、物位、流量、成分、速度和位移量等）以巡回方式进行数据采集，并由计算机进行必要的数据分析和数据处理后，作为指导生产过程的人工操作信息，供操作人员掌握和分析生产情况。如遇到某个参数越限，操作人员还可及时处理。

微机化检测系统在功能上主要有以下特点：

1）自动对零功能。在每次采样前可对传感器的输出值自动清零，从而大大降低因测控系统漂移变化造成的误差。

2）量程自动切换功能。可根据测量值的大小自动改变测量范围，在保证测量范围的同时提高分辨率。

3）多点快速巡回检测。在同一微机检测系统中，可对多种不同物理性质、不同测量范围的工艺参数进行快速巡回测量。

4）数字滤波功能。可根据被测信号的特点和所受干扰的类型，灵活选用适合的数字滤波程序，对经硬件电路滤波后的测量数据进行处理，从而有效地抑制各种干扰和脉冲信号，进一步提高测量的准确性。

5）自动修正误差。许多传感器的特性是非线性的，且受环境参数变化的影响比较严重，从而给仪器带来误差。采用计算机技术，可以依靠软件进行在线或离线修正。

6）数据处理功能。利用计算机软件可以实现传统仪器仪表无法实现的各种复杂的处理和运算功能，比如统计分析、检索排序、函数变换、差值近似和频谱分析等。

7）多媒体功能。利用计算机的多媒体技术，可以使检测系统具有声光、语音和图像等多种功能，增强监测系统的个性或特色。

8）通信或网络功能。利用计算机的数据通信功能，可以大大增强检测系统的外部接口功能和数据传输功能。采用网络功能的检测系统则将拓展一系列新颖的功能。

9）自我诊断功能。利用计算机可对检测系统进行监测，一旦发生故障则立即报警，并可显示故障部位或可能的故障原因，对排除故障的方法进行提示。

8.1.3 微机化检测系统的结构特点

微机化检测系统与微机化控制系统相比较，因其所要实现的功能有所不同，从而在结构上也有所不同。其区别主要反映在两个方面：

1）硬件系统方面。由于微机化检测系统并不直接控制生产过程，因此按这类系统的功能要求，硬件系统中主机与生产过程只通过模拟量输入通道和开关量输入通道来联系，一般不需要过程输出通道。

2）软件系统方面。在软件方面，它除了有控制数据输入的程序外，还要有与功能要求相适应的数据处理程序，包括运算、分析、记录、统计和判断等处理，最后由显示器或打印机列出其处理结果。因微机化检测系统并不对生产过程直接控制，所以不需设置有关对控制信号的控制算法运算和控制信号的输出等程序。

8.2 传感器信号的预处理方法

计算机是以二进制数字信号为基础的，而被测对象所提供和所能接收的大多是模拟信号，即便有些对象能够以数字信号进行工作，但这些信号在电平和逻辑上也不一定能够与计算机内部的数字逻辑电平相兼容，因此在以微机为核心的测控系统中，必须采用所谓的过程输入、输出通道，实现仪表与外部信息的传递和转换。

所谓过程通道是指在计算机接口和生产过程之间传递和交换信息的连接装置（不包含传感器、变送器和执行器）。按信号的传递方向不同，过程通道可分为输入通道和输出通道两类。过程输入、输出通道是计算机检测和控制系统的重要组成部分。由于微机检测系统并不控制生产过程，因此在微机检测系统中，在计算机和生产过程之间传递和交换信息的只有过程的输入通道。过程的输入通道对传感器输出的测量信号进行预处理，将其转换成符合微机要求的数字量信号后，送入微机进行必要的数据处理和控制。本节将重点介绍过程输入通道的分类、基本结构和对信号的预处理功能。

8.2.1 过程输入通道的分类

过程输入通道通常是按所传递信号的形式来进行划分的。在通常情况下，由于大多数生产现场的环境比较恶劣，存在着各种各样的干扰因素，生产过程的被测参数都是经由传感器进行在线检测后获得一个电量或非电量的测量信号，有的再经变送器进行变送后得到一个标准的电流或电压信号，将此信号传送到集中控制室进行参数的指示、报警和控制。为了使信号在传输过程中具有较强的抗干扰能力，并且易于在控制室中滤除这些干扰，在生产现场与控制室之间传送的大多为模拟量的电信号。对于这一类型的传递信号，过程输入通道需将来自于传感器、或经变送器进行变送后的模拟量测量信号转换成计算机所能接收的数字信号；而有些过程输入通道所传递的是传感器输出的电脉冲信号、或者是来自于继电器和各种控制开关的数字电量式信号。因此，按照传感器输出信号的类型可将过程输入通道划分为模拟量输入通道和数字量输入通道。

8.2.2 模拟量输入通道

模拟量输入通道是微机检测系统中大多数被测对象与微机之间的联系通道，因为微机只能接收数字电信号，而生产过程的被测参数（一般包括温度、压力、流量、成分、位移、速度和液面高度等）一般都是随时间连续变化的非电量，因此必须通过检测元件和变送器把它们转换为模拟电流或电压。由于计算机只能识别数字量，故必须通过模拟量输入通道再将模拟电信号转换为相应的数字信号，才能送入计算机。送入微机的原始测量数据通常还要进行本章所介绍的常规处理。处理流程一般是：先进行数字滤波，消除随机干扰引入的误差，再进行标度变换和非线性校正，以及参数越限的判别，最后才送至显示器显示、报警或在控制系统中用于控制运算。

1. 模拟量输入通道的一般结构形式　模拟量输入通道根据应用要求的不同，可以有不同的结构形式。一般来说，模拟量输入通道应由信号调理电路和数字采集电路两部分组成，如图8-2所示，具体包括滤波电路、多路模拟开关、前置放大器、采样保持电路和A/D转换器，其中A/D转换器是实现A/D转换的主要器件。

图8-2　微机模拟量输入通道的基本组成

实际的微机检测系统往往需要同时测量多种物理量（多参数测量）或同一种物理量的多个测量点（多点巡回测量）。因此，多路模拟量输入通道更具有普遍性。按照系统中数据采集电路是各路共用一个A/D转换器还是每路各用一个A/D转换器，多路模拟输入通道可分为集中采集式（简称集中式）和分散采集式（简称分布式）两大类型。

（1）集中采集式：集中采集式多路模拟输入通道的典型结构有分时采集型和同步采集型两种，分别如图8-3a、b所示。

由图8-3a可见，多路被测信号分别由各自的传感器和信号调理电路组成的通道经多路转换开关切换，进入公用的采样保持器（S/H）和A/D转换电路进行数字采集。它的特点是多路信号共同使用一个 S/H 和 A/D 电路，简化了电路结构，降低了成本。但是它对信号的采集是由模拟多路切换器（即多路转换开关）分时切换、轮流选通的，因而相邻两路信号在时间上是依次被采集的，不能获得同一时刻的数据，这样就产生了时间偏斜误差。尽管这种时间偏斜很短，但对于要求多路信号严格同步采集测试的系统是不适用的，然而对于多数中速和低速测试系统，仍是一种应用广泛的结构。

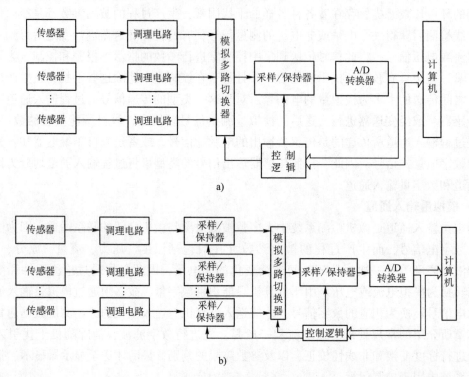

图 8-3　集中采集式模拟输入通道典型结构

a）分时采集型　b）同步采集型

由图 8-3b 可见，同步采集型的特点是在多路转换开关之前，给每路信号通道各加一个采样/保持器，使多路信号的采样在同一时刻进行，即同步采集。然后由各自的采样保持器保持着采样信号的幅值，等待多路转换开关分时切换，进入公用的 S/H 和 A/D 电路，将保持的采样信号的幅值转换成数据输入主机。这样可以消除分时采集型结构的时间偏斜误差，这种结构既能满足同步采集的要求，又比较简单。但是它仍有不足之处，特别是在被测信号路数较多的情况下，同步采集的信号在保持器中保持的时间会加长，而保持器总会有一些泄漏，使信号有所衰减，由于各路信号保持时间不同，致使各个保持信号的衰减量不同，因此，严格地说，这种结构还是不能获得真正的同步输入。

（2）分散采集式：分散采集式的特点是每一路信号都有一个 S/H 和 A/D，因而不需要模拟多路切换器。每一个 S/H 和 A/D 只对本路模拟信号进行数字转换，即数字采集，采集的数据按一定顺序或随机地输入计算机，如图 8-4 所示。

2. 模拟量输入信号的预处理方法　图 8-3 与图 8-4 中的信号调理电路、模拟多路切换器、采样保持器和 A/D 转换器都是为实现模拟信号数字化而设置的，它们共同组成"采集电路"，目的是实现对传感器所输出的模拟信号进行预处理、数据采集和 A/D 转换，使之能传送至计算机。

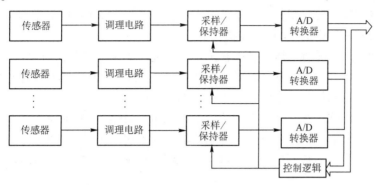

图 8-4　分散采集式模拟输入通道典型结构

在微机检测系统中，传感器输出的信号一般不能适合 A/D 转换器的要求，需要进行预处理。对模拟信号的处理及变换称之为"信号调理"，其实现电路称为信号调理电路。信号调理的任务较复杂，根据需要可包括信号放大、信号滤波、阻抗匹配、量程切换、电平变换、线性化处理（非线性补偿）及电流/电压转换等功能。

在微机化检测系统中，许多原来依靠硬件实现的信号调理任务都可通过软件来实现，这样就大大简化了微机化检测系统中信号输入通道的结构。模拟量输入通道中的信号调理重点为小信号放大和信号滤波。比较典型的信号调理电路组成如图 8-5 所示。

图 8-5　典型信号调理电路的组成框图

（1）前置放大器：在图 8-5 中，采用大信号输出传感器，可以省掉小信号放大环节。但是多数传感器输出信号都比较小，必须选用前置放大器进行放大。由于电路内部有这样或那样的噪声源存在，使得电路在没有信号输入时，输出端仍然存在一定幅度的波动电压，这就是电路的输出噪声。把电路输出端测得的噪声有效值折算到该电路的输入端（即除以该电路的增益），得到的电平值称为该电路的等效输入噪声。为使小信号不被电路噪声所淹没，调理电路的前端电路必须是低噪声前置放大器。这就是说，调理电路中放大器设置在滤波器前面有利于减少电路的等效输入噪声。由于电路的等效输入噪声决定了电路所能输入的最小信号电平，因此减少电路的等效输入噪声实质上就是提高了电路接收弱信号的能力。

有关前置放大器的具体内容将在 8.3 节中详细介绍。

（2）硬件滤波器：微机检测系统在不同的环境下工作时，不可避免地会受到来自自然界、周围设备和由元器件物理性质所造成的干扰的影响。干扰窜入的途径一般归纳为以下几种：静电耦合干扰、电磁耦合干扰、电磁辐射干扰、公共阻抗耦合干扰和直接传输干扰。这些干扰会妨碍系统正常工作和影响测量、控制精度，因此，为了保证系统稳定可靠地工作，必须周密考虑和解决抗干扰问题。抗干扰的具体措施主要从硬件和软件两方面进行，在模拟量输入通道中所使用的硬件抗干扰技术主要为硬件滤波器，8.6 节将介绍软件抗干扰技术（数字滤波技术）。

在微机检测系统中，通常根据干扰信号频率的不同可以分别采用低通、高通、带通和带阻等不同类型的滤波器来抑制差模干扰，这种方法叫做频率滤波法。频率滤波法就是利用差模干扰与有用信号在频率上的差异，采用高通滤波器来滤除比有用信号频率低的差模干扰，采用低通滤波器来滤除比有用信号频率高的差模干扰，采用50Hz陷波器滤除工频干扰。频率滤波是模拟信号调理中的一项重要内容。

为了使调理电路的零漂电压不会随被测信号一起送到采集电路，通常在调理电路与采集电路之间接入隔直电容 C 和电压跟随器，隔直电容 C 与电压跟随器输入电阻 R_i 形成一个 RC 高通滤波器，以滤除测量信号中的低频干扰，如图8-6所示。

图8-5中的陷波器是为抑制交流电干扰而设置的，其陷波频率应等于交流电干扰的频率。如果不存在交流电干扰，就不应设置陷波器，这不仅是为了节省电路，更重要的是避免信号频率分量的损失。当被测信号频率远小于交流电频率时，也可用低通滤波器滤除交流电干扰。

测量通道中一般都设置有低通滤波器，以滤除信号中频率较高的差模干扰。低通滤波器通常采用阻容滤波器（RC 滤波器），典型的 RC 低通滤波电路如图8-7所示。

图8-6　典型的 RC 高通滤波器　　　　图8-7　典型的 RC 低通滤波器

8.2.3　数字量输入通道

测量系统中经常会应用各种按键、开关（扳键开关、拨盘开关和行程开关等）、继电器和无触点开关（晶体管、光耦合器和晶闸管等）来处理大量的开关信号，这种信号只有开和关，或者低电平和高电平两个状态，相当于二进制数的1和0，处理较为方便；另外，诸如流量一类的脉冲信号也都可以看作是开关量信号。微机化检测系统需要通过开关量输入通道（数字量输入通道）采集这类信号，进行必要的处理和操作。

1. 数字量输入通道　一般结构的数字量输入通道主要由输入调理电路、输入 缓冲器和输入地址译码电路（通常将后两部分称为接口电路）等组成，如图8-8所示。

图8-8　数字量输入通道的基本结构

2. 输入调理电路　数字量输入通道的基本功能就是接收外部装置或生产过程的状态信号。这些状态信号的形式可能是电压、电流和开关的触点，因此引起瞬时高压、过电压和接触抖动等现象。为了将外部开关量信号输入到计算机，必须将现场输入的状态信号经转换、保护、滤波和隔离等措施转换成计算机能够接收的逻辑信号，这些功能也称为"信号调理"。下面针对不同情况分别介绍相应的调理技术。

（1）小功率输入的调理电路：如果输入的数字信号为标准的 TTL 电平，就可以不考虑信号调理电路，这种情况下的数字量输入通道实际上就是一个接口电路。常采用通用并行

I/O 芯片（如8155，8255，8279）来输入数字量信号；若系统比较简单，也可以采用三态门控制的缓冲器和锁存器作为 I/O 接口电路。来自现场的脉冲或开关量这一类的数字信号，通过输入缓冲器进入 CPU，经 CPU 对其进行数据处理后送往记录、显示装置。

如果输入的数字类信号的电平幅度不符合 I/O 芯片的要求，则应经过电平转换后才能输入到接口和 CPU。对于从开关、继电器等小功率接点所输入的信号，需要将接点的接通和断开动作转换成 TTL 电平信号后再与计算机相连。为了清除由于接点的机械抖动而产生的振荡信号，一般都应加入有较长时间的积分电路来消除这种抖动。图 8-9a 所示为一种简单的、采用积分电路消除开关抖动的方法。图 8-9b 所示为 R-S 触发器消除开关两次反跳的方法。

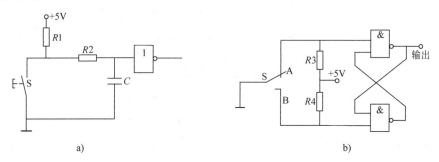

图 8-9　小功率输入调理电路
a）采用积分电路　b）采用 R-S 触发器

（2）大功率输入的调理电路：在大功率系统中，需要从电磁离合器等大功率器件的接点输入信号。在这种情况下，为了使接点工作可靠，接点两端至少要加 24V 以上的直流电压。因为直流电平响应快，不易产生干扰，电路又简单，因而被广泛采用。但是由于这种电路所带电压高，因此应在高压与低压之间用光耦合器进行隔离，如图 8-10 所示。

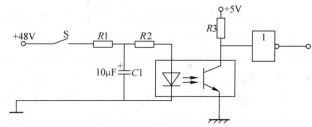

图 8-10　大功率输入调理电路

3. 输入缓冲器　输入缓冲器通常采用三态门缓冲器 74LS244（74LS244 有 8 个通道，可输入 8 个开关状态），被测状态信息通过三态门缓冲器送到 CPU 数据总线。

8.2.4　频率信号的预处理

频率信号是一种介于数字信号和模拟信号之间的信号。就其信号分布而言，应归属于连续变化的模拟量，但它又具有数字信号的某些特性，例如频率信号经过整形后都变成了只有高、低电平两种状态的方波。这种具有 0、1 状态的方波信号可以直接输入到计算机，也可以通过频率-数字转换电路（又称频率计数电路）对频率脉冲方波进行计数，变成纯数字量后再输入计算机。频率-数字转换电路如图 8-11 所示。

频率信号经过整形后变成方波信号，输入到控制门的一端，在控制门打开期间，脉冲方波通过控制门进入计数器对脉冲进行计数，这样就将脉冲频率转换成了数字量。计数器所计得的数字量 n_x 的多少一方面取决于脉冲频率，另一方面取决于控制门打开的时间 t，其关系式为：

$$N_x = f_x t = \frac{N}{f_0} f_x \tag{8-1}$$

式中　n_x——计数器所计得的数字量；

f_x——输入信号脉冲频率（Hz）；

f_0——标准信号的频率（Hz）；

N——分频器的分频系数；

t——控制门打开的时间（s）。

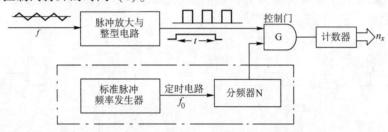

图 8-11　频率-数字转换电路

频率-数字转换的精度主要取决于定时的准确程度，而这又是与标准脉冲发生器的频率 f_0 有关。一般采用石英晶体振荡器产生标准信号频率 f_0，其精度约为 10^{-6}。频率-数字转换的分辨率为 $1/t$，如 $t = 0.1$s，则分辨率为 10Hz。

8.3　传感器信号的放大电路

为保证被测参数的测量精度，当输入信号为较小信号时，需用放大器将小信号放大到与 A/D 转换器输入电压相匹配的电平，再进行 A/D 转换。使用时，应根据实际需要来选择集成运算放大器的类型。一般应首先选择通用型的，它们既容易购得，售价也较低。只有在特殊要求时再考虑其他类型的运算放大电路。选择集成运算放大器的依据是其性能参数。运算放大器的主要参数有：差模输入电阻、输出电阻、输入失调电压、电流及温漂、开环差模增益、共模抑制比和最大输出电压幅值等，这些参数均可在有关手册中查得。

下面介绍几种典型的运算放大器。

8.3.1　高精度、低漂移运算放大器

温度漂移系数是运算放大器的一个重要指标。通用型运算放大器的温度漂移系数一般在 10～300μV/℃ 范围内，而低温度漂移运算放大器的温度漂移系数仅 1μV/℃ 左右。

1. ICL7650　ICL7650（国产型号为 5G7650）是具有极低的失调电压和偏置电流的运算放大器，温度漂移系数小于 0.1μV/℃，电源电压为 ±（3～8）V。图 8-12 为 ICL7650 的一种接法，调零信号从 2kΩ 的电位器 RP 引出，输入运算放大器的反相输入端 4。 C_A 和 C_B 应采用优质电容。ICL7650 用作直流低电平放

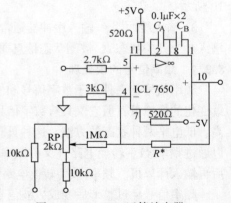

图 8-12　ICL7650 运算放大器

大时，输出端可接 RC 低通滤波器 R^* 为适配电阻。

2. ADOP—07 ADOP—07 是最典型的低温度漂移运算放大器，其温度系数为 $0.2\mu V/℃$。它还具有极低的失调电压（$10\mu V$）、较高的共模输入电压（$±14V$）和共模抑制比（126dB），电源电压范围为 $±(3～8)V$。该运算放大器的一种接法如图 8-13 所示。

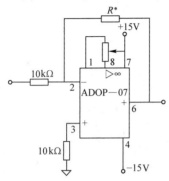

图 8-13 ADOP—07 运算放大器

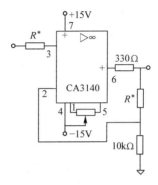

图 8-14 CA1340 运算放大器

8.3.2 高输入阻抗运算放大电路及仪表放大器

1. CA1340 CA1340 是一种高输入阻抗集成运算放大器，其输入阻抗达 $10^{12}\Omega$，开环增益和共模抑制比也较高，电源电压为 $±15V$。图 8-14 为 CA1340 的一种接法。

2. 仪表放大器 为了进一步提高输入阻抗，可以采用仪表放大器（测量放大器和数据放大器）。在模拟放大电路中，常采用由 3 个运算放大器构成的对称式差动放大器来提高输入阻抗、共模抑制比、闭环增益和温度稳定性，如图 8-15 所示。放大器的差动输入端 V_{IN+} 和 V_{IN-} 分别是两个运算放大器 DG725 的同相输入端，因此输入阻抗很高，而且电

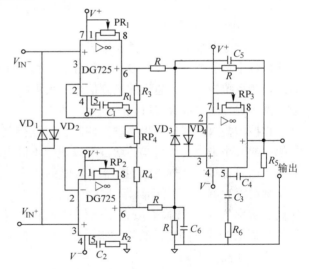

图 8-15 对称式差动放大电路

路的对称结构保证了抑制共模信号的能力。图中电位器 RP_4 用以调整放大倍数，二极管 VD_1 ~ VD_4 用来限幅。

8.3.3 隔离放大器和隔离放大系统

在传感器产生的有用信号中，不可避免地会夹杂着各种干扰和噪声等对系统性能有不良影响的因素，因此，在测量系统中，有时需要将仪表与现场相隔离（指无电路的联系），这时可采用隔离放大器。这种放大器能完成小信号的放大任务，并使输入和输出电路之间没有直接的电耦合，因而具有很强的抗共模干扰的能力。隔离放大器有变压器耦合（磁耦合）型和光电耦合型两类。

用于小信号放大的隔离放大器通常采用变压器耦合型，这种放大器内含有一个为调制器

提供载波的振荡器，输入信号对载波进行幅度调制，然后通过变压器耦合到输出电路。在输出电路中，已被输入信号调制的载波又被解调，恢复为输入信号，并经运算放大器放大后输出。

MODEL284J 是一种常用的变压器耦合型隔离放大器，其内部包含有输入放大器、调制器、变压器、解调器和振荡器等部分，它的接法如图 8-16 所示。

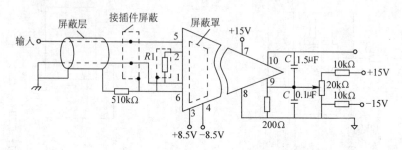

图 8-16　变压器耦合型隔离放大器 MODEL284J

MODEL284J 的输入放大器被接成同相输入形式，端子 1、2 之间的电阻 $R1$ 与输入电阻串接，调整 $R1$ 可改变放大器的增益。图中 20kΩ 电位器用来调整零点，C 为滤波电容。

8.3.4　程控增益放大器

当检测范围很宽时，传感器输出的信号变化范围也可能很大，为了提高低端的灵敏度，往往将整个量程范围分成几段，每段分别采用不同放大倍数的放大器加以放大；另外，在多通道检测系统中，每个通道的检测信号不太可能一样大，同样需要使用放大倍数不同的多个放大器。程控增益放大器可以满足上述要求。

程控增益放大器是由程序进行控制，根据待测模拟信号幅值的大小来改变放大器的增益，以便把不同电压范围的输入信号都放大到 A/D 转换器所需的幅度。若使用固定增益放大器，就不能兼顾不同输入信号的放大量。采用高分辨率的 A/D 转换器或在不同信号的传感器（检测元件）后面配接不同增益的放大器，虽可解决问题，但是硬件成本太高。

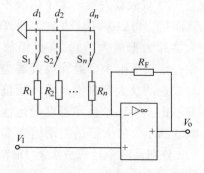

图 8-17　程控增益放大器原理图

程控增益放大器是解决宽范围模拟信号数据采集的简单而有效的方法，其原理如图 8-17 所示，它由运算放大器 A 和多路模拟开关 $S_1 \sim S_n$（可采用 CD4051 或 AD7501，由 CPU 通过程序来控制某一路开关的接通）、电阻网络及控制电路组成。各支路开关 $S_1 \sim S_n$ 的通断受输入二进制数 d_1，d_2，…，d_n 的相应位控制，当 $d_n = 1$ 时，开关 S_n 接通，当 $d_n = 0$ 时，开关 S_n 断开。开关的通断状态不同，运算放大器输入端等效电阻的大小也不一样，使得运算放大器的闭环增益随输入二进制数变化。

8.4　数据采集

要想使用微机测控系统对生产过程和科学实验装置进行测量、处理、显示记录和控制，必须首先将被测变量的模拟信号转换成适合微机的数字信号，数据采集技术正是为这项工作服务的。所谓的"数据采集"是指将经过前置放大、滤波后的被测模拟信号转换成数字信号，并送入到计算机进行处理。

1. 数据采集系统的基本功能　数据采集系统一般应具有以下几个方面的功能：

1）对多个输入通道输入的生产现场信息能够按顺序逐个检测——巡回检测，或按指定对某一通道进行检测——选择检测。

2）能够对所采集的数据进行检查和处理。例如有效性检查、越限检查、数字滤波、非线性校正和标度变换等。

3）当采集到的数据超出上限值或下限值时，系统能够产生声光报警信号，提示操作人员处理。

4）在系统内部能存储所采集的数据。

5）能定时或按需随时以表格形式打印采集数据。

6）具有实时时钟。该时钟除了能保证系统定时中断、确定采集数据的周期外，还能为采集数据的显示打印提供当前的时、分、秒等时间值，作为操作人员对采集结果分析的时间参考。

7）系统在运行过程中，可随时接收由键盘输入的命令，以达到随时采集、显示和打印的目的。

数据采集系统的功能由程序来控制实现。一个巡回检测系统的基本程序框图如图 8-18 所示。图 8-18a 是主程序框图，包括系统初始化和键盘管理两大部分，图 8-18b 是定时中断服务程序框图，它完成采样时间间隔计数、巡回数据采集、数据处理、显示和定时打印的任务。键盘管理部分也可以采用键盘中断方式来处理。

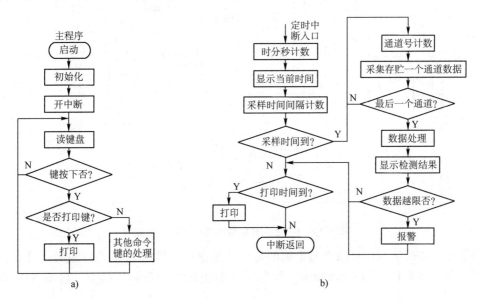

图 8-18　数据采集系统基本程序框图
a）主程序框图　b）定时中断服务程序框图

2. 数据采集系统的一般结构　一个完整的数据采集工作大致可以分为以下三步：

1）数据采集。被测信号经过放大、滤波、A/D 转换，并将转换后的数字量送入计算机。

2）数据处理。由微机系统根据不同的要求对采集的原始数据进行各种数学运算。

3）处理结果的显示与保存。将处理的结果在 CRT、X – Y 记录仪和 LED 数码显示器等设备上显示出来，或者将数据存入磁盘形成文件保存起来，或通过通信线路送到远地。

数据采集系统的功能大多是由软件程序来实现的。涉及硬件电路部分的除了在 8.2、8.3 节所介绍过的前置放大和滤波等预处理电路外，主要还包括多路模拟开关、采样保持器和 A/D 转换器。

图 8-19 所示为一个数据采集系统的模拟量输入通道部分的硬件电路实例。它使用了 8 片 AD7501 模拟开关集成芯片，形成 64 个模拟量输入通道，开关的地址来自 8 位数据总线，经锁存器 74LS273 分成两组输出，其中 $D_2 \sim D_0$ 选择 AD7501 芯片上 8 个开关中的一个，$D_7 \sim D_3$ 经 74LS138（3 – 8 译码器）译码输出作为各模拟开关芯片的片选信号，用于选通 8 片中的一片。各开关地址与开关的序号相对应。信号经模拟开关引入采样保持器 LF398，然后送入 12 位 A/D 转换器转换成 12 位数字量，再由两片锁存芯片 8212 分别锁存其高 4 位和低 8 位，供计算机采集。

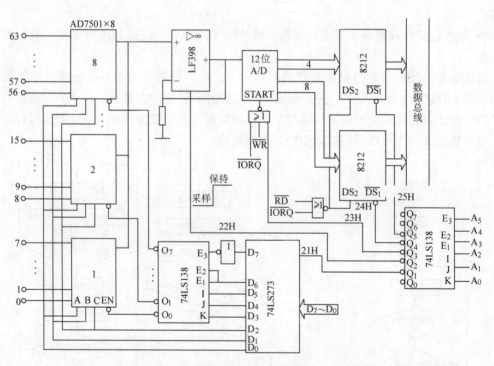

图 8-19 64 通道的数据采集系统硬件电路

为了保证数据输入过程操作的正确配合，首先由计算机给 21H 端口输出通道（模拟开关）号，然后经端口 22H 启动采样，再为端口 23H 执行一条输出指令，启动 A/D 开始转换。

在采样过程中要注意到安排两个延时时间，第 1 个是为了保证 LF398 采样过程的完成，第 2 个是等待 A/D 转换器的转换结果。

多通道模拟量数据采集系统的程序流程图如图 8-20 所示，此程序可实现连续顺序巡回数据采集。

A/D 转换器是数据采集电路的核心部件，其功能是将模拟电压信号转换成能被计算机所接收的数字量。

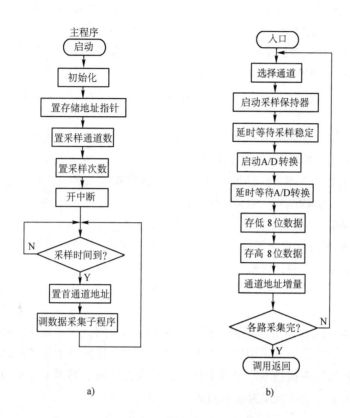

图 8-20　多通道模拟量数据采集系统程序流程图

a）主程序框图　b）数据采集子程序框图

8.5　传感器信号的线性化与标度变换

在微机检测系统中模拟量信号经过 A/D 转换后，由计算机采集到的数字量还要作适当的处理后才能使用。数据采集系统对采集数据的处理主要包括输入数据的有效性检查、数字滤波、非线性校正（非线性补偿）、标度变换（工程量变换）、上下限检查和其他必要的运算处理等，本节着重介绍非线性校正和标度变换。

8.5.1　非线性校正

在利用仪表显示测量数据时，我们希望仪表盘能够均匀刻度，这样读起数来就非常清楚、方便；这就要求系统的输入和输出能为线性关系。而实际上，许多传感器的特性都是非线性的。在实际工程测量中，较典型的非线性测量有：

1）用压差法测量流量，压差与流量的平方成正比。

2）用热电偶测量温度，热电动势与温度关系不成比例。

传感器的非线性特性是使检测系统产生系统误差的主要原因之一。因此，对于这类测量数字量，要经过线性化处理才能恢复其工程量值。

对系统的非线性校正既可以采用硬件方法，也可以采用软件方法。硬件补偿由于需要一定的硬件设备，会使设备体积增大，线路更加复杂，并且有些传感器采用硬件进行非线性校正是非常困难的，甚至是不可能的。因此，在智能仪表和微机检测系统中一般采用软件方法进行校正。利用软件可以对多种传感器的传输特性进行补偿，大大降低系统对传感器的要求，这样就可以用价格低廉的非线性传感器代替昂贵的线性传感器。软件校正可以大大简化硬件线路，在保证系统精度的前提下，大幅度降低设备成本，因而应用比较广泛。

采用软件进行非线性校正的方法主要有查表法和曲线拟合法，后者使用较多的主要有插值法和最小二乘法。

1. 查表法　查表法就是根据变量 x 在预先设定好的表格中查找与之对应的 y。具体说来，就是将"标定"实验获得的 n 对数据 x_i、y_i （$i = 1, 2, \cdots, n$）建立一张 I/O 数据表，再根据 A/D 输出数据 x （即采样结果），通过查 I/O 数据表查得 y，并将查得的 y 作为经过修正的被测量值（显示数据）。具体步骤如下：

1）通过实验确定采样结果 x_i 和被测量 y_i 之间的关系。

2）将采样结果实测值对应于存储器的某一区域，将 x_i 作为存储器中的一个地址，再把对应的被测量值 y_i 存入其中，这就在存储器中建立了一张校正数据表。

3）实际测量时，通过程序由采样值 x 作为存储器的地址去访问内存，读出其中的 y 值，y 即为修正过的被测量值。

4）若实际采样测量值 x 介于某两个标准点 x_i 和 x_{i+1} 之间，为了减少误差，可以采用两种办法来修正：一是增加校准点，也即加大地址空间，使得任何一个采样值总会落在其对应的内存地址上；二是采用内插技术，最简单的内插是线性内插，即当 $x_i < x < x_{i+1}$ 时，按下式从查表查得的 y_i 与 y_{i+1} 计算出作为显示的数据 y，即

$$y = y_i + \frac{y_{i+1} - y_i}{x_{i+1} - x_i}(x - x_i) \tag{8-2}$$

查表法的优点是不需要进行计算，或只需简单的计算，缺点是需要在整个测量范围内实验测得很多测试数据。数据表中数据个数 n 越多，精确度才越高。此外，对非线性严重的测试系统来说，按式（8-2）计算出的显示值与被测真值之间的误差可能也比较大。

查表法是在微机测控系统中广泛应用的一种计算和转换方法。查表程序广泛应用于 LED 显示控制、打印机打印、非线性修正、非线性函数变换和代码转换等。利用查表程序可大幅度缩短程序长度，提高运算速度。

2. 插值法　插值法是从标定或校准实验的 n 对测量数据 x_i、y_i （$i = 1, 2, \cdots, n$）中求得一个函数 $g(x)$ 作为 A/D 数据 x 与被测真值 y 的函数关系 $y = f(x)$ 的近似表达式。满足这个条件的函数 $g(x)$ 就称为 $f(x)$ 的插值函数，x_i 称为插值节点。在插值法中，$g(x)$ 有各种选择方法。由于多项式是最容易计算的一类函数，一般常选择 $g(x)$ 为 n 次多项式，并记 n 次多项式为 $P_n(x)$，这种插值方法叫做代数插值，也叫做多项式插值。

次数不超过 n 的代数多项式可写为

$$P_n(x) = a_n x^n + a_{n-1} x^{n-1} + \cdots + a_1 x + a_0 \tag{8-3}$$

用式（8-3）去逼近 $f(x)$，使 $P_n(x)$ 在节点 x_i 处满足 $P_n(x_i) = f(x_i) = y_i (i = 0, 1, 2, \cdots, n)$。多项式 $P_n(x)$ 中的 $n+1$ 个未定系数 $a_n, a_{n-1}, \cdots, a_1, a_0$ 应满足的方程组为

$$\begin{cases} a_n x_0^n + a_{n-1} x_0^{n-1} + \cdots + a_1 x_0 + a_0 = y_0 \\ a_n x_1^n + a_{n-1} x_1^{n-1} + \cdots + a_1 x_1 + a_0 = y_1 \\ \cdots \\ a_n x_n^n + a_{n-1} x_n^{n-1} + \cdots + a_1 x_n + a_0 = y_n \end{cases} \tag{8-4}$$

这是一个含有 $n+1$ 个未知数 a_n, a_{n-1}, $\cdots$, a_1, a_0 的线性方程组。可以证明，当 x_0, x_1, $\cdots$, x_n 互异时，方程组（8-4）有惟一的一组解。因此，一定存在一个惟一的 $P_n(x)$ 满足所要求的插值条件。

因此，只要根据已知的 x_i 和 y_i（$i = 0$, 1, $\cdots$, n）求解方程组（8-4），就可以求出 a_i（$i = 0$, 1, $\cdots$, n），从而得到 $P_n(x)$。这是求取插值多项式的最基本方法。

最常用的多项式插值法是线性插值和抛物线（二次型）插值。

（1）线性插值：线性插值是在一组数据（x_i, y_i）中选取两个有代表性的点（x_0, y_0）和（x_1, y_1），然后根据插值原理，求出插值方程为

$$P_1(x) = \frac{x - x_1}{x_0 - x_1} y_0 + \frac{x - x_0}{x_1 - x_0} y_1 = a_1 x + a_0 \tag{8-5}$$

式（8-5）中的待定系数 a_1 和 a_0 分别为

$$a_1 = \frac{y_1 - y_0}{x_1 - x_0}$$

$$a_0 = y_0 - a_1 x_0 \tag{8-6}$$

当（x_0, y_0）和（x_1, y_1）取在非线性特性曲线 $f(x)$ 或数组的两个端点时，线性插值就是最常用的直线方程校正法。

显然，对于非线性程度严重或测量范围较宽的非线性特性，采用上述一个直线方程进行校正，往往很难满足检测系统的精度要求，这时可采用分段直线方程来进行非线性校正。分段后的每一段非线性曲线用一个直线方程来校正，即

$$P_{1i}(x) = a_{1i} x + a_{0i} \quad (i = 1, 2, \cdots, n) \tag{8-7}$$

通常，折线的节点有等距与非等距两种取法。

1）等距节点分段直线校正法。等距节点分段直线校正法适用于非线性特性曲率变化不大的场合，每一段曲线都用一个直线方程代替。分段数 N 取决于非线性程度和系统的精度要求。非线性越严重和系统的精度要求越高，则 N 越大。为了实时计算方便，常取 $N = 2^m$（$m = 0$, 1, $\cdots$），式（8-7）中的 a_{1i} 和 a_{0i} 可离散求得。采用等分法，每一段折线的拟合误差 V_i 一般各不相同。拟合结果应保证

$$\max[V_{\text{max}i}] \leqslant \varepsilon \quad (i = 1, 2, \cdots, N) \tag{8-8}$$

$V_{\text{max}i}$ 为第 i 段的最大拟合误差。将求得的 a_{1i} 和 a_{0i} 存入系统的 ROM 中，实时测量时只要先用程序判断出输入 x 位于折线的哪一段，然后取出该段对应的 a_{1i} 和 a_{0i} 进行计算，即可得到被测量的相应近似值。

2）非等距节点分段直线校正法。对于曲率变化大和切线斜率大的非线性特性曲线，若采用等距节点的方法进行校正，欲使最大误差满足精度要求，分段数 N 就会变得很大，且误差分配很不均匀。同时，N 增加会使 a_{1i} 和 a_{0i} 的数目相应增加，从而占用更多内存，这时

宜采用非等距节点分段直线校正法。即在线性较好的部分节点间距离取得大些，反之距离则取得小些，从而使误差达到均匀分布，如图 8-21 所示。图中用不等分的 3 段折线 OA_1、AA_2 和 A_2A_3 表示非线性曲线，则校正方程为

$$P_1(x) = \begin{cases} a_{11}x + a_{01}(0 \leqslant x < a_1) \\ a_{12}x + a_{02}(a_1 \leqslant x < a_2) \\ a_{13}x + a_{03}(a_2 \leqslant x \leqslant a_3) \end{cases} \tag{8-9}$$

式（8-9）可达到较好的校正精度。但是若采用等距节点方法，很可能要用 4 段、5 段折线才能取得较好精度。

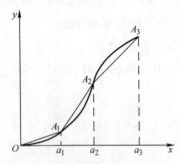
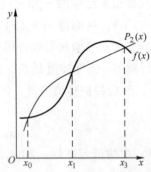

图 8-21　非等距节点分段直线校正　　　　图 8-22　抛物线插值

（2）抛物线插值：若 I/O 特性曲线很弯曲，而测量精度又要求比较高，可考虑采用抛物线插值法。抛物线插值是在数据中选取三点 (x_0, y_0)，(x_1, y_1) 和 (x_2, y_2)，相应的插值方程为

$$P_2(x) = \frac{(x - x_1)(x - x_2)}{(x_0 - x_1)(x_0 - x_2)}y_0 + \frac{(x - x_0)(x - x_2)}{(x_1 - x_0)(x_1 - x_2)}y_1 + \frac{(x - x_0)(x - x_1)}{(x_2 - x_0)(x_2 - x_1)}y_2$$

$$= a_2x^2 + a_1x + a_0 \tag{8-10}$$

抛物线插值的几何意义如图 8-22 所示，图中 $f(x)$ 为输入输出特性曲线，$p_2(x)$ 为插直抛物线。

多项式插值的关键是决定多项式的次数，这往往需要根据经验、描点观察数据的分布或凑试来决定。在决定多项式次数 n 后，还应选择适当的插值节点。实践经验表明，插值节点的选择与插值多项式的误差大小有很大关系。在多项式次数 n 相同的条件下，选择合适的 (x_i, y_i) 值，可减小误差。在开始实施时，可先选择等分值的 (x_i, y_i)，以后再根据误差的分布情况，改变 (x_i, y_i) 的取值。考虑到实时计算，多项式的次数一般不宜选得过高。对于一些难以靠提高多项式次数来提高拟合精度的非线性特性曲线，可采用分段插值的方法加以解决。

3. 最小二乘法　运用 n 次多项式或 n 个直线方程（代数插值法）对非线性特性曲线进行逼近，可以保证在 $n + 1$ 个节点上校正误差为零，即逼近曲线（或 n 段折线）恰好经过这些节点。但是，如果这些数据是实验数据，含有随机误差，则这些校正方程并不一定能反映出实际的函数关系，即便能够实现，往往由于次数太高，使用起来也不方便。因此，对于含有随机误差的实验数据的拟合，通常选择"误差平方和为最小"这一标准来衡量逼近结果，使逼近模型比较符合实际关系，在函数形式上也尽可能地简单。对这一逼近想法的数学描述

是：设被逼近函数为 $f(x_i)$，逼近函数为 $g(x_i)$，x_i 为 x 上的离散点，逼近误差 $V(x_i)$ 为

$$V(x_i) = | f(x_i) - g(x_i) |$$

$$Q = \sum_{i=1}^{n} V^2(x_i) \tag{8-11}$$

令 Q 趋近于最小值，即在最小二乘意义上使 $V(x_i)$ 最小化，这就是最小二乘法原理。最小二乘法是回归分析法中最基本的方法。为了使逼近函数简单起见，通常选择逼近函数 $g(x_i)$ 为多项式。

下面简单介绍用最小二乘法实现直线拟合和曲线拟合。

（1）直线拟合：设有一组实验数据如图 8-23 所示，现在要求出一条最接近于这些数据点的直线。直线可有很多，关键是找出一条最佳的。设这组实验数据的最佳拟合直线方程为

$$g(x) = a_1 x + a_0$$

式中 a_0、a_1——回归系数。

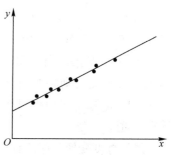

图 8-23　实验数据的拟合

（2）曲线拟合：为了提高拟合精度，通常选取 m 个实验数据，对 (x_i, y_i) $(i = 1, 2, \cdots, m)$，选用 n 次多项式作为描述这些数据的近似函数关系（回归方程），即

$$y = a_0 + a_1 x + a_2 x^2 + \cdots + a_n x^n = \sum_{j=0}^{n} a_j x^j \tag{8-12}$$

式中 a_j——回归参数，$j = 1, 2, \cdots n$。

如果把 m 个 (x_i, y_i) 的数据代入多项式（8-12），就可得到 m 个方程。根据最小二乘法原理，按使误差的平方和为最小的目标解该方程组，即可求得 $n+1$ 个回归系数 a_j 的最佳估计值。

拟合多项式的次数越高，拟合结果越精确，但计算繁冗，所以一般取 $n < 7$。

8.5.2　标度变换

工业过程的各种被测量都有着不同的量纲，其数值变化范围差别也很大。为了采集数据，所有这些参数都需经过传感器或变送器转换成 A/D 转换器所能接收的统一电压信号（如 0~5V），再由 A/D 转换器转换成数字信号（如 00H~FFH），才能进入微处理器。为使仪表的显示、记录和打印等能反映被测量真实的数值和量纲，以便于操作人员对生产过程进行监视和管理，还必须把 A/D 转换后的数字量转换成相应的不同量纲的物理量。这种测量结果的数字变换就是标度变换。

1. 线性通道的标度变换　若被测参数值与 A/D 转换结果为线性关系，则可以采用线性标度变换公式

$$A_x = (A_m - A_0) \frac{N_x - N_0}{N_m - N_0} + A_0 \tag{8-13}$$

式中 A_0——测量下限；

A_m——测量上限；

A_x——实际测量值（工程量）；

N_0——测量下限所对应的数字量；

N_m——测量上限所对应的数字量；

N_x——实际测量值所对应的数字量。

一般情况下，A_m，A_0，N_m 和 N_0 都是已知的，因而可以把式（8-13）写成如下形式

$$A_x = a_1 N_x + a_0 \tag{8-14}$$

式中 a_1——比例系数，$a_1 = \dfrac{A_m - A_0}{N_m - N_0}$；

a_0——取决于零点值，$a_0 = A_0 - \dfrac{A_m - A_0}{N_m - N_0} N_0$。

用式（8-14）进行标度变换时只需进行一次乘法和加法运算。在编程前，先离散计算出 a_1 和 a_0，然后编写按 N_x 求 A_x 的程序。如果 a_1 和 a_0 不变化，则 a_1 和 a_0 可在编程时写入 EPROM 中；如果 a_1 和 a_0 允许改变，则将其存放在具有掉电保护功能的 RAM 或 EEP-ROM 中，a_1 和 a_0 可由键盘来改变，测量时根据 RAM 中的 a_1 和 a_0 来计算 A_x 值。

线性标度变换程序流程框图如图 8-24 所示。

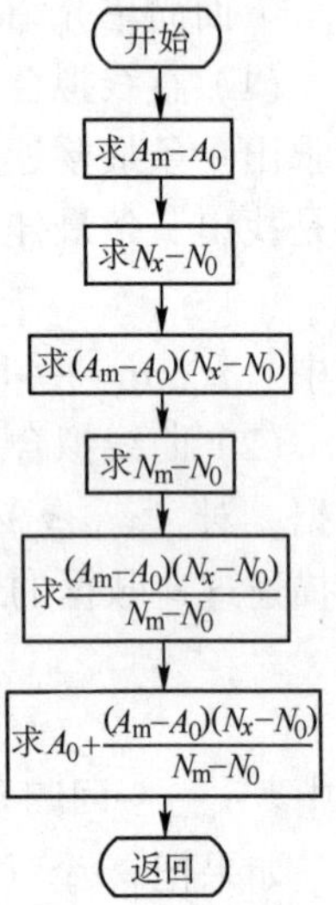

2. 非线性通道的标度变换 如果测量传感器的 I/O 特性是非线性的，在这种情况下测量通道的 A/D 转换结果 N_x 与被测量 A_x 也就不是线性关系，因此就不能再用上述线性通道的标度变换方法，需根据具体问题建立起新的标度变换算法。

（1）公式变换法：例如，在流量测量中，流量 Q 与差压 Δp 间的关系为

$$Q = k \sqrt{\Delta p} \tag{8-15}$$

式中 k——系数。

根据差压变送器的信号进行数据采集，若采集的结果 N_x 与差压 Δp 为线性关系，即 $N_x = C\Delta p$（C 为系数），则数据采集结果 N_x 与流量 Q 就不是线性关系。因此，用数据采集的结果代表差压时，可将 $\Delta p = (1/C)N_x$ 移出，与 k 合并为 K，这样将 Δp 作为一个复变量。利用两点式方程建立方法，有

$$\frac{Q_x - Q_0}{Q_m - Q_0} = \frac{K\sqrt{N_x} - K\sqrt{N_0}}{K\sqrt{N_m} - K\sqrt{N_0}}$$

由上式可得差压式流量测量时的标度变换公式为

$$Q_x = \frac{\sqrt{N_x} - \sqrt{N_0}}{\sqrt{N_m} - \sqrt{N_0}}(Q_m - Q_0) + Q_0 \tag{8-16}$$

式中 Q_x——实测流量值；

Q_m——测量上限；

Q_0——测量下限；

N_x——实际测量数字量；

N_m——与测量上限对应的数字量；

N_0——与测量下限对应的数字量。

图 8-24 线性标度变换
程序流程框图

式（8-16）中开平方运算可以采用直接法、级数展开法和牛顿迭代逼近法等。

（2）其他标度变换法：许多非线性传感器并不像流量传感器那样，可以写出一个简单的公式，或者虽然能够写出，但计算相当困难。这时可利用微机对 A/D 转换的结果进行非线性校正处理，如可采用多项式插值法，也可以采用线性插值法或查表法进行标度变换。

8.6　数字滤波

8.6.1　概述

微机检测系统的工作环境一般都比较恶劣，干扰源较多，因此系统的输入中会存在大量噪声和干扰信号。为了保证测量的准确性，在进行数据处理前必须消除输入信号中的干扰。在微机检测系统中，通常采用模拟滤波和数字滤波的方法来削弱或滤除干扰信号。在模拟输入通道的输入调理电路中设置由电阻、电容和运算放大器等电子元器件组成的模拟滤波装置，对滤除某一段频率范围的高频干扰信号是相当有效的。但是，对于频率较低的干扰，不仅要增加滤波电容的体积，而且滤波效果也不理想。为进一步提高系统的信噪比和可靠性，在微机检测系统中一般总是引入软件数字滤波技术来抑制有效信号中的干扰成分，消除随机误差。

所谓数字滤波，就是通过一定的计算机程序对采样信号进行某种处理，从而消除或减弱干扰信号在有用信号中的比重，提高测量的可靠性和精度，因此数字滤波也称为程序滤波。

和模拟滤波装置相比，采用数字滤波克服干扰，具有如下优点：

1）节省硬件成本。数字滤波只是一个滤波程序，无需添加硬件，而且一个滤波程序可用于多处和许多通道，无需每个通道专设一个滤波器，因此，大大节省硬件成本。

2）可靠性高。软件滤波不像硬件滤波需要阻抗匹配，而且容易产生硬件故障，因而可靠性较高。

3）功能强。数字滤波可以对频率很高或很低的信号进行滤波，尤其适合对低频信号（如 0.01Hz）滤波，这是模拟滤波器难以实现的。数字滤波的滤波手段有很多种，而模拟滤波只局限于频率滤波，即模拟滤波利用对干扰信号与有效信号的频率差异进行滤波。

4）方便灵活。只要适当改变软件滤波程序的运行参数，便可方便地改变滤波功能。

5）不会丢失原始数据。在模拟信号输入通道中使用的频率滤波难免滤去频率与干扰相同的有用信号，使这部分有用信号不能被转换成数据而存储或记录下来，即在原始数据记录中永久消失。在要求不失真地记录信号波形的现场数据采集系统中，为了更多地采集有用信号，应尽可能地避免在 A/D 转换之前进行频率滤波，虽然这样在采集有用信号的同时，会把一部分干扰信号也采集进来，但是我们可以在采集之后用数字滤波的方法把干扰消除。由于数字滤波只是把已采集存储到存储器中的数据读出来进行数字滤波，只"读"不"写"就不会破坏采集得到的原始数据。

8.6.2　几种常用的滤波方法

1. 算术平均值滤波　在一些流量或压力的系统中，由于使用了活塞式压力泵之类的设备，流量或压力会出现周期性的波动；又如储液罐因液体的流进和流出，其液面自然也会产生波动，所以对于这样的流量、压力和液位的测量仅取一次采样来代表当前的测量值，显然是很不精确的。在这种情况下，可以考虑采用算术平均值滤波。

算术平均值滤波的基本方法是对某一输入进行 n 次采样，取得 n 个瞬时采样值 Y_i（$i = 1, 2, 3, \cdots, n$），然后求出它们的算术平均值 Y 作为本次滤波的有效输出，并使算术平均值 Y 与各采样值 Y_i 之间偏差的平方和 E 为最小，即

$$E = \min\left[\sum_{i=1}^{n}(Y - Y_i)^2\right] \tag{8-17}$$

求极小值可得

$$Y = \frac{1}{n}\sum_{i=1}^{n}Y_i \tag{8-18}$$

各式中 Y_i——第 i 个采样值（$i = 1, 2, \cdots, n$）；

$\quad\quad\quad Y$——本次滤波输出；

$\quad\quad\quad E$——Y 与各采样值 Y_i 之间偏差的平方和；

$\quad\quad\quad n$——采样次数。

式（8-18）即为算术平均值滤波的基本算式。

算术平均值滤波法适合于对一般具有随机干扰的信号进行滤波。这种信号的特点是有一个平均值，信号在某一数值范围附近上下波动，即具有周期性干扰，在这种情况下仅取一个采样值做依据显然是不准确的。算术平均值滤波法对信号的平滑程度完全取决于采样次数 n。当 n 较大时，平滑度高，但灵敏度低；当 n 较小时，平滑度低，但灵敏度高。采样次数 n 应视被测对象的具体情况而定。对于一般流量的测量，常取 $n = 8 \sim 12$；若为压力，则取 $n = 4$。温度信号如无噪声，则不必进行算术平均值滤波。算术平均值滤波的程序框图如图 8-25 所示。

2. 滑动平均值滤波（递推平均值滤波）　算术平均值滤波需要连续采样若干次后，才能进行运算而获得一个有效的数据。若采样次数 n 值过小，虽时效性强，但滤波效果差；而当 n 比较大时，虽然滤波输出比较平滑，但所得数据时效性较差。为取得较好的时效性，就要求 A/D 转换器有非常高的转换速度，这样势必要增加硬件成本，而滑动平均值滤波则弥补了这个不足。

滑动平均值滤波除一开始需要采集 n 个值后再求取算术平均值外，以后每采样一次数据就求一次算术平均值作为滤波器的输出。设第一次采样的 A/D 转换值为 Y_1，第二次为 Y_2，…，第 n 次为 Y_n，这时数字滤波器的输出为：$Y = (Y_1 + Y_2 + \cdots + Y_n)/n$；当进行第 $n+1$ 次采样（值为 Y_{n+1}）后，数字滤波器输出为 $Y = (Y_2 + Y_3 + \cdots + Y_{n+1})/n$；第 $n+2$ 次采样（值为 Y_{n+2}）后数字滤波器输出为 $Y = (Y_3 + Y_4 + \cdots + Y_{n+2})/n$；依此类推，每采入一个新值就去掉一个最老的采样值，再求取新的 n 次采样值的算术平均值。

滑动平均值滤波的程序框图如图 8-26 所示。具体实施时可先在 RAM 中建立一个数据缓冲区，依顺序存放 n 次采样数据，就可计算出一个新的平均值，即测量数据取一丢一，测量一次便计算一次平均值，大大加快了数据处理的能力。

滑动平均值滤波对周期性干扰有良好的抑制作用，平滑度高，灵敏度低，但对偶然出现

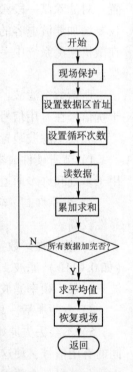

图 8-25　算术平均值
滤波程序流程框图

的脉冲性干扰的抑制作用差，不易于消除由于脉冲干扰所引起的采样值偏差，因此它不适用于脉冲干扰比较严重的场合，而适合于高频振荡的系统。通过观察不同采样次数 n 值下滑动平均值滤波的输出响应来选取 n 值，以便既少占用计算时间，又能达到最好的滤波效果，其工程经验值见表 8-1。

表 8-1　采样次数 n 的工程经验值

参数	流量	压力	液面	温度
n	12	4	4 ~ 12	1 ~ 4

3. 加权平均值滤波　上述两种方法在求平均值时，对每次采样值的比重是同等看待的，即每次采样值在输出结果中的权重均为 $1/n$。用这样的滤波算法，虽然消除了随机干扰，但是对于时变信号会引入滞后。n 值越大，滞后越严重，有用信号的灵敏度也就随之降低。为了提高滤波效果，必须增加新采样数据在平均值中所占的权重，以提高系统对当前采样值中所受干扰的灵敏度，可采用加权递推平均滤波算法。它是滑动平均值滤波算法的改进，即对不同时刻的各次采样值首先分别乘以不同的系数，然后再相加求取平均值，这就是加权平均值滤波。所乘系数称为加权系数。一个 n 项加权平均式为

$$Y = C_1 Y_1 + C_2 Y_2 + \cdots + C_n Y_n = \sum_{i=1}^{n} C_i Y_i \qquad (8\text{-}19)$$

式中　Y_i——第 i 个采样值（$i = 1, 2, \cdots, n$）；

　　　Y——本次滤波输出；

　　　C_i——第 i 个采样值的加权系数（$i = 1, 2, \cdots, n$）。

式（8-19）中的 C_i 同时满足以下条件

$$C_1 + C_2 + \cdots + C_n = 1$$
$$0 < C_1 < C_2 < \cdots < C_n < 1 \qquad (8\text{-}20)$$

式（8-19）中各加权系数 C_i 的值要根据具体情况而定。对于越新的采样值所乘的系数应越大，以提高新的采样值在平均值中的比重，从而使系统对当前信号的变化有更高的灵敏度。这种方法适用于有较大纯滞后时间常数的被测对象和采样周期较短的系统；而对于纯滞后时间常数较小、采样周期较长、变化缓慢的信号，则不能迅速反应系统当前所受干扰的严重程度，故滤波效果稍差。

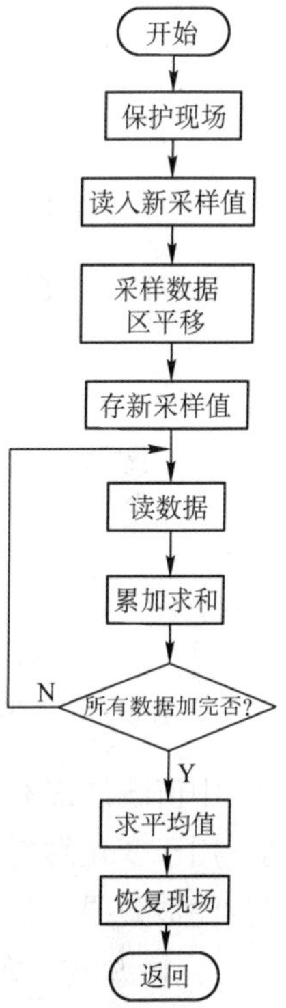

加权平均值滤波的程序流程框图如图 8-27 所示。

4. 中值滤波　上述三种方法对于滤除某些变化速度不太快的测量参数所受到的脉冲性干扰，其滤波效果均不理想，为了滤除这些变化速度不太快的测量参数所受到的脉冲性干扰，常采用中值滤波的方法。所谓中值滤波法就是对某一被测参数连续采样 n 次（一般 n 取奇数），然后把 n 次采样值按大小顺序排列，取其中间值作为本次采样值。

在中值滤波中，只需改变采样次数 n 就可实现对任意次数采样值的中值滤波。但 n 的取值不宜过大，否则滤波效果会变坏，且总的采样时间将增长，影响控制系统的实时性。n 的取值一般为 3 ~ 5。中值滤波程序流程框图如图 8-28 所示。

图 8-26　滑动平均值滤波程序流程框图

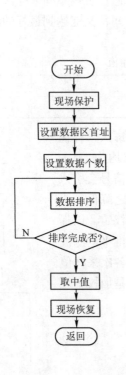

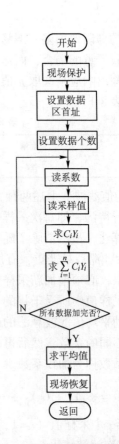

图 8-27　加权平均值滤波程序流程框图　　　　图 8-28　中值滤波程序流程框图

中值滤波能有效地滤除偶然因素引起采样值波动或采样器不稳定引起的脉冲干扰。它特别适用于变化缓慢过程参数的采集，如温度和液位等缓慢变化的被测参数采用此法能收到良好的滤波效果。但对于流量和压力等快速变化的参数一般不宜采用中值滤波。

5. 幅滤波　在测控系统连续受到大幅度脉冲干扰，或由于测量元器件故障（如热电偶断偶）、变送器工作性能不可靠而将尖脉冲干扰引入系统输入端的情况下，就会造成测量信号的严重失真。对于这种随机干扰，限幅滤波是一种有效的方法。其基本方法是：比较相邻（n 和 $n-1$ 时刻）的两个采样值 Y_n 和 Y_{n-1}，根据经验确定两次采样允许的最大偏差。如果两次采样值 Y_n 和 Y_{n-1} 的差值超过了允许的最大偏差 ΔY，则认为发生了随机干扰，并认为后一次采样值 Y_n 为非法值，应予剔除。剔除 Y_n 后，可用 Y_{n-1} 代替 Y_n；若未超过允许的最大偏差范围，则认为本次采样值有效。$|Y_n - Y_{n-1}| \leq \Delta Y$，则 $Y_n = Y_n$，取本次采样值；$|Y_n - Y_{n-1}| > \Delta Y$，则 $Y_n = Y_{n-1}$，取上次采样值。即

$$\begin{cases} Y_n = Y_n (|Y_n - Y_{n-1}| \leq \Delta Y) \\ Y_n = Y_{n-1} (|Y_n - Y_{n-1}| > \Delta Y) \end{cases} \tag{8-21}$$

式中　　Y_n——第 n 次采样值；

Y_{n-1}——第 $n-1$ 次采样值；

ΔY——两次采样值所允许的最大偏差，其大小取决于采样周期 T 和 Y 值的变化动态响应。

限幅滤波程序流程框图如图 8-29 所示。

在应用这种滤波方法时，关键在于最大允许偏差 ΔY 的选择。过程的动态特性决定其输出参数的变化速度。因此，通常按照输出参数可能的最大变化速度 V_{max} 及采样周期 T 来决定 ΔY 值，即

$$\Delta Y = V_{max}T \qquad (8-22)$$

采用限幅滤波方法可有效提高系统的可靠性。

6. 低通滤波　在微机检测系统的工作环境中经常存在着许多频率很低的干扰，如电源干扰等。对于这类低频干扰信号不宜采用硬件 RC 滤波装置，原因在于具有较大时间常数和高精度的 RC 网络不易制作。因为增大网络的 R 值会引起信号较大幅度的衰减，而增大 C 值，一则体积加大，二则电容的漏电和等效串联电感也会随之增大，从而影响滤波的效果。因此，对于需要大滤波时间常数的场合，采用具有一阶滞后性能的数字滤波方法来模拟 RC 低通滤波器的 I/O 数学关系，既可以非常容易地滤除低频干扰，又可避免上述缺点。

对于最简单的一阶 RC 低通模拟滤波器，描述其输入 $x(t)$ 与输出 $y(t)$ 的微分方程为

$$RC\frac{dy(t)}{dt} + y(t) = x(t) \qquad (8-23)$$

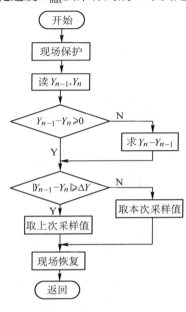

图 8-29　限幅滤波程序
流程框图

以采样周期 T 对 $x(t)$ 和 $y(t)$ 进行采样得

$$Y_n = y(nT)$$
$$X_n = x(nT)$$

如果 $T \ll RC$，则由微分方程可得差分方程

$$RC\frac{Y_n - Y_{n-1}}{T} + Y_n = X_n \qquad (8-24)$$

令

$$a = \frac{T}{T + RC} \qquad (8-25)$$

将式（8-25）代入式（8-24）得

$$Y_n = aX_n + (1 - a)Y_{n-1} \qquad (8-26)$$

各式中　　X_n——未经滤波的本次采样值；

$\qquad Y_n$——本次滤波的输出值；

$\qquad Y_{n-1}$——上次滤波的输出值；

$\qquad T$——采样周期；

$\qquad RC$——滤波器时间常数；

$\qquad a$——滤波平滑系数，由实验确定，只要使被测信号不产生明显的波纹即可。

低通滤波程序流程框图如图 8-30 所示。

一阶惯性滤波方法对周期性干扰具有良好的抑制作用，适用于波动频繁的参数滤波，其不足之处是带来了相位滞后，灵敏度降低。滞后的程度取决于滤波平滑系数 a

值的大小。同时，它不能滤除频率高于采样频率二分之一（称为奈奎斯特频率）的干扰信号。例如，采样频率为 100Hz，则它不能滤去 50Hz 以上的干扰信号。对于高于奈奎斯特频率的干扰信号，则应该采用模拟滤波器。

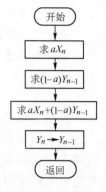

图 8-30　低通滤波程序流程框图

7. 复合滤波　在实际应用中，被测量所面临的随机扰动往往不是单一的，有时既要消除脉冲干扰，又要进行数据平滑。因此，常把前面所介绍的两种以上的方法结合起来使用，形成复合滤波。例如，防脉冲扰动平均值滤波算法就是一种应用实例。这种算法的特点是先用中值滤波算法滤掉采样值中的脉冲性干扰，然后把剩余的各采样值进行滑动平均值滤波，其基本算法如下：

如果滤波输出值 $Y_1 \leqslant Y_2 \leqslant \cdots \leqslant Y_n$，其中 $3 \leqslant n \leqslant 14$（$Y_1$ 和 Y_n 分别是所有采样输出值中的最小值和最大值），则

$$Y = \frac{Y_2 + Y_3 + \cdots + Y_{n-1}}{n-2} \tag{8-27}$$

由于这种滤波方法兼容了滑动平均值滤波算法和中值滤波算法的优点，所以，无论是对缓慢变化的过程变量，还是对快速变化的过程变量，都能起到较好的滤波效果，从而提高测控质量。

上面介绍了几种使用较普遍的克服随机干扰的数字滤波方法。在一个具体的微机化检测系统中究竟选用哪些滤波算法，取决于其使用场合及过程中所含有的随机干扰情况。

在微机化检测系统中，一般都要求实测数据和用于显示的数据能准确代表被测量的"真值"。因此，经 A/D 转换器送入微机的原始测量数据通常要进行本章所介绍的常规处理。处理流程一般是：先进行数字滤波，消除随机干扰所引入的误差；再进行标度变换和非线性校正；最后送去显示器显示或用于其他的过程控制功能。

8.7　微机化检测系统设计与应用实例

微机化检测系统是以微型计算机为核心的测量系统，微机化检测系统的设计不仅要求设计者熟悉该系统的工作原理、技术性能和工艺结构，而且要求掌握微机硬件和软件设计原理。为了保证产品质量，提高研制效率，设计人员应该在正确的设计思想指导下，按照合理的步骤进行开发。由于微机化检测系统种类繁多，设计所涉及的问题是各式各样的，不能一概而论。本节只就一些常见的共同的问题加以讨论。

8.7.1　设计的基本要求

对于不同的测量对象，虽然系统设计的具体要求是不同的，但设计的基本要求是大体一样的。主要应包括以下几个方面的内容：

1. 达到或超过的技术指标　每个项目在正式设计之前，应该认真进行目标分析，写出设计任务书。设计任务书是设计和研制测量系统应达到的要求。编写设计任务书时必须以用户的要求为依据，最后必须得到用户的认可。因此，设计任务书必须尽可能地详细，指标必须明确。设计任务书除了定性地提出要求实现的功能之外，还常常提出一些定量的技术指标。例如，测量范围、测量精度、分辨率、灵敏度、线性度、响应时间、滞后时间和耗电量等。设计任务书所规定的这些"功能"和"指标"是设计和研制应达到的目标。为了达到

规定的目标，必须把这些指标层层分解，逐级落实到研制过程的各个阶段和各个方面。

　　另外，任务书中还应说明操作规范。整个系统的操作使用者是用户单位，因此，操作规范必须充分尊重用户的习惯，使用户感到方便。操作规范越详尽越好，这是系统软件的设计基础。

　　2. 系统的操作性能要好　操作性能的好坏包括两个含义：使用是否灵活方便；维修是否容易。这两个要求对微机检测系统来说是很重要的，在进行硬件和软件设计时都要考虑这个问题。当配置系统软件时，就应考虑配置什么样的软件才能降低对操作人员专业知识的要求。

　　微机化检测系统还应具有很好的可维护性。为此，检测系统结构要规范化、模块化，并配有现场故障诊断程序，一旦发生故障时，能保证有效地对故障进行定位，以便调换相应的模块，使系统尽快地恢复正常运行。硬件方面，零部件的配置应便于操作人员的维修。

　　3. 通用性好，便于扩充　一个微机测控系统，一般可以检测和控制多个设备和不同的过程参数，但各个设备和被测对象的要求是不同的，而且控制设备可能要更新，被测对象也有增减。系统设计时应考虑能适应各种不同设备和各种不同的被测对象，使系统不必进行重大改动就能很快地应用于新的被测对象。这就要求系统的通用性好，能灵活地进行扩充。要使测控系统达到这样的要求，设计时必须使系统设计标准化，并尽可能采用通用的系统结构总线，以便在需要时，只要增加插件板就能实现扩充。在速度允许的情况下，尽可能把接口硬件部分的操作功能用软件来实现，以减少系统的复杂程度。进行系统设计时，对各个设计指标应留有一定的余量，这样也能便于系统的扩充，如 CPU 的工作速度、电源功率、内存容量和 I/O 通道等指标，均应留有一定的余量。

　　4. 尽可能地提高性能价格比　为了获得尽可能高的性能价格比，应该在满足性能指标的前提下，追求最小成本。因此，要尽可能地选用简单的设计方案和廉价的元器件。另外，有些功能既可以用硬件实现，又可以用软件来实现，应比较硬件价格和软件研制成本来决定取舍。

　　5. 适应环境，安全可靠　可靠性高是系统设计最重要的一个基本要求。这是因为一旦系统出现故障，将引起整个生产过程的混乱，造成严重的后果。因此，在微机化测控系统的设计过程中，要充分考虑到该系统所使用的环境和条件，特别是恶劣和极限的情况，同时要采取各种措施提高测控系统的可靠性。

　　就硬件而言，由于微机化检测系统的核心部件（微处理器）的价格较低，因此，为提高微机系统的可靠性，目前常用如下方法：

　　（1）采用"冗余结构"：即采用双机系统，用 2 台微机作为检测系统的核心控制器，从而提高了系统的可靠性。2 台微机的工作方式一般有如下三种：备份工作方式、主从工作方式和双工工作方式。

　　1）备份工作方式。即一台微机投入系统运行，另一台虽然也处于运行状态，但脱离检测系统，而只作为系统的备用机。当投入运行的微机出现故障时，专用程序切换装置便自动地将备用机切入检测系统。这样使系统不会因微机故障而影响正常工作。

　　2）主从工作方式。即 2 台微机同时投入系统运行，在正常情况下，分别执行不同的任务，其中一台承担整个系统的主要测控任务（称其为主机），另一台则执行一般的数据处理或部分设备的测控任务（称其为从机）。当主机发生故障时，它就自动脱离系统，而让从机承担起系统所有的测控任务，以保证系统的正常运行。

3）双工工作方式。在这种工作方式下，2台微机同时投入系统运行，在任何一个时刻都同步执行同一个任务，并把结果送到一个专门的装置进行核对。以2台微机的输出结果是否相符来判断其本身的工作状态是否正常，把正常工作状态下的微机输出结果作为系统的输出，并通过一定的故障诊断程序将发生故障的微机从系统中切换下来。

（2）合理选用元器件和系统的结构工艺：系统所用器件质量的优劣和结构工艺是影响测控系统可靠性的重要因素。所谓合理地选择元器件，是指在设计时对元器件的负载、速度、功耗和工作环境等技术参数应留有一定的安全量，并对元器件进行老化和筛选。极限情况下的实验是指在研制过程中，一台样机要承受低温、高温、冲击、振动、干扰、烟雾和其他实验，以证实其对环境的适应性。

对软件来说，应尽可能地减少故障。采用模块化设计方法，易于编程和调试，可减少故障率和提高软件的可靠性。同时，对软件进行全面测试也是检验错误、排除故障的重要手段。

8.7.2 设计研制过程

设计、研制一个微机化检测系统大致可分为三个阶段：设计准备阶段、设计阶段和调试阶段。开发研制的一般过程如图8-31所示。以下对各阶段的工作内容和设计原则作一简要的叙述。

1. 设计准备阶段　该阶段的主要工作是确定设计任务和拟制系统整体设计方案。

（1）确定设计任务和整机功能：首先，确定测量系统所要完成的任务和应具备的功能，以此作为测量系统硬和软件的设计依据，其次，对测量系统的内部结构、外形尺寸、面板布置、使用环境情况以及制造维修的方便性也须给予充分的注意。设计人员在对系统的功能、可靠性、可维护性及性能价格比进行综合考虑的基础上，提出系统设计的初步方案，并将其写成"检测系统功能说明书"或"设计任务书"的书面形式，"功能说明书"主要有以下三个作用：

1）可作为用户和研制单位之间的合约，或研制单位设计检测系统的依据。

2）反映检测系统的功能和结构，作为研制人员设计硬件和编制软件的基础。

3）可作为将来验收的依据。

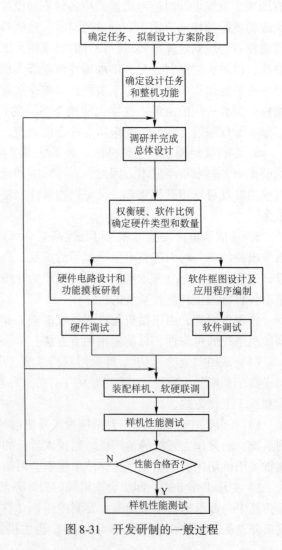

图 8-31 开发研制的一般过程

（2）确定系统整体测控方案：明确微型计算机在整个测量系统中应起的作用，是设定计算、参与控制还是数据处理。计算机应承担什么任务，为完成这些任务微型机必须具备哪些功能，需要哪些 I/O 通道和配备什么外围设备。最后，初步估算一下成本，看经济上是否合算。通过整体方案考虑，最后画出系统组成粗框图，并附上必要的说明，以此作为进一步设计的基础和依据。

2. 设计阶段　该阶段是微机化检测系统设计的具体实施阶段，按设计步骤可将该阶段的工作分为系统总体设计、硬件和软件的具体设计两个研制阶段。

（1）系统总体设计：简单说来，系统总体设计是系统测控方案的具体实施步骤。设计准备阶段所设计的系统组成粗框图和设计要求是总体设计的主要依据。选择确定硬件类型和数量，并通过调查研究对方案进行论证，以完成微机化检测系统的总体设计工作。在此期间，应绘制检测系统构成的总体框图和软件总体框图，拟定详细的工作计划。一般应考虑以下几个方面的问题：

1）估计内存容量，进行内存分配。内存储器所需容量主要根据测控程序的大小、所采集的数据量以及堆栈的大小来估计，同时还应考虑内存储器容量的扩充是否方便和是否需要外存储器等。

不同功能的程序最好分配在不同的内存区域，并要考虑到有利于系统的扩展和有利于工作速度的提高。

在 I/O 端口地址按存储器统一编址的系统中，一般要选择某一个内存区域作为 I/O 端口的地址区。这个区域的选择必须注意：不要打断整个系统内存容量的连续性，并且应让所有 I/O 端口地址号尽可能靠在一起，以便于译码和扩展。

2）过程通道和中断处理方式的确定。确定过程 I/O 通道是总体设计中的重要内容。通常应根据控制对象所要求的 I/O 参数的性质和个数，来确定系统 I/O 通道。在估算和选择通道时，应着重考虑如下几点：

① 数据采集和传输所需的 I/O 通道数。

② 是否所有的 I/O 通道都使用同样的数据传输率，它们是否都处理相等的数据流量。

③ I/O 通道是串行操作还是并行操作。

④ I/O 通道是随机选择，还是按某种预定的顺序工作。

⑤ 在模拟量 I/O 通道中，字长应选择多少位。

中断方式和优先级别应根据被测对象的要求和微处理器为其服务的频繁程度来确定。一般用硬件处理中断时，响应速度比较快，但要配备中断控制部件。用程序处理中断响应的速度要慢一些，但它比较灵活，一旦情况发生变化，改变比较容易。

3）系统总线的选择。系统总线的选择对微机检测系统的通用性很有意义，优先选用标准总线。非标准的系统总线会给使用和维护带来不便，对系统的系列化和标准化也非常不利。

4）操作台的控制。微型计算机检测系统必须便于人机联系。通常都要设计一个供现场操作人员使用的控制台，这个控制台一般不用微型计算机所带的键盘代替，因为现场操作人员不了解计算机的硬件和软件，假若操作失误可能发生事故，所以一般要单独设计一个操作员控制台。操作员控制台一般应由下列一些功能：

① 有一组或几组数据输入键，用于更新一些必要的数据。

② 有一组或几组功能键，用于转换工作方式，启动、停止系统或完成某种指定的功能。

③ 有一个显示屏，用于显示各状态参数及故障指示等。

④ 控制台上应有一个"紧急停止"按钮，用于在紧急事故时停止系统运行，转入故障处理。

完成了总体设计之后，便可将检测系统的研制任务分解成若干个课题（子任务），去做具体的设计。

（2）硬件设计：在开发过程中，硬件和软件工作应该同时进行。在设计硬件和研制功能模板的同时，完成软件设计和应用程序的编制。两者同时并进，能使硬、软件工作相互配合，充分发挥微型机特长，缩短研制周期。

硬件设计的任务在总体设计阶段就已确定下来了。具体说来，这一步的任务是根据系统总体框图，设计出系统电气原理图，再按照电气原理图着手进行元器件的选购和开始施工设计工作。通常，除微型机外，系统硬件可能有接口通道的扩充、简单的组合逻辑或时序逻辑电路、供电电源、光电隔离、电平转换和驱动放大电路等。从硬件的选定、筛选、印制电路板制作、单元电路设计和试验以及每块单板的焊接调试，每一环节都必须认真做好，才能保证硬件的质量。

1）元器件的选择。元器件选择时特别要注意的是微处理器的选择。微处理器是微机的核心部件，它的结构和特性对所研制检测系统的性能有很大影响。所以应首先选择微处理器。在选择微处理器时应考虑其如下特性：用途、字长、寻址范围和寻址方式、指令的功能、执行速度、功耗、中断能力和 DMA（直接数据传输）能力、硬件和软件支持及成本等。

选定微处理器后，设计人员应根据检测系统的功能、整机精度和采样周期等的要求来选定与其配套的外围芯片和器件。以便在保证系统设计指标的前提下降低成本，简化结构。而不要一味追求器件的宽字长、高速度和高精度。

2）硬件电路的设计及研制。硬件电路的设计一般按照以下原则进行：

① 硬件电路结构要结合软件方案一并考虑。考虑的原则是：软件能实现的功能尽可能由软件来实现，以简化硬件电路。但必须注意，由软件实现的硬件功能，其响应时间要比直接用硬件实现长，而且占用 CPU 的时间。因此，考虑到硬件软化方案时，必须考虑这些因素。

② 尽可能选用典型电路和集成电路，为硬件系统的标准化和模块化打下基础。

③ 微机系统的扩展与外围设备配置的水平应充分考虑检测系统的功能要求，并留有适当的余地，以便进行二次开发。

④ 在把设计好的单元电路与别的单元电路相连时，要考虑它们是否能直接连接；模拟电路连接时要不要加电压跟随器进行阻抗隔离；数字电路连接和微机接口电路要不要逻辑电平转换，要不要加驱动器、锁存器和缓冲器等。

⑤ 当模拟信号传送距离较远时，要考虑以电流或频率信号传输代替以电压信号传输，如果共模干扰较大，则应采用差动信号传送；当数字信号传输距离较远时，要考虑采用"线驱动器"。

⑥ 可靠性设计和抗干扰设计是硬件系统设计不可缺少的一部分，它包括去耦滤波、印制电路板布线和通道隔离等。

硬件电路研制过程如图 8-32 所示，图中虚线表示。

（3）软件设计：软件设计是微机检测系统设计的重要组成部分。系统的硬件电路确定之后，系统的主要功能将依赖于软件来实现。对同一个硬件电路，配以不同的软件，它所实现的功能也就不同，而且有些硬件电路功能常可以用软件来实现。研制一个复杂的微机化检测系统，软件研制的工作量往往大于硬件，因此，设计人员必须掌握软件设计的基本方法和编程技术。

1）软件的研制过程。软件的研制过程如图8-33所示，它包括下列几个步骤：

① 进行系统定义。在着手软件设计之前，设计者必须先进行系统定义（或说明）。所谓系统定义，就是清楚地列出微机检测系统各个部件与软件设计的有关特点，并进行定义和说明，以作为软件设计的根据。

② 绘制流程图。绘制流程图是程序设计的通用方法，这种方法以非常直观的方式对系统所规定的任务作出描述，以便于编写出程序。

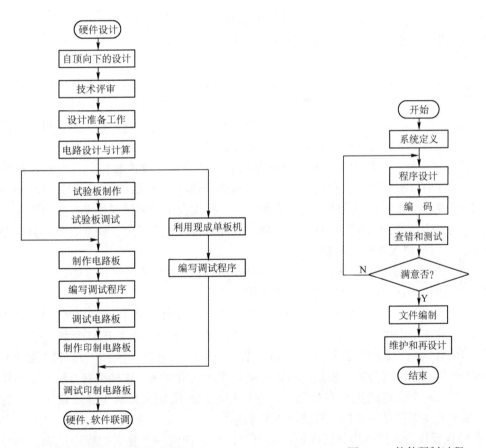

图 8-32　硬件电路研制过程　　　　　图 8-33　软件研制过程

在设计中，可把检测系统的整个软件分解为若干部分。这些软件部分各自代表了不同的分立操作，把这些不同的分立操作用方框表示，并按一定的操作顺序用连线连接起来，就构成了功能流程图。功能流程图中的模块，只表示所要完成的功能或操作，并不表示具体的程序；而程序流程图则是功能流程图的扩充和具体化。程序流程图所列举的说明，都针对着该微机系统的机器结构，很接近机器指令的语句格式。因此，有了程序流程图，就可以比较方便地编写出程序。

③ 编写程序。编写程序可用机器语言、汇编语言或各种高级语言。究竟采用何种语言则由程序长度、检测系统的实时性要求及所具备的研制工具而定。在复杂的系统软件中，一般采用高级语言。对于规模不大的应用软件，大多用汇编语言来编写，因为从减少存储容量、降低器件成本和节省机器时间的观点来看，这样做比较合适。程序编制后，再通过具有汇编能力的计算机或开发装置生成目标程序，经模拟试验通过后，可直接写入可编程只读存储器（EPROM）中。另外，在程序的设计过程中还必须进行优化工作，即仔细推敲、合理安排，运用各种设计技巧，使编出的程序所占内存空间较小，而执行时间又较短。

④ 查错和调试。查错和调试是微机检测系统软件设计中很关键的一步。其目的是为了在软件引入检测系统之前，找出并改正逻辑错误或与硬件有关的程序错误。由于微机化检测系统的软件通常都存放在只读存储器中，所以，在将程序写入只读存储器之前必须彻底测试。

⑤ 文件编制。文件编制以对用户和维修人员最为合适的形式来描述程序。适当的文件编制也是软件设计的重要内容。它不仅有助于设计者进行查错和测试，而且对程序的使用和扩充也是必不可少的。

一个完整的应用软件，一般应涉及下列内容：总流程图、程序的功能说明、所有参量的定义清单、存储器的分配图、完整的程序清单和注释、测试计划和测试结果说明。实际上，文件编制工作贯穿着软件研制的全过程。各个阶段都应注意收集和整理有关的资料，最后的编制工作只是把各个阶段的文件连贯起来，并加以完善而已。

⑥ 维护和再设计。软件的维护和再设计是指软件的修复、改进和扩充。当软件投入现场运行时，一方面可能会发生各种现场问题，因而必须利用特殊的诊断方式和其他的维护手段，像维护硬件那样修复各种故障；另一方面，用户往往会由于环境或技术业务的变化，提出比原计划更多的要求，因而需要对原来的应用软件进行改进或扩充，并重新写入只读存储器 EPROM，以适应情况变化的需要。

2) 软件的设计方法。软件的设计方法是指导软件设计的某种规程和准则。结构化设计和模块化编程相结合是目前广泛采用的一种软件设计方法。

① 模块化编程。所谓"模块"，就是指一个具有一定功能、相对独立的程序段，这样一个程序段可以看作一个可调用的子程序。所谓"模块化"编程，就是把整个程序按照"自顶向下"的设计原则，从整体到局部，再到细节，一层一层分解下去，一直分解到最下层的每一模块能容易地编码为止。模块化编程也就是积木式编程法，这种编制方法的主要优点有：单个模块比一个完整的程序容易编写、查错和测试；模块化有利于程序设计任务的划分；每一模块的功能都是独立的；模块可以共享等。

② 结构化设计。采用结构化程序设计的方法，对于任何一个复杂的程序逻辑，都可以将其用顺序、分支（条件）和循环三种基本结构来表示。由于基本结构是限定的，所以易于装配成模块，从而大大简化了程序的结构。

3. 调试阶段 在硬件和软件分步调试通过之后，就要进行系统联调。系统联调可以在所研制成的硬件系统上进行，其目的是要把已调好的各程序功能块按照总体设计要求连成一个完整的程序。在系统联调过程中，可能会有某些支路上的程序功能块因条件制约，不具备相应的输入参数，此时，应进行模拟调试。每当调好一个功能块就把它连接到主程序结构的指定位置，直到最后一个功能块被连上，全部调试工作就完成了。程序调试完成后，还要进行在线仿真，然后进行试运行。经过一段时间的考验和试运行后，即可投入正式运行。

总之，微型计算机检测系统设计的过程是一个不断完善的过程。设计一个实际系统往往不可能一次就设计完善，或者是因为设计方案考虑不周，或者是因为提出了新的要求，常常需要反复多次修改、补充，才能得到一个理想的设计方案和调试出一个性能良好的测试系统来。

8.7.3 微机化检测系统设计实例

温度是工业对象中主要的被测参数之一。在冶金、化工和机械等各类工业生产中，广泛使用各种加热炉、热处理炉和反应炉等。虽然它们的种类不同，所采用的加热方法也不同，如煤气、天然气、燃油和电等，但就其测控系统本身的动态特性来说，基本上都近似属于一阶纯滞后惯性环节，因此对其测量信号的预处理方法、A/D 转换、输入通道与微机的接口、数据处理及控制方式也基本相同。考虑到大多数微机系统都兼具有测量和控制的双重功能，下面以电阻炉为例说明温度测控系统的设计方法。

电阻炉炉温测控系统原理图如图 8-34 所示。

1. 系统的整体测控方案　由于本系统中只有一个测量通道，其测控功能也比较具体，所以拟采用 MCS—51 系列单片机中的 8031 作为核心部件。在图 8-34 中，电阻炉用电阻丝进行加热，炉膛温度值用热电偶检测后，经变送器等变送、转换装置变换成 $0 \sim 5V$ 的电压信号送入 A/D 转换器（ADC0809），将其转换成数字量再送入单片机，经数字滤波后，作为本次采样值送入内存单元，并将它与给定值进行比较，然后进行控制计算，再经单片机的定时/计数器 T_1 控制晶闸管接通时间的长短，从而改变加热丝的功率，以达到调节温度的目的。

2. 硬件电路　本系统中的硬件电路设计应主要考虑以下几方面内容：

（1）检测元件及变送器的选型：电阻炉的温度测量范围是 $0 \sim 1000℃$，所以检测元件选用镍铬-镍硅热电偶，其分度号为 K，适用于 $0 \sim 1000℃$ 的温度测量范围，相应输出的热电动势为 $0 \sim 41.276mV$。为降低系统的硬件成本，选用直流毫伏变送器，将镍铬-镍硅热电偶输出的 $0 \sim 41.276mV$ 的热电动势变换成 $4 \sim 20mA$ 范围的电流输出，而后再由输入通道中的 I/V 转换电路将直流毫伏变送器输出的 $4 \sim 20mA$ 电流信号转换成 $0 \sim 5V$ 的电压信号后，送入 A/D 转换器。

（2）A/D 转换器：本系统要求将电阻炉炉膛温度控制在 $\pm 2.34℃$（允许误差）以内，因此采用 8 位的 A/D 转换器就能满足其分辨率和转换精度的要求。考虑到本系统只有一个输入通道，A/D 转换的工作量较小，因此可适当降低对 A/D 转换器转换速度的要求。基于以上原因，本系统选用 8 位逐次逼近型的 A/D 转换器 ADC0809 芯片。

（3）接口电路：8031 的接口电路有 ADC0809、8155 和 2732（4KB 的 EPROM）等。

ADC0809 为温度测量电路的输入接口，电阻炉炉膛温度的 $0 \sim 5V$ 测量信号接入 ADC0809 的 IN_0 输入通道，经芯片内的多路开关选通后进行 A/D 转换。A/D 转换结束后，ADC0809 的 EOC 引脚输出电平由低变高，经反相器反相后，以外部中断 1（引脚 P3.3）的中断请求方式向 8031 提出 A/D 中断请求，CPU 中断响应后从 P_0 口读取 A/D 转换后的数字量。ADC0809 的地址为：03F8H。

8155 用于扩展键盘和显示接口。由图 8-34 接线可知，8155 的地址分配为

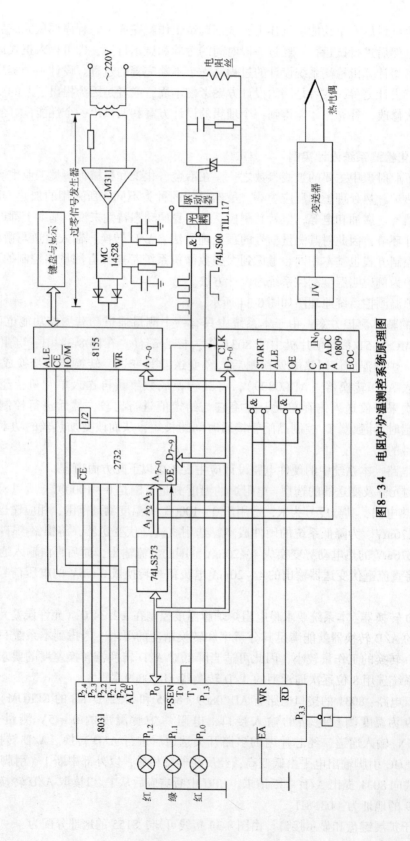

图 8－34　电阻炉炉温测控系统原理图

156

0000H ~ 00FFH	8155 内部 RAM
0100H	8155 命令/状态口
0101H	8155A 口
0102H	8155B 口
0103H	8155C 口
0104H	8155 定时器低 8 位口
0105H	8155 定时器高 8 位口

2732 是存储容量为 4KB 的 EPROM 芯片，在本系统中作为 8031 外部程序存储器使用。其地址范围为：0000H ~ 0FFFH。

8031 的 P_1 端口中的 $P_{1.0} \sim P_{1.2}$ 用于输出报警控制信号。

（4）温度控制电路：8031 对温度的控制是通过调整晶闸管的功率电路实现的。图 8-34 中，双向晶闸管和电阻丝串接在交流回路中，因此晶闸管导通时间决定电阻丝的加热功率。在给定（采样）周期 T 内，8031 只要改变晶闸管的导通时间，便可改变电阻丝的功率，以达到调节炉膛温度的目的。晶闸管的导通时间是由 8031 的 $P_{1.3}$ 端口和定时/计数器 T_1 共同控制实现的。

3. 控制系统的程序设计　在进行系统程序设计时，应考虑以下问题：数字采样、数字滤波；数据处理，尤其是小数的处理；控制算法计算，标度变换；键盘程序和温度显示；报警处理程序。为便于程序的设计和调试，在此采用模块化的编程方法。

（1）主程序：在设计主程序时，首先应考虑的是初始化问题。在此，包括 8031 的初始化、8155 的初始化、定时/计数器的初始化、键盘扫描和显示程序的初始化等。主程序的流程图如图 8-35 所示。

（2）T_0 中断服务程序：在本系统中，将定时/计数器 T_0 设置为外部计数方式，对加在晶闸管门极上的过零同步触发脉冲进行计数，以它的溢出中断时间作为采样周期。

T_0 的中断服务程序是此系统的主体程序，用于启动 A/D 转换、读入采样数据、数字滤波、非线性校正、标度变换、温度越限报警和越限处理、控制算法的计算以及输出晶闸管的同步触发脉冲等。可将这些功能设计成子程序的结构形式，如：采样子程序、数字滤波子程序、非线性校正子程序、越限处理子程序、控制算法子程序、标度变换子程序和温度显示子程序等。在调用这些子程序时，应特别注意子程序的入口和出口衔接问题。T_0 中断服务程序流程图如图 8-36 所示。

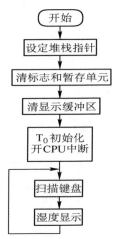

图 8-35　主程序流程图

（3）T_1 中断服务程序：将定时/计数器 T_1 也设置为外部计数方式，其初始值由控制算法的输出来控制。过零同步触发脉冲送至定时/计数器 T_1，当它溢出时用软件产生一个从 $P_{1.3}$ 引脚上输出的宽脉冲，此脉冲经 74LS00 来控制晶闸管的导通时间（即电阻丝的加热时间），从而达到控制电阻炉炉膛温度的目的。T_1 中断服务程序流程图如图 8-37 所示。

由此可见，为保证系统的正常工作，T_1 中断服务程序的执行时间必须小于 T_0 的溢出时间（即小于一个采样周期）。

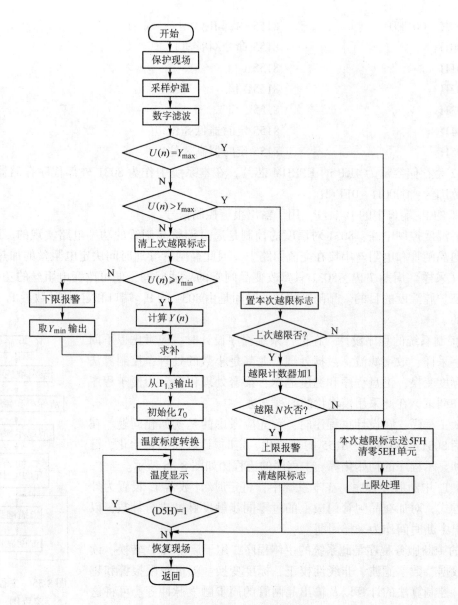

图 8-36 T_0 中断服务程序流程图

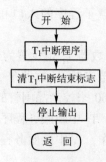

图 8-37 T_1 中断服务程序流程图

复习思考题

1. 微机化检测系统一般由哪几部分组成？与传统的检测系统相比较，它在功能上有何特点？

2. 模拟量输入通道通常由哪几部分组成？每一部分的作用是什么？

3. 模拟量输入通道有哪几种类型？各有何特点？

4. 为什么在模拟量输入通道中要设置前置放大电路？检测系统中常用的前置放大电路有哪些？其各自的特点是什么？

5. 简述模拟量输入的微机检测系统中对送入微机的原始测量数据的处理流程。

6. A/D 转换器的主要性能指标有哪些？在设计 A/D 转换器与微机的接口时应注意哪些问题？

7. 何为数据采集？数据采集的一般结构和基本功能是什么？

8. 何为数字滤波？试简述几种常用的数字滤波方法，并说明其各自的特点和使用场合。

9. 在微机检测系统中为什么要对采样数据进行非线性校正？常用的非线性校正方法有哪些？

10. 常用的标度变换方法有哪几种？

11. 微机化检测系统的设计有哪些基本要求？简述微机化检测系统的设计过程。

12. 微机化检测系统的程序设计通常采用那些流行的软件设计方法？它们各有何特点？

第9章 检 测 仪 器

20世纪70年代以来，计算机、微电子等技术迅猛发展，并逐步渗透到检测仪器和仪器技术领域。在它们的推动下，检测技术与仪器不断进步，由原来的模拟仪器和数字仪器发展到了现在的智能仪器、总线仪器、PC仪器、虚拟仪器及互换性虚拟仪器等微机化仪器及其自动检测系统，计算机与现代仪器设备间的界限日渐模糊。与计算机技术紧密结合，已是当今仪器与检测技术发展的主潮流。本章就各发展阶段中的检测仪器进行简要介绍。

9.1 模拟仪器

在工业生产和科学研究中，一般的被测原始信号都是随时间连续变化的模拟量，大多数的传感器都是模拟传感器，它们将各种被测物理量转换成电子模拟信号输出。在这里，电子模拟信号可以定义为一种随时间连续变化并和被测物理量的大小成正比的电信号，例如电流、电压和电阻的变化信号等。模拟仪器就是对电子模拟信号进行放大、转换和显示等，并以模拟形式输出或显示信号的仪器，是检测仪器的第一代。

模拟显示仪器是工业生产过程自动化中测量和显示模拟量的一种仪器。是用指针的位移和刻度盘（或记录笔的位移和记录纸的分度）进行指示（记录）的。这类显示仪器中典型的有动圈式仪器和自动平衡式显示仪器。

9.1.1 动圈式仪器

动圈式仪器的测量机构是一个磁电系检流计。它由永久磁铁、可动线圈、张丝、指针、刻度标尺和铁心等构成。测量机构与测量线路组成动圈式指示仪器，若再配以给定机构，可组成调节仪器。动圈仪器结构简单、价格低廉、易于维护，精度可达1.0级，与各种敏感元件、传感器和变送器配合，广泛用于温度、压力、成分和物位等非电量的测量。

1. 动圈式仪器　动圈式仪器的测量电路由串联电阻、串联温度补偿电阻 R_T 和与 R_T 并联的线性补偿电阻 R_B 等组成。用锰铜丝绕制，阻值一般在 $200 \sim 1\,000\Omega$ 之间，进行调整可得到所需的量程，用来补偿动圈电阻 R_D 的温度特性，在20℃时选68Ω；R_B 为锰铜丝电阻，用来补偿 R_T 的非线性。

根据磁电系检流计的原理，指针的偏转角与回路电流成正比，当输入电压一定时，则取决于回路的总电阻。仪器内部电阻可确定，而外部电阻为被测电路的电阻，是不可确定的，为了给仪表定刻度，规定外部电阻为15Ω。仪器出厂时配带一只15Ω锰铜丝绕电阻，使用时拆去一部分，拆去部分等于被测电路工作状态下的电阻值，将剩余部分串接在回路中。

配热电偶的动圈温度指示仪型号为 XCA—101。配热电阻的动圈测温指示仪型号为XCZ—102。热电阻是无源敏感元件，不能直接驱动动圈仪器，要用电桥转换。热电阻测温电桥采用三线制接法，并用5Ω的定值电阻。

2. 动圈式调节仪器　动圈式调节仪器（XCT 或 XFT）是在动圈式指示仪器的基础上附加给定机构和控制电路或放大电路，具有显示、越限报警和对被测参数的控制调节功能。常用的调节方式有双位调节、三位调节、时间比例调节和 PID 调节。双位调节仪表只有"全开"和"全关"两个状态。配热电偶的仪器为 XCT—101 型，配热电阻的仪器为 XCT—102型。三位调节仪表有"通"、"部分通"和"断"三种状态。宽带三位调节仪器的中间带较宽，可在标尺全长的 5%～100% 范围内调节，有 XCT—121 型（配热电偶）和 XCT—122 型（配热电阻）；狭带三位调节仪器的中间带为标尺全长的 5%～10%，有 XCT—111 型（配热电偶）和 XCT—112 型（配热电阻）。

动圈式调节仪器的安装、使用及维护包括：

1）根据系统的功能、需要和环境条件的实际情况，选用符合质量要求的仪表。

2）仪表安装人员必须掌握《仪表安装手册》中的有关知识，阅读《仪表说明书》，了解仪表的性能和特点。

3）在仪表使用时，应根据冷端补偿方法的不同，调整指针机械零位。

4）动圈式仪表的准确度统一规定为 1.0 级，应定期校验。

5）平时应定期检查和维护，若发生故障应及时排除，并做好记录。

某些压力或差压仪表的传感器是霍尔元件，霍尔元件的内阻为 120Ω，故动圈式仪器外阻应配足 135Ω。对带有前置放大器（型号为 XFZ）的动圈式仪器，因输入阻抗很高，所以对外阻无严格要求。

9.1.2 自动平衡式显示仪器

自动平衡式显示仪器是采用自动补偿的原理制成的闭环式仪器，具有较高的精度和灵敏度，使用寿命长，在工业生产中广泛用于连续指示和记录各种参数。自动平衡式显示仪器的型式多种多样，常用的有自动平衡式电子电位差计和自动平衡电桥。下面仅介绍自动平衡式电子电位差计的基本原理。

自动平衡式电子电位差计的原理如图 9-1 所示。被测的直流信号电压 U_x 经滤波去除外界可能引入的干扰后，与测量桥路输出对角线上的电压 U_{ab} 进行比较（相减），U_{ab} 也即反馈电压 U_f。将比较后产生的差值 ΔU 送至放大器，经放大后，得到足够的功率以驱动伺服电动机 M_1。伺服电动机通过一套传动机构，带动测量桥路中带滑动触点的电

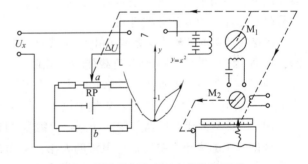

图 9-1　自动平衡式电子电位差计原理

位器 RP 的滑动触点，使反馈电压与被测的输入信号相平衡，此时，电位器 RP 动触点的移动反映了被测信号的变化，平衡时动触点的位置代表被测信号的大小，动触点又与仪器的指示记录笔架相连，同时由伺服电动机 M_2 驱动，实现指示和记录。同步电机或步进电机带动记录纸以恒定的速度移动，移动的距离作为记录的时间坐标，另一坐标是以记录纸的分格来表示被测量的数值。

9.1.3 电动单元组合仪器

电动单元组合仪器是根据检测和调节系统中各个环节的功能，将整套仪表分为若干个能独立完成某项功能的典型单元，各单元之间的联系都采用统一规格的电信号。单元的品种不

多，但可以按照生产工艺的需要加以组合，可构成多样的、复杂程序各异的自动检测或自动调节系统。

由电动单元组合仪器构成的简单调节系统如图 9-2 所示。图中，调节对象代表生产过程中的某个设备，其输出为被调参数（如压力、流量和温度等工艺参数）。这些工艺参数经变送单元转换成相应的电信号后，一方面送到显示单元供指示或记录，另一方面又送到调节单元中，与给定单元送来的给定值进行比较。调节单元按照比较后输出偏差，经

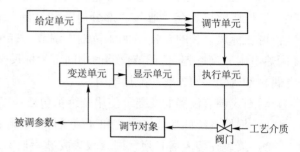

图 9-2　电动单元组合仪表简单调节系统框图

过某种运算后发出调节信号，控制执行单元动作，直到被调参数与给定值相等为止。

对不同的调节对象，只需更换一个或几个单元（如变送单元和执行单元等），就可以满足不同的调节要求。电动单元组合仪器不仅可以灵活地组成各种调节系统，还可以和气动单元组合仪器、巡回检测装置、数据处理装置以及工业控制机等配合使用，在石油、化工、冶金和电力等工业部门得到广泛应用。

DDZ 系列仪器的组成单元主要有变送单元、调节单元、执行单元、显示单元、给定单元、计算单元、转换单元和辅助单元等。目前，电子管式的 DDZ—I 系列已被淘汰，DDZ—Ⅱ 和 DDZ—Ⅲ 系列在我国仍有应用。DDZ—Ⅱ 系列仪表的主要特点有：以晶体管为主要元件；采用 220V 交流电源；单元之间的联络信号为直流 0～10mA；精度一般为 0.5 级；单元仪表串联，可保证各单元接收的信号完全一致；适合于远距离传送；与磁场作用可产生机械力，便于利用力平衡原理；信号的起始值为零，便于对模拟量进行运算，但无法识别断线，不易避开元件的死区和非线性段。

DDZ—Ⅲ 系列的绝大多数核心电路是线性运算放大器或逻辑组件，采用 4～20mA 信号制，提高了测量的可靠性和带负载能力，克服了 DDZ—Ⅱ 系列的弊端，已逐步取代 DDZ—Ⅱ 系列仪表。如图 9-2 所示，各单元仪表采用现场串联，室内并联（并联 250Ω 电阻可转换为 1～5V 的电压信号），直流 24V 集中供电，易于构成安全火花防爆系统。

DDZ—Ⅲ 型差压变送器采用两线制。只需将 24V 电源、差压变送器和 250Ω 电阻串联起来，根据差压的大小来决定通过电流的大小，从而在 250Ω 电阻两端得到相应的电压，其电压输出范围为 1～5V。采用两线制不但节约了导线，而且在易燃易爆的危险现场使用时，可以少用安全栅。

9.2　数字仪器

数字仪器是基于数字化测量原理，将连续变化的被测参量通过 A/D 转换变成相对应的数字编码后进行运算、处理和显示的仪器。和模拟仪器相比，数字显示仪器在很多方面具有明显的优越性：测量准确度高、速度快、读数直观、重现性好、具有多种功能，并且能输出数字量和计算机配合使用。由于近年来电子技术和中、大规模集成电路的发展，各种电子测量仪器及各类型控制仪器均已不同程度地实现了数字化，所以数字仪器包含的范围是非常广泛的。

9.2.1　数字式显示仪器的概述

1. 数字式显示仪器的分类

1) 按输入信号的形式分为电压型和频率型两类。

2) 按被测信号的点数分为单点和多点两类。

3) 按仪器的功能分为显示仪、显示报警仪、显示输出仪、显示记录仪及具有复合功能的数字显示报警输出记录仪等。

2. 数字显示仪器的组成　典型的工业用数字显示仪器由信号转换、前置放大、线性化、A/D 转换、标度变换、数字显示以及电源等部分组成。

3. 数字显示仪器的基本构成方案　根据线性化在数字仪器电路中的不同位置，常有三种方案。

1) 模拟线性化方案。它是在模拟电路部分实现线性化。其特点是线路简单、可靠，可以直接输出线性化的模拟信号，但精度低、通用性差。

2) A/D 转换线性化方案。它是由非线性 A/D 转换器完成的，其特点是结构紧凑、精度高，但通用性差、测量范围窄。

3) 数字线性化方案。它是在数字电路部分实现线性化。其特点是精度高、适用面广，但是线路较复杂，给仪器的可靠性带来一些影响。

9.2.2　数字面板仪器

数字面板仪器即数字显示仪器，是用数字显示器件显示数字量的仪器。数字显示仪器和模拟显示仪器在原理和结构上是完全不同的两种类型。数字显示仪器避免了使用模拟显示仪器用以实现自动补偿原理和指示、记录功能的机械结构及伺服电动机。它全部采用电子线路来实现测量、转换和显示。其原理框图如图 9-3 所示，图中传感器用于将被测物理量转换成电子模拟信号，该模拟信号一般都是较微弱的并叠加有干扰的信号，因此数字显示仪器首先要将被测信号在输入端进行滤波，将交流干扰信号去除后再进行预放大。放大后的电子模拟信号经过 A/D 转换器转换成数字量输出。该数字量一方面送到译码驱动显示电路进行数字显示；一方面为了便于仪器和计算机配合使用，将数字量直接输出。对于一些工业用数字仪器，同时还要将数字量送到报警单元。具有记录和打印功能的仪器，将数字量进行打印记录。

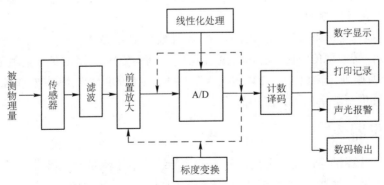

图 9-3　数字显示仪器的原理框图

9.2.3　数字式显示仪器实例

XZMA 系列数字显示仪器是一种多用途的工业仪器，它可以与热电偶、热电阻、霍尔压力变送器、差压计、远程发送压力计和变送器等配合使用，将温度、压力、流量、液位、电流和电压等各种参数进行数字显示，具有准确度高、抗干扰能力强、使用范围广、结构简单和价格低廉等优点。

XZMA—200 型仪器原理框图如图 9-4 所示，它主要由输入电路、前置放大、非线性校正电路、A/D 转换和数字显示电路等组成。图中 E_t 为热电偶输出端电压，R_t 为热电阻，I 为过程信号电流。仪器的核心是集成单片 A/D。当仪器输入信

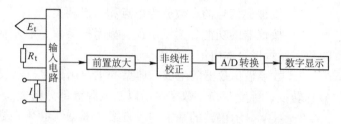

图 9-4 XZMA—200 型仪器原理框图

号为直流毫伏电压或热电偶输入的毫伏信号时，输入信号由输入电路送入前置放大器放大后，再经 A/D 转换，由数字显示器显示信号的大小。若输入信号是电流或电阻的变化量，则先经过 R-U 输入电路将输入信号转换成电压信号，再经前置放大和 A/D 转换实现数字显示。仪器对于非线性特性的信号，采用模拟量的非线性补偿方法进行非线性补偿，然后再经 A/D 转换进行数字显示。

1. 仪器的输入电路 以配接热电偶的输入电路为例，它将热电偶产生的毫伏信号经冷端温度补偿和滤波后送入前置放大器放大，前置放大器的第一级是由高精度运算放大器构成的同相放大电路，它提高了仪器整机的输入阻抗，从而降低了包含外连线电阻在内的信号源内阻对测量准确度的影响。输入电路中还采用不平衡电桥组成冷端温度补偿器，来补偿热电偶冷端温度变化带来的热电动势的变化。

2. 非线性补偿电路 对于热电偶和热电阻的非线性温度特性，仪器采用模拟非线性补偿方法进行补偿。它是根据仪器测量准确度的要求，将传感器的温度特性曲线在测温范围内分成数个区间，在每个区间内用直线代替曲线，即采用折线代替曲线的方法实现非线性补偿。

3. 标度变化 在设计时，选取前置放大器的放大倍数及非线性补偿电路的输出，满足灵敏度为 1mV/℃ 或 0.1mV/℃ 的要求，选用输出为 3（1/2）位（显示数字为 – 1.999 ~ + 1.999）A/D 转换器，可使仪器的数字显示值恰与实际被测温度一致，仪器是通过设计合理的放大倍数实现标度变化的。

4. A/D 转换与显示电路 XZMA—200 系列数字显示仪器采用 3（1/2）位集成单片 ICL107 实现 A/D 转换。ICL7107 是 Intersil 公司生产的 CMOS 电路的集成芯片，内部采用双积分的 A/D 转换原理，输出 3（1/2）位（ – 1.999 ~ + 1.999）十进制数字量，可直接驱动 LED 七段数码管进行数字显示，使用简便。

9.3 智能仪器

微电子学和计算机等现代电子技术的成就给传统的电子测量与仪器带来了巨大的冲击和革命性的影响。微处理器在 20 世纪 70 年代初期问世不久，就被引入电子测量和仪器领域，所占比重在各项计算机应用领域中名列前茅。此后，随着微处理器在体积小、功能强、价格低等方面的进一步进展，电子测量与仪器和计算机技术结合越来越紧密，形成了一种全新的微机化仪器，即"智能仪器"。

9.3.1 智能仪器的典型结构

　　智能仪器实际上是一个专用的微型计算机系统，它由硬件和软件两大部分组成。硬件部分主要包括主机电路、模拟量I/O通道、人机联系部件与接口电路和标准通信接口等，其通用结构图如图9-5所示。其中的主机电路用来存储程序和数据，并进行一系列的运算和处理，它通常由微处理器、程序存储器和I/O接口电路等组成，或者它本身就是一个单片微型计算机。模拟量I/O通道用来输入和输出模拟量信号，主要由A/D转换器、D/A转换器和有关的模拟信号处理电路等组成。人机联系部件的作用是沟通操作者和仪器之间的联系，它主要由仪器面板中的键盘和显示器等组成。标准通信接口电路用于实现仪器与计算机的联系，以便使仪器可以接收计算机的程控命令，目前生产的智能仪器一般都配有GP—IB（或RS—232C）等标准通信接口。

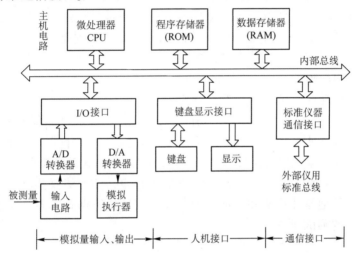

图9-5　智能仪器通用结构框图

　　智能仪器的软件部分主要包括监控程序和接口管理程序两部分。其中监控程序面向仪器面板键盘和显示器，其内容包括：通过键盘操作输入并存储所设置的功能、操作方式与工作参数；通过控制I/O接口电路进行数据采集，对仪器进行预定的设置；对数据存储器所记录的数据和状态进行各种处理；以数字、字符和图形等形式显示各种状态信息以及测量数据的处理结果。接口管理程序主要面向通信接口，其内容是接收并分析来自通信接口总线的各种有关功能、操作方式与工作参数的程控操作码，并通过通信接口输出仪器的现行工作状态及测量数据的处理结果，响应计算机的远控命令。

9.3.2 智能仪器的主要特点

　　与传统的电子仪器相比较，智能仪器具有以下的主要特点：

　　1）智能仪器使用键盘代替传统仪器中的旋转式或琴键式切换开关来实施对仪器的控制，从而使仪器面板的布置和仪器内部有关部件的安排不再相互限制和牵连。例如，传统仪器中，与衰减器相连的旋转式开关必须安装在衰减器正前方的面板上，这样，可能由于面板的布置受仪器内部结构的限制，不能充分考虑用户使用的方便；也可能由于衰减器的安装位置必须服从面板布局的需要，而给内部电气连接带来许多的不便。智能仪器广泛使用键盘，使面板的布置与仪器功能部件的安排可以完全独立地进行，明显改善了仪器面板及有关功能部件结构的设计，既有利于提高仪器技术指标，又方便了仪器的操作。

2）微处理器的运用极大地提高了仪器的性能。例如，智能仪器利用微处理器的运算和逻辑判断功能，按照一定的算法可以方便地消除由于漂移、增益的变化和干扰等因素所引起的误差，从而提高了仪器的精度。智能仪器除具有测量功能外，还具有很强的数据处理能力。例如，传统的数字多用表（DMM）只能测量电阻、交直流电压和电流等，而智能型的数字多用表不仅能进行上述测量，而且还能对上述测量结果进行诸如零点漂移、平均值、极值、统计分析及更复杂的数据处理功能，使用户从繁重的数据处理中解放出来。目前，有些智能仪器还运用了专家系统技术，使仪器具有更深层次的分析能力，帮助人们思考，解决专家才能解决的问题。

3）智能仪器运用微处理器的控制功能，可以方便地实现量程自动转换、自动调零、触发电平自动调整、自动校准和自诊断等功能，有利地改善了仪器的自动化测量水平。例如，智能型的数字示波器有一个自动分度键（Autoscale），测量时只要一按这个键，仪器就能根据被测信号的频率及幅值，自动设置好最合理的垂直灵敏度、时基以及最佳的触发电平，使信号的波形稳定地显示在屏幕上。又如，智能仪器一般都具有自诊断功能，当仪器发生故障时，可以自动检测出故障的部位，并协助诊断故障的原因，甚至有些智能仪器还具有自动切换备件进行自维修的功能，极大地方便了仪器的维护。

4）智能仪器具有友好的人-机对话的功能，使用人员只需通过键盘输入命令，仪器就能实现某种测量和处理功能，与此同时，智能仪器还通过显示屏将仪器运行情况、工作状态以及对测量数据的处理结果及时告诉使用人员，使人-机之间的联系非常密切。

5）智能仪器一般都配有 GP—IB 或 RS—232 等接口，使智能仪器具有可程控操作的功能，从而可以很方便地与计算机和其他仪器一起组成用户所需要的多种功能的自动测量系统，来完成更复杂的测试任务。

9.4　虚拟仪器

由于电子、计算机和网络技术的发展及其在测量仪器上的应用，产生了新的测试理论和方法，仪器的结构和特性也冲破了原有的传统观念，产生了新一代的虚拟仪器（VI，Virtual Instrument）。它是指通过应用程序将计算机与功能硬件（完成信号获取、转换和调理的专用硬件）结合起来，从而把计算机的强大运算、存储和通信能力与功能硬件的测量和转换能力融为一体，形成一种多功能、高精度、可灵活组合并带有通信功能的测试技术平台。在电子测量中它可以代替传统的示波器、逻辑分析仪、信号发生器和频谱分析仪等。在工业控制系统中，所有以计算机为核心的自动化装置也都可以归纳到虚拟仪器的范围内，如它可以代替通常安装在控制室中的常规调节器、手操器、指示仪、记录仪和报警仪等。在使用虚拟仪器时，用户可通过显示屏上的友好界面来操作计算机，就像在操作自己设计的一台传统的仪器仪表一样，从而完成对被测量的采集、分析、判断、调节和存储等功能。虚拟仪器与传统仪器的最大区别在于，传统仪器功能单一，并由制造厂定义，因此系统封闭、功能固定、扩展性低，由于信息量少，因此一般都是人工读数，手工生成测试报告。而虚拟仪器则相反，它的功能完全可由用户自己编程加以定义和组态，并形成适合用户需要的专用测试系统。此外，它还可以实现多媒体操作符指令、时间标记和测量注释、测量关联和趋势分析等多种功能，最重要的是它可以实现可编程全自动测试和结果自动分析等功能。在性能价格比方面虚拟仪器也具有优势。虚拟仪器可以广泛应用于工程测量、物矿勘探、生物医学、振动分析和故障诊断等科研和工程领域。目前，在过程工业中大量使用的计算机监控系统等也可以认为是虚拟仪器。

9.4.1 虚拟仪器的发展历史

虚拟仪器技术的开发和应用起源于 1986 年美国国家仪器公司（NI）设计的 Lab VIEW 软件，这是一种基于图形的开发、调试和运行的软件平台。它实现了 NI 公司提供的"软件即仪器"的理念。1987 年，VXI plug&play 系统联盟发布了虚拟仪器的各种规范。其中最重要的是虚拟仪器的软件结构（VISA）和虚拟仪器驱动器模型以及软件标准（VPP3.1 ~ VPP3.4）。虚拟仪器的发展大致可分为三个阶段：第一阶段是利用计算机来增强传统仪器的功能。通用接口总线 GPIB 标准的确立，使计算机与外部仪器通信成为可能，因此把传统的仪器通过串行口和计算机连接起来后就可以用计算机控制仪器了；第二阶段主要在功能硬件上实现了两大技术进步，其一是插入计算机总线槽上的数据采集卡（Plug-in PC-DAQ）的出现，其二是 VXI 仪器总线标准的确立，这些新技术的应用奠定了虚拟仪器硬件的基础；第三阶段形成了虚拟仪器体系结构的基本框架，这主要是由于采用面向对象的编程技术构筑了几种虚拟仪器的软件平台，并逐渐成为标准的软件开发工具。由于虚拟仪器技术的飞速发展，这三个发展阶段几乎是同步进行的。

9.4.2 虚拟仪器的硬件系统

虚拟仪器一般由计算机、功能硬件模块和应用软件三大功能部件组成，它们之间通过标准总线进行数据交换，虚拟仪器的构成如图 9-6 所示。

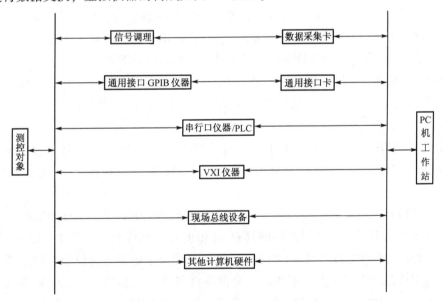

图 9-6　虚拟仪器的构成基本框图

在图中将串行口仪器或 PLC 以及现场总线设备等都列入其中，这是因为按构成虚拟仪器的三大功能部件来看，它们都可以归纳到虚拟仪器系统的范围中来。较为常用的虚拟仪器系统通常是经过信号调理的数据采集系统、带有通用仪器总线（GPIB）的测试系统、VXI 仪器测试系统以及它们三者之间的任意组合。

一个典型的数据采集虚拟仪器系统由信号获取、信号调理、数据采集和数据处理 4 部组成，如图9-7所示。一个好的数据采集系统不仅应具备高性能和高可靠性，还应提供完善的驱动程序以及通用的高级语言接口，只有这样才能为用户快速建立自己的应用系统提供最大的便利。目前，由于多层电路板技术、可编程放大器技术、系统定时控制器技术、高速数据采集的双缓冲技术以及为数据高速传输的中断和DMA等高新技术的应用，使得新型的数据采集卡在各项性能指标上都达到了很高的标准。

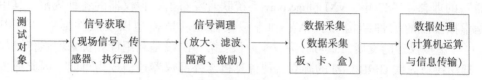

图9-7　典型的数据采集虚拟仪器系统框图

　　HP公司于20世纪70年代初创建的通用仪器总线（GPIB）技术是在虚拟仪器发展最初阶段使用的一种技术。这种系统的优点是当PC总线变化时只需将GPIB接口卡加以改变，而其他部分可保持不变，这就使GPIB系统能适应PC总线快速变化的现实。这样构成的自动测试系统具有很大的灵活性。通用仪器总线能够把可编程仪器与计算机紧密地联系起来，使测量工具由手工操作的单台仪器向大型综合的测试系统方向迈进。一个典型的GIPB测试系统一般由一台PC机、一块GPIB接口板卡和若干台GPIB仪器通过标准GPIB电缆连接而成。在标准情况下，一块GPIB接口板卡最多可以连接14台仪器，电缆总长20m，对于小型测试系统这已足够了，对于大型的测试系统，可利用GPIB的扩展技术在仪器数量和通信距离上作进一步扩展。利用GPIB技术可实现用计算机对仪器的操作控制，实现自动测试，从而大大减少人为误差，并提高效率。利用GPIB技术也大大扩展了原有仪器的功能，例如把示波器的信号送到计算机后，对信号进行频谱分析的计算，这相当于又增加了一台频谱分析仪的功能。

　　1979美国MOTOROLA公司公布了一份关于68000微处理器专用总线的使用说明书，即著名的VERSA总线，同时还研究开发了一种新的印制电路板的EUROCARD标准，即IEC297—3标准。

　　VXI（VMEbus Extensions for Instrumentation）总线是1981年由MOTOROLA、MOSTEK和SIGNETICS三大公司宣布共同支持的具有EUROCARD模件尺寸、基于VERSA总线接插件系列的一种新的标准总线。它是以VME计算机总线为基础的一种仪器扩展总线，兼备了计算机和通用仪器总线的优点。不久之后全世界许多计算机和仪器仪表公司都加入到VXI总线联合体中来。1987年又对标准进行了更新，允许用户将不同厂家的模块用于同一个系统的同一机箱内，从而为虚拟仪器系统的应用提供了方便。VXI总线具有使用灵活方便、开放性强、标准化程度高、扩展性好、数据传输速度快和体积小等优点，它便于发挥计算机的运算功能，便于采用并行处理的多总线、多CPU结构，因此特别适于构成虚拟仪器。

　　采用VXI总线的虚拟仪器一般称为VXI子系统，每台主机可构成一个VXI子系统，每个子系统最多可包含13个器件。一个VXI系统最多可包含256个器件，一个器件可以作为一个单独的插件，也可以由多个器件组成一个插件。插件与VXI总线通过连接器连接。主机箱、主机架、插件和连接器都有标准尺寸和结构。在 VXI 系统中，命令、数据、地址和其他信息都是通过总线进行传递。在主机箱背板上的 VXI 总线通过 3 个连接器与插件相连接。VXI 总线共有 8 种形式，即 VME 计算机总线、时钟和同步总线、模件识别总线、触发总线、相加总线、本地总线、星形总线和电源总线。在 VXI 总线系统中，器件是系统的基本单元，计算机、计数器、数字仪器、信号发生器、多路开关和人-机接口都可以作为器件加入到 VXI 总线系统中。VXI 总线对所有 VXI 器件都规定了一些最基本的功能，以实现系统的自动组态。每个 VXI 器件都具有"组态寄存器"，VXI 系统通过连接器访问"组态寄存器"，可以识别器件的类型、生产厂商和存储器地址空间分布等信息，这种器件称为"基于存储器的器件"。还有一类器件，系统可以通过通信寄存器，使用某种通信协议与器件实现通信，这类器件称为"基于消息的器件"。而 ROM 和 RAM 等称为"存储器器件"。VXI 器件之间的通信是基于分层规则，为主从模式。在单 CPU 系统中，CPU 器件是主，其他器件是从；在多 CPU 系统中，从机需通过公共接口轮流与主机通信。

9.4.3 虚拟仪器的软件系统

软件是虚拟仪器的核心，目前软件的开发平台主要几种：美国国家仪器公司（NI）的 Lab VIEW、Lab Windows/CVI 和 HP 公司的 VEE 等。虚拟仪器完全符合国际上流行的"硬件软件化"的发展趋势，因而也被称作"软件仪器"。

NI 公司不仅能向用户提供构成虚拟仪器系统的各种硬件，如数据采集板卡、各种 GPIB 仪器和 VXI 仪器产品，而且还可提供一种编译型图形化编程软件 Lab VIEW，它把复杂、繁琐的语言编程简化为用菜单或图标提示的方法进行图形功能的选择，然后用线条把功能图连接起来即可完成编程工作。用 Lab VIEW 编写源程序，很像在画一张程序流程图那样简单、快捷。Lab VIEW 的程序查错不需要编译，只要存在语法错误，Lab VIEW 会马上发出警告，只要用鼠标轻点两三下，就可以快速地查出错误的类型、原因及其准确的位置。Lab VIEW 中的程序调试方法也很简单，可以利用程序调试数据探针。在程序调试时，可在程序的任意位置插入任意多个数据探针，用它可以检查程序中探针插入位置的中间结果。这些方法使编程开发时间大大节省。Lab VIEW 除了具备常规的函数功能外，还集成了大量的用以生成图形界面的模板、丰富的数值分析和信号处理功能，以及多种硬件设备的驱动功能，包括 RS—232、GPIB、VIX、数据采集卡和网络。

具有 C 语言编程经验的用户也可以使用 NI 公司的另一种虚拟仪器软件开发平台 Lab Windows/CVI，使用它可以简化程序开发，提高编程速度。Lab Windows/CVI 是一种基于 ANSI C 的交互式 C 语言集成开发平台，它可以在 Windows95 或 NT/3.1 下编程，它同 C/C++兼容，可实现 32 位用户库、目标模块和 DLIs 的调用，可生成 32 位 DLIs，也可被 Lab VIEW 直接调用。它同样可以提供丰富的数值分析和信号处理函数库，提供 GPIB、VXI、RS—232、数据采集板卡和网络连接。

在虚拟仪器系统中，硬件仅仅是为了解决信号的输入、输出，软件才是整个系统的关键，系统所有的功能主要是由软件来实现的。任何一个用户都可以用修改软件的方法很方便地改变和增减系统的功能与规模，构筑自己需要的、通用的、或有特色的测试平台。

9.4.4 虚拟仪器的发展趋势

虚拟仪器走的是一条标准化、开放性和多厂商的技术路线，经过 10 多年的发展，正沿着总线与驱动程序的标准化、硬/软件的模块化和硬件模块的即插即用化、编程平台的图形化等方向发展。

随着计算机网络技术的多媒体技术和分布式技术的飞速发展，融合了计算机技术的 VI 技术，其内容会更丰富，如简化仪器数据传输的 Internet 访问技术 DataSocket、基于组建对象模型（COM）的仪器软硬件互操作技术 OPC 和软件开发技术 ActiveX 等。这些技术不仅能有效提高测试系统的性能水平，而且也为"软件仪器时代"的到来做好了技术上的准备。

此外，可互换虚拟仪器（Interchangeable Virtual Instruments，简称 IVI）也是虚拟仪器领域一个很重要的发展方向。目前，IVI 是基于 VXI 即插即用规范的测试/测量仪器驱动程序建议标准，它允许用户毋须更改软件即可互换测试系统中的多种仪器，如从 GPIB 转换到 VXI 或 PXI。这一针对测试系统开发者的 IVI 规范，通过提供标准的通用仪器类软件接口，可以节省大量工程开发时间，其主要作用为：关键的生产测试系统发生故障或需要重校时无需离线进行调整；可在由不同仪器硬件构成的测试系统上开发单一检测软件系统，以充分利用现有资源；在实验室开发的检测代码可以移植到生产环境中的不同仪器上。

9.5　网络化检测仪器

总线式仪器和虚拟仪器等微机化仪器技术的应用，使组建集中和分布式测控系统变得更为容易。但集中测控越来越满足不了复杂、远程（异地）和范围较大的测控任务的需求，为此，组建网络化的测控系统就显得非常必要。近 10 年来，以 Internet 为代表的网络技术的出现以及它与其他高新技术的相互结合，不仅已开始将智能互联网络产品带入现代生活，而且也为测量与仪器技术带来了前所未有的发展空间和机遇，网络化测量技术与具备网络功能的新型仪器应运而生。

在网络化仪器环境下，被测对象可通过检测现场的普通仪器设备，将测得数据（信息）通过网络传输给异地的精密测量设备或高档次的微机化仪器进行分析和处理；能实现测量信息的共享；可掌握网络节点处信息的实时变化的趋势。此外，也可通过具有网络传输功能的仪器将数据传至原端，即现场。

基于 Web 的信息网络 Intranet，是目前企业内部信息网的主流。应用 Internet 的具有开放性的互连通信标准，使 Intranet 成为基于 TCP/IP 协议的开放系统，能方便地与外界连接，尤其是与 Internet 连接。借助 Internet 的相关技术，Intranet 能给企业的经营和管理带来极大便利，已被广泛应用于各个行业。Internet 也开始对传统的测控系统产生越来越大的影响。

软件是网络化检测仪器开发的关键，UNIX、Windows NT、Windows 2000 和 Netware 等网络化计算机操作系统，现场总线，标准的计算机网络协议，如 OSI 的开发系统、互连系统、互连参考模型 RM，Internet 上使用的 TCP/IP 协议等，在开放性、稳定性和可靠性方面均有很大优势，采用它们很容易实现测控网络的体系结构。在开发软件方面，比如 NI 公司的 Lab VIEW 和 Lab Windows/CVI、HP 公司的 VEE、微软公司 VB 和 VC 等，都有开发网络应用项目的工具包。

9.5.1　总线技术

计算机系统通常采用总线结构，如构成计算机系统的 CPU、存储器和 I/O 接口等部件之间都通过总线互连。总线的采用使得计算机系统的设计有了统一的标准可循，不同的开发厂商或开发人员只要依据相应的总线标准即可开发出通用的扩展模块，使得系统的模块化和积木化成为可能。

总线实际是连续多个功能部件或系统的一组公用信号线。根据总线上传输信息不同，计算机系统总线分为地址总线、数据总线以及控制总线；从系统结构层次上区分，总线分为芯片（间）总线、（系统）内总线、（系统间）外总线；根据信息传送方式，总线又可分为并行总线和串行总线。

并行总线速度快，但成本高，不宜远距离通信，通常用作计算机测试仪器内部总线，如STD 总线、ISA 总线、Compact PCI 总线和 VXI 总线等；串行总线速度较慢，但所需信号线少、成本低，特别适合远距离通信或系统间通信，构成分布式或远程测控网络，如 RS—232C、RS—422/485 以及近年来广泛采用的现场总线。

目前，计算机系统中广泛采用的都是标准化的总线，具有很强的兼容性和扩展功能，有利于灵活组建系统。同时，总线的标准化，也促使总线接口电路的集成化，既简化了硬件设计，又提高了系统的可靠性。

9.5.2　基于现场总线技术的网络化测控系统

现场总线是用于过程自动化和制造自动化的现场设备或仪器互连的现场数字通信网络，它嵌入在各种仪器和设备中，可靠性高、稳定性好、抗干扰能力强、通信速率快、造价低廉、维护成本低。

现场总线面向工业生产现场，主要用于实现生产/过程领域的基本测控设备（现场级设备）之间以及与更高层次测控设备（车间级设备）之间的互连。这里现场级设备指的是最低层次的控制、监测、执行和计算设备，包括传感器、控制器、智能阀门、微处理器和存储器等各种类型的工业仪器产品。

与传统测控仪器相比，基于现场总线的仪器单元具有如下优点：

1）彻底网络化。从最低层的传感器和执行器到上层的监控/管理系统，均通过现场总线网络实现互联，同时还可以进一步通过上层监控/管理系统连接到企业内部网，甚至 Internet。

2）一切 N 结构。一对传输线和 N 台仪器单元可双向传输多个信号，连线简单，工程周期短，安装费用低，维护容易，彻底抛弃了传统仪器单元一台仪器和一对传输线只能单向传输一个信号的缺陷。

3）可靠性高。现场总线采用数字信号实现测控数据，抗干扰能力强，精度高；而传统仪器由于采用模拟信号传输，往往需要提供辅助的抗干扰和提高精度的措施。

4）操作性好。操作员在控制室即可了解仪器单元的运行情况，且可以实现对仪器单元的远程参数调整、故障诊断和控制过程监控。

5）综合功能强。现场总线仪器单元是以微处理器为核心构成的智能仪器单元，可同时提供检测变换和补偿功能，实现一表多用。

6）组态灵活。不同厂商的设备既可互联又可互换，现场设备间可实现互操作，通过进行结构重组，可实现系统任务的灵活调整。

现场总线网络测控系统目前已在实际生产环境中得到成功的应用。由于其内在的开放式特性和互操作功能，基于现场总线的 FCS 系统已有逐步取代 DCS 的趋势。

9.5.3　面向 Internet 网络测控系统

当今时代，以 Internet 为代表的计算机网络的迅速发展及相关技术的日益完善，突破了传统通信方式的时空限制和地域障碍，使更大范围内的通信变得十分容易。Internet 拥有的硬件和软件资源在越来越多的领域中得到应用，比如电子商务、网上教学、远程医疗、远程数据采集与控制、高档测量仪器设备资源的远程实时调用和远程设备故障诊断等。与此同时，网络互连设备的进步，又方便了 Internet 与不同类型测控网络和企业网络的互联。利用现有 Internet 资源而不需建立专门的拓扑网络，使组建测控网络、企业内部网络及它们与 Internet 的互联都十分方便。

典型的面向 Internet 的测控系统结构如图 9-8 所示。

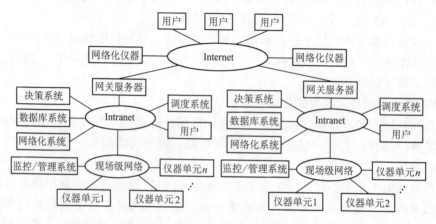

图 9-8　面向 Internet 的测控系统结构

图 9-8 中，现场智能仪器单元通过现场级测控网络与企业内部网 Intranet 互连，而具有 Internet 接口功能的网络化测控仪器通过嵌入其内部的 TCP/IP 协议直接连接于企业内部网上，如此，测控系统在数据采集、信息发布和系统集成等方面都以企业内部网络 Intranet 为依托。将测控网和企业内部网及 Internet 互联，便于实现测控网和信息网的统一。在这样构成的测控网络中，网络化仪器设备充当着网络中独立节点的角色，信息可跨越网络传输至所及的任何领域，实时、动态（包括远程）的在线测控成为现实。将这样的测量技术与过去的测控和测试技术相比，不难发现，现在测控能节约大量现场布线，扩大测控系统所及地域范围。

9.5.4　网络化检测仪器与系统实例

网络化仪器的概念并非建立在虚幻之上，而是已经在现实广泛的测量与测控领域中初见端倪，以下是现有网络化仪器的几个典型例子。

1.　网络化流量计　流量计是用来检测流动物体流量的仪器，它能记录各个时段的流量，并在流量过大和过小时报警。现在已有商品化的、具有联网功能的流量计，用户可以在安装过程中通过网络浏览器对其若干参数进行远程配置。在嵌入 FTP 服务器后，网络化流量计就可将流量数据传送到指定计算机的指定文件里。STMP（简短信息传输协议）电子邮件服务器可将报警信息发送给指定的收信人（指定的信箱或寻呼机）。技术人员收到报警信息后，可利用该网络流量计的互联网地址进行远程登录，运行适当的诊断程序，重新进行配置或下载新的软件，以排除障碍，而无须离开办公室赶赴现场。

2.　网络化传感器　与计算机技术和网络技术相结合，传感器从传统的现场模拟信号通信方式转为现场级的全数字通信方式成为现实，即产生了传感器现场级的数字网络化——网络化传感器。网络化传感器是在智能传感器的基础上，把网络协议作为一种嵌入式应用，嵌入现场智能传感器的 ROM 中，使其具有网络接口功能，如此，网络化传感器像计算机一样成为了测控网络上的节点登录网络，并具有网络节点的组态性和互操作性，如图 9-9 所示。利用现场总线网络、局域网和广域网，处在测控点的网络传感器将测控参数信息加以必要的处理后登录网络，联网的其他设备便可获取这些参数，进而再进行相应的分析和处理。目前，IEEE 已经制定了兼容各种现场总线标准的智能网络化传感器接口标准 IEEE1451。

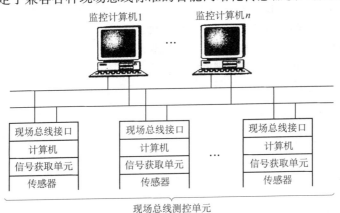

图 9-9 基于现场总线技术的测控网络

网络化传感器应用范围很广，如在广袤地域的水文检测中，对江河从源头到入海口，在关键测控点用传感器对水位、流量和雨量进行实时、在线监测，网络化传感器就近登录网络，组成分布式流域水文监控系统，可对全流域及其动向进行在线监控。在对全国进行的质量监测中，也同样可利用网络化传感器，进行大范围信息的采集。随着分布式测控网络的兴起，网络化传感器必将得到更广泛的应用。

3. 网络化示波器和网络化逻辑分析仪 安捷伦（Agilent）科技有限公司遵循"对网络看得越清楚，问题就越快地解决"的宗旨，几年前就将联网功能作为其 Infinium 系列数字存储示波器的标准性能，并且最近又研制出了具有网络功能的 16700B 型逻辑分析仪——网络化逻辑分析仪。这种网络化逻辑分析仪可实现任意时间和任何地点对系统的远程访问，实时地获得仪器的工作状态。通过友好的用户界面，可对远程仪器进行功能控制和状态检测，还能将远程仪器测得的数据经网络迅速传递给本地计算机。

泰克（Tektronix）公司也推出了具有 4GHz 的快速实时示波器 TDS7000，这种示波器除了具有十分直观的图形用户界面以及不受限制地使用各种与 Windows 兼容的软件和硬件设备等优点外，其极强的联网功能使其可以成为测试网络中的一个节点，与网络连接后，使用者可以与他人共享文件、使用打印资源、浏览网上发布的相关信息，并可直接从 TDS7000 收发 E-mail。

总之，现代高新科学技术的迅速发展，有力地推动了仪器、仪器技术的不断进步。仪器、仪器的发展将遵循跟着通用计算机走、跟着通用软件走和跟着标准网络走的指导思想，仪器标准将向计算机标准和网络规范靠拢。随着智能化和微机化仪器、仪表的日益普及，联网测量技术已在现场维护和某些产品的生产自动化方面得以实施，其必将在现代化工业生产等越来越多的领域中大显身手。

复习思考题

1. 什么是动圈式指示仪器的测量机构和测量线路？
2. 动圈式仪器有哪几种？配接热电偶和热电阻的动圈式仪器各是什么型号？
3. 自动平衡显示仪器由哪几部分组成？有哪些特点？
4. DDZ—Ⅲ系列仪器的信号制是什么？如何联络？
5. 数字式显示仪器构成的基本方案有哪些？各有何特点？
6. 数字面板表由哪几部分组成？何为 3（1/2）位显示？
7. XSZ—101 和 XSZ—102 各配接哪几种传感器？

参 考 文 献

1 王煜东主编. 微机检测与转换技术. 成都：电子科技大学出版社，1992

2 李科杰. 传感技术. 北京：北京理工大学出版社，1989

3 陈杰，黄鸿编. 传感器. 北京：高等教育出版社，1984

4 郭振芹主编. 非电量电测量. 北京：中国计量出版社，1984

5 张福学编著. 传感器电子学. 北京：国防工业出版社，1991

6 强锡福主编. 传感器. 北京：机械工业出版社，1989

7 袁希光主编. 传感器手册. 北京：国防工业出版社，1986

8 南京航空航天大学，北京航空航天大学. 传感器原理. 北京：国防工业出版社，1980

9 刘惠彬，刘玉刚编. 测试技术. 北京：北京航空航天大学出版社，1989

10 王绍纯主编. 自动检测技术. 北京：冶金工业出版社，1985

11 周生国编. 工程检测技术. 北京：北京理工大学出版社，1986

12 谭祖根，李忠德编著. 检测自动化. 北京：机械工业出版社，1989

13 张是勉，关山编著. 自动检测系统实践. 合肥：中国科学技术大学出版社，1990

14 张乃国编著. 电子测量技术. 北京：人民邮电出版社，1985

15 严种豪，谭祖根主编. 非电量电测技术. 北京：机械工业出版社，1983

16 张福学编著. 传感器电子学及其应用. 北京：国防工业出版社，1990

17 潘新民，王燕芳编著. 微型计算机与传感器技术. 北京：人民邮电出版社，1986

18 徐同会编著. 新型传感器基础. 北京：机械工业出版社，1987

19 第二届全国计算机应用联合学术会议论文集. 北京：1992

20 何伟仁，王恒，宁增福编译. 传感器新技术. 北京：中国计量出版社，1987

21 王厚枢，余瑞芬，陈行禄等编. 传感器原理. 北京：航空工业出版社，1987

22 王洪业编著. 传感器技术. 长沙：湖南科学技术出版社，1985

21 世纪高职高专系列教材目录（机、电、建筑类）

高等数学（理工科用）

高等数学学习指导书
　（理工科用）

计算机应用基础

应用文写作

经济法概论

C 语言程序设计

工程制图（机械类用）

工程制图习题集（机械
　类用）

AutoCAD 2004

几何量精度设计与检测

工程力学

金属工艺学

机械设计基础

工业产品造型设计

液压与气压传动

电工与电子基础

电工电子技术（非电
　类专业用）

机械制造基础

数控技术

专业英语（机械类用）

金工实习

数控机床及其使用维修

数控加工工艺及编程

机电控制技术

计算机辅助设计与制造

微机原理与接口技术

机电一体化系统设计

控制工程基础

机械设备控制技术

金属切削机床

机械制造工艺与夹具

冷冲模设计及制造

塑料模设计及制造

模具 CAD/CAM

汽车构造

汽车电器与电子设备

公路运输与安全

汽车检测与维修

汽车营销学

工程制图（非机械类用）

工程制图习题集（非机
　械类用）

离散数学

电路基础

单片机原理与应用

电力拖动与控制

可编程序控制器及其
　应用

工厂供电

微机原理与应用

模拟电子技术

数字电子技术

办公自动化技术

现代检测技术与仪器
　仪表

传感器与检测技术

制冷原理与设备

制冷与空调装置自动
　控制技术

电视机原理与维修

自动控制原理与系统

电路与模拟电子技术

低频电子线路

高频电子线路

电路分析基础

常用电子元器件

多媒体技术及其应用

操作系统

数据结构

软件工程

微型计算机维护技术

汇编语言程序设计

VB6.0 程序设计

VB6.0 程序设计实训教
　程

Java 程度设计

C++程序设计

PASCAL 程序设计

Delphi 程序设计

计算机网络技术

网络应用技术

网络数据库技术

网络操作系统

网络安全技术

网络营销

网络综合布线

网络工程实训教程

计算机图形学实用教程

动画设计与制作

ASP 动态网页设计

管理信息系统

电工与电子实验

专业英语（电类用）

物流技术基础

物流仓储与配送

物流管理

物流运输管理与实务

建筑制图

建筑制图习题集

建筑 CAD

建筑力学

建筑材料

建筑工程测量

钢筋混凝土结构及砌
　体结构

房屋建筑学

土力学及地基基础

建筑设备

建筑给排水

建筑电气

建筑施工

建筑工程概预算

房屋维修与预算

建筑装修装饰材料

建筑装修装饰构造

建筑装修装饰设计

楼宇智能化技术

钢结构

多层框架结构

建筑施工组织

房地产开发与经营

工程造价案例分析

土木工程实训指导

土木工程基础实验教程

建设工程监理

建设工程招标与合同
　管理

房地产法规与案例分析

建设法规与案例分析